U0425590

基于 MATLAB 的无线通信数字信号处理

(第二版)

Digital Signal Processing for Wireless Communication Using Matlab

(Second Edition)

[印度] E. S. Gopi (E. S. 戈皮) 著

王 健 杨 钺 译

国防工业出版社

·北京·

著作权合同登记 01-2023-2472号

图书在版编目（CIP）数据

基于MATLAB的无线通信数字信号处理：第二版 /（印）E.S. 戈皮（E. S. Gopi）著；王健，杨铖译. 北京：国防工业出版社，2024. 6. --ISBN 978-7-118-13382-0

Ⅰ. TN911.72

中国国家版本馆CIP数据核字第2024HM2298号

※

国防工业出版社出版发行

（北京市海淀区紫竹院南路23号 邮政编码100048）

雅迪云印（天津）科技有限公司印刷

新华书店经售

*

开本 710×1000 1/16 **插页** 6 **印张** 14¼ **字数** 250千字

2024年6月第1版第1次印刷 **印数** 1—1500册 **定价** 158.00元

（本书如有印装错误，我社负责调换）

国防书店：（010）88540777 书店传真：（010）88540776

发行业务：（010）88540717 发行传真：（010）88540762

前　言

本书旨在通过 MATLAB 演示无线通信中涉及的数字信号处理概念，解释对应的理论，以便读者快速掌握相应的技术。

本书共分为 5 章。第 1 章讨论了 FSK、QPSK 和 MSK 等调制技术及对应谱分析方法，并介绍了基于 Hilbert 变换的带通-基带转换方法和基于 Barlett、Welch 和 Blackman-Tuckey 技术的谱估计方法。第 2 章讨论了多径时变信道模型（包括连续和离散两类）、相干时间、相干频率、多普勒扩展和时延扩展，κ-μ、η-μ、Rayleigh、Rician、Nakagami 等概率分布模型，以及平坦 Rayleigh 信道模型和 Rician 信道模型的案例分析。第 3 章介绍了检测理论（包括 Bayes 技术、Mini-Max 技术、Neyman-Pearson 技术），以及估计理论（包括 MMSE、MMAE、MAP、Wiener 滤波、Kalman 滤波等）。第 4 章介绍了多用户大规模 MIMO、OFDM，以及空间分集、空间解耦、射线追踪模型、波束形成、OFDM 和 CDMA 等其他相关技术。第 5 章中讨论了具有发展前景的技术，如非正交多址技术、空间调制技术、OFDM 和 OQAM 等多载波传输技术、毫米波传输模型、协作通信模型、全双工传输和基于无人机的数据采集技术。

本书适合无线通信基础研究的初学者，也可作为研究生参考书。

E. S. 戈皮

前言

目　　录

第1章　调制技术与谱密度估计

1.1　脉冲 $p(t)$ 激励的接收基带信号的自相关和谱密度

定义信道传输后离散采样信号为 $X_t = \sum_{k=-\infty}^{k=\infty} A_k p(t-kT_s)$，其中 A_k 为第 k 个采样的振幅；A_k 是具有自相关 $R_A(k)$ 的离散广义平稳随机过程；$p(t)$ 为离散采样脉冲信号。在这里假定接收信号是延时后的发射信号，表示为 $Y_t = \sum_{k=-\infty}^{k=\infty} A_k p(t-kT_s-a)$，其中 a 在区间0至 T_s 内服从均匀分布。随机变量 Y_t 的自相关结果为

$$
\begin{aligned}
R_Y(\tau) &= E(Y_{t+\tau}Y_t) \\
&= E_a\left(E\left(\sum_{k=-\infty}^{k=\infty} A_k p(t+\tau-kT_s-a)\sum_{l=-\infty}^{l=\infty} A_l p(t-lT_s-a)\right)\right) \\
&= E_a\left(\sum_{k=-\infty}^{k=\infty}\sum_{l=-\infty}^{l=\infty} E(A_kA_l)p(t+\tau-kT_s-a)p(t-lT_s-a)\right) \\
&= E_a\left(\sum_{k=-\infty}^{k=\infty}\sum_{l=-\infty}^{l=\infty} R_A(k-l)p(t+\tau-kT_s-a)p(t-lT_s-a)\right)
\end{aligned}
$$

令 $m=k-l$，上式可转换为

$$
\begin{aligned}
R_Y(\tau) &= E_a\left(\sum_{k=-\infty}^{k=\infty}\sum_{m=-\infty}^{m=\infty} R_A(m)p(t+\tau-kT_s-a)p(t-kT_s+mT_s-a)\right) \\
&= \int_0^{T_s}\frac{1}{T_s}\left(\sum_{k=-\infty}^{k=\infty}\sum_{m=-\infty}^{m=\infty} R_A(m)p(t+\tau-kT_s-a)p(t-kT_s+mT_s-a)\right)\mathrm{d}a \\
&= \sum_{m=-\infty}^{m=\infty} R_A(m)\sum_{k=-\infty}^{k=\infty}\frac{1}{T_s}\int_0^{T_s} p(t+\tau-kT_s-a)p(t-kT_s+mT_s-a)\mathrm{d}a
\end{aligned}
$$

令 $u=t-kT_s-a$，上式可转换为

$$R_Y(\tau)=\sum_{m=-\infty}^{m=\infty}R_A(m)\sum_{k=-\infty}^{k=\infty}\frac{1}{T_s}\int_{t-kT_s}^{t-kT_s-T_s}p(u+\tau)p(u+mT_s)\mathrm{d}u$$

$$R_Y(\tau)=\sum_{m=-\infty}^{m=\infty}R_A(m)\frac{1}{T_s}\int_{-\infty}^{\infty}p(u+\tau)p(u+mT_s)\mathrm{d}u \tag{1.1}$$

$$R_Y(\tau)=\frac{1}{T_s}\sum_{m=-\infty}^{m=\infty}R_A(m)R_p(\tau-mT_s)$$

式中：R_p 为确定性信号的自相关值；$R_p(\tau)=\int_{-\infty}^{\infty}p(t+\tau)p(t)\mathrm{d}t$。而接收信号的谱密度可以通过对自相关函数 $R_Y(\tau)$ 进行傅里叶变换计算。

$$S_Y(f)=\frac{1}{T_s}\sum_{m=-\infty}^{m=\infty}R_A(m)\mathrm{e}^{-\mathrm{j}2\pi fmT_s}\ |P(f)|^2 \tag{1.2}$$

当 $m=0$ 时，$R_A(m)=1$；当 $m\neq0$ 时，$R_A(m)=0$。进而可得到

$$R_Y(\tau)=\frac{1}{T_s}R_p(\tau) \tag{1.3}$$

$$S_Y(f)=\frac{1}{T_s}|P(f)|^2 \tag{1.4}$$

1.2 带通信号的谱密度计算

假设带通信号表示方法如下

$$X_t=X_t^{\mathrm{I}}\cos(2\pi f_c t)-X_t^{\mathrm{Q}}\sin(2\pi f_c t)$$

式中：X_t^{I} 为带通信号的同相分量；X_t^{Q} 为带通信号的正交相位分量。对 X_t 进行频移，接收信号为 $Y_t=X_t^{\mathrm{I}}(t-a)$。带通信号 Y_t 的自相关和谱密度计算表示式为

$$\begin{aligned}R_Y(\tau)&=E(Y_{t+\tau}Y_t^*)\\&=E_a\left(E\begin{pmatrix}(X_{t+\tau-a}^{\mathrm{I}}\cos(2\pi f_c(t+\tau-a))-X_{t+\tau-a}^{\mathrm{Q}}\sin(2\pi f_c(t+\tau-a)))\\\times(X_{t-a}^{\mathrm{I}}\cos(2\pi f_c(t-a))-X_{t-a}^{\mathrm{Q}}\sin(2\pi f_c(t-a)))^*\end{pmatrix}\right)\end{aligned}$$

第 1 项

$$\begin{aligned}&E_a(E((X_{t+\tau-a}^{\mathrm{I}}\cos(2\pi f_c(t+\tau-a)))(X_{t-a}^{\mathrm{I}}\cos(2\pi f_c(t-a)))^*))\\&=E_a\left(\frac{1}{2}E((X_{t+\tau-a}^{\mathrm{I}}(X_{t-a}^{\mathrm{I}})^*\cos(2\pi f_c(2t-2a+\tau))))\right)\\&\quad+E_a\left(\frac{1}{2}E((X_{t+\tau-a}^{\mathrm{I}}(X_{t-a}^{\mathrm{I}})^*\cos(2\pi f_c\tau)))\right)\end{aligned}$$

其中

$$E_a(E((X^{\mathrm{I}}_{t+\tau-a}(X^{\mathrm{I}}_{t-a})^*\cos(2\pi f_c(2t-2a+\tau))))/2)=0$$

第 1 项可简化为

$$\begin{aligned}
&E_a\left(\frac{1}{2}E(X^{\mathrm{I}}_{t+\tau-a}(X^{\mathrm{I}}_{t-a})^*\cos(2\pi f_c\tau))\right)\\
&=E_a\left(\frac{1}{2}R_{X^{\mathrm{I}}}(\tau)\cos(2\pi f_c\tau)\right)\\
&=\frac{1}{2}R_{X^{\mathrm{I}}}(\tau)\cos(2\pi f_c\tau)
\end{aligned}$$

第 2 项

$$\begin{aligned}
&E_a(-E((X^{\mathrm{I}}_{t+\tau-a}\cos(2\pi f_c(t+\tau-a)))(X^{\mathrm{Q}}_{t-a}\sin(2\pi f_c(t-a)))^*))\\
&=E_a\left(-\frac{1}{2}E((X^{\mathrm{I}}_{t+\tau-a}(X^{\mathrm{Q}}_{t-a})^*\cos(2\pi f_c(2t-2a+\tau))))\right)\\
&\quad+E_a\left(-\frac{1}{2}E((X^{\mathrm{I}}_{t+\tau-a}(X^{\mathrm{Q}}_{t-a})^*\sin(2\pi f_c\tau)))\right)
\end{aligned}$$

其中

$$E_a(E((X^{\mathrm{I}}_{t+\tau-a}(X^{\mathrm{I}}_{t-a})^*)\cos(2\pi f_c(2t-2a+\tau)))/2)=0$$

第 2 项可简化为

$$\begin{aligned}
&E_a\left(\frac{1}{2}E(X^{\mathrm{I}}_{t+\tau-a}(X^{\mathrm{Q}}_{t-a})^*\sin(2\pi f_c\tau))\right)\\
&=E_a\left(\frac{1}{2}R_{X^{\mathrm{IQ}}}(\tau)\sin(2\pi f_c\tau)\right)\\
&=\frac{1}{2}R_{X^{\mathrm{IQ}}}(\tau)\sin(2\pi f_c\tau)
\end{aligned}$$

同理，第 3 项和第 4 项也可以求出。其中第 3 项为$-R_{X^{\mathrm{QI}}}(\tau)\sin(2\pi f_c\tau)/2$；第 4 项为 $R_{X^{\mathrm{Q}}}(\tau)\cos(2\pi f_c\tau)/2$。因此，带通信号的谱密度计算方法如下

$$\begin{aligned}
S_X(f)=&\frac{1}{4}(S_{X^{\mathrm{I}}}(f-f_c)+S_{X^{\mathrm{Q}}}(f-f_c)+S_{X^{\mathrm{I}}}(f+f_c)+S_{X^{\mathrm{Q}}}(f+f_c))\\
&+\frac{1}{4\mathrm{j}}(S_{X^{\mathrm{IQ}}}(f-f_c)-S_{X^{\mathrm{QI}}}(f-f_c)-S_{X^{\mathrm{IQ}}}(f+f_c)+S_{X^{\mathrm{QI}}}(f+f_c))
\end{aligned}$$

如果对所有的 t_1 和 t_2 都有 $E[X^{\mathrm{I}}_{t_1},X^{\mathrm{Q}*}_{t_2}]=0$，则

$$S_X(f)=\frac{1}{4}(S_{X^{\mathrm{I}}}(f-f_c)+S_{X^{\mathrm{Q}}}(f-f_c)+S_{X^{\mathrm{I}}}(f+f_c)+S_{X^{\mathrm{Q}}}(f+f_c))\tag{1.5}$$

1.3 离散通信的脉冲整形

在基带传输中，离散采样以脉冲信号形式通过信道传输，可表示为 $s(t)=\sum_{k=-\infty}^{k=\infty} A_k p(t-kT_s)$，其中 A_k 为发射信号的第 k 个采样振幅；$p(t)$ 为传输的脉冲信号。设信道脉冲响应为 $c(t)$，则接收信号可表示为 $s(t)*c(t)$，其中 $*$ 为卷积算子。均衡器 $e(t)$ 的脉冲响应可定义为 $e(t)*c(t)=b\delta(t)$，其中 b 是常数。因此，在不考虑延迟的情况下，接收到的信号可表示为 $r(t)=b\sum_{k=-\infty}^{k=\infty} A_k p(t-kT_s)$，进而第 mT_s 时刻的瞬时接收信号 $r(t)$ 为

$$r(mT_s)=b\sum_{k=-\infty}^{k=\infty} A_k p(mT_s-kT_s) \tag{1.6}$$

接收信号也可表示为

$$r(mT_s)=bA_m p(0)+b\sum_{k\neq m} A_k p(mT_s-kT_s) \tag{1.7}$$

式（1.7）中的第 2 部分称为符号间干扰（Inter Symbol Interference，ISI），在接收端需要从 $r(mT_s)$ 中获得 $bA_m p(0)$。理想条件下选择类似 $\sum_{k\neq m} A_k p(mT_s-kT_s)=0$ 的脉冲，因此，符号间干扰为零的条件为

$$p(mT_s)=1,\quad m=0 \tag{1.8}$$

$$p(mT_s)=0,\quad \text{其他情况} \tag{1.9}$$

以 T_s 为采样间隔，对脉冲 $p(t)$ 进行采样，得到序列 $p(mT_s)$。采样后的脉冲频谱可表示为

$$F_s\sum_{K=-\infty}^{K=\infty} P(f-KF_s) \tag{1.10}$$

式中：F_s 为采样频率。

采样频率为 F_s 的脉冲 $p(t)$ 可表示为

$$p_\delta(t)=\sum_k p(kT_s)\delta(t-kT_s) \tag{1.11}$$

对式（1.11）进行傅里叶变换，可得

$$\int_{-\infty}^{\infty} p_\delta(t)\mathrm{e}^{\mathrm{i}2\pi ft}\mathrm{d}t \tag{1.12}$$

$$\Rightarrow \int_{-\infty}^{\infty}\sum_k p(kT_s)\delta(t-kT_s)\mathrm{e}^{\mathrm{i}2\pi ft}\mathrm{d}t \tag{1.13}$$

将式（1.8）和式（1.9）代入式（1.13），可得

$$\int_{-\infty}^{\infty} p(0)\delta(t)\mathrm{e}^{-\mathrm{j}2\pi ft}\mathrm{d}t=p(0) \tag{1.14}$$

由式（1.10）和式（1.14），符号间干扰为 0 的条件可表示为

$$F_s \sum_{K=-\infty}^{K=\infty} P(f-KF_s)=p(0) \tag{1.15}$$

当假设 $p(0)=1$ 时，符号间干扰为 0 的条件可表示为

$$\sum_{K=-\infty}^{K=\infty} P(f-KF_s)=\frac{1}{F_s} \tag{1.16}$$

最小带宽 $W=F_s/2$ 时，理想脉冲是 sinc 脉冲，表示为 $p_{\text{nyquist}}=\text{sinc}(2Wt)$（$2W=1$ 时，见图 1-1（a））；当 $-W\leqslant f\leqslant W$ 时，振幅为 T_s；f 为其他值时振幅为 0，对应的频谱 $p_{\text{nyquist}}(f)$ 是矩形脉冲（$2W=1$ 时，见图 1-1（b））。若采样频率较高，接收机采样后的误差会导致较大的符号间干扰。通过更改脉冲使其满足式（1.16）中条件（见图 1-2），能够有效避免符号间干扰，改进后的脉冲带宽在 $W\sim 2W$ 之间。修正后的脉冲（见图 1-3）时域和频域可表示为

$$p_{\text{mod}}(t)=(\text{sinc}(2Wt))\left(\frac{\cos(2\pi\alpha Wt)}{(1-16\alpha^2W^2t^2)}\right) \tag{1.17}$$

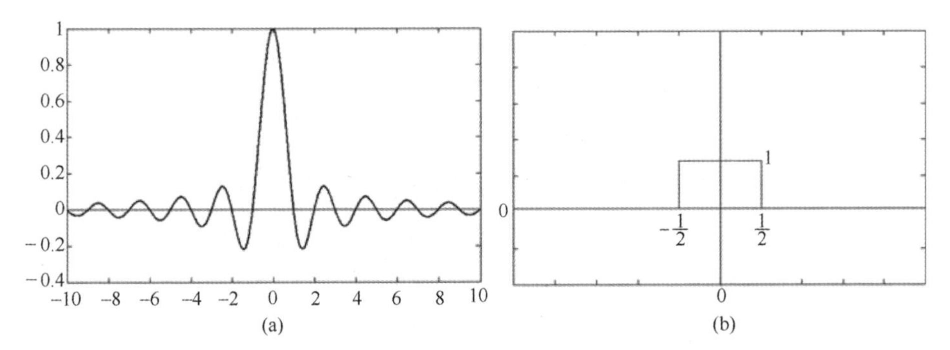

图 1-1　（a）$T_s=1$ 时截断时域奈奎斯特脉冲；（b）$W=1/2$ 时奈奎斯特脉冲频域。

当 $0\leqslant|f|<f_1$ 时，$P_{\text{mod}}(f)=\dfrac{1}{2W}$；

当 $f_1\leqslant|f|<(2W-f_1)$ 时，$P_{\text{mod}}(f)=\dfrac{1}{4W}\left(1-\sin\left(\dfrac{\pi|f|-W}{2W-2f_1}\right)\right)$；

当 $|f|\geqslant(2W-f_1)$ 时，$P_{\text{mod}}(f)=0$。

其他常用的脉冲信号可通过正弦脉冲的线性组合得到，下面列出了一些常见脉冲（见图 1-4）。

$$p_1(t)=\frac{\sin\left(\dfrac{\pi(t-T_s)}{T_s}\right)}{\left(\dfrac{\pi(t-T_s)}{T_s}\right)} \tag{1.18}$$

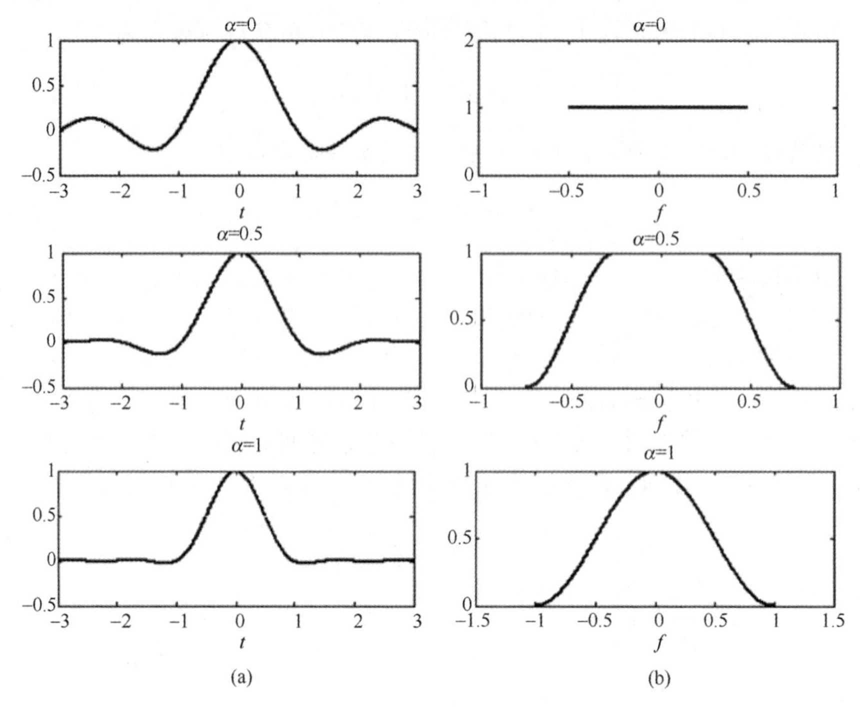

图 1-2 （a）$T_s=1$ 下时域截断修正脉冲；（b）$W=1/2$ 下频域修正脉冲。
（可以看出：当 α 从 0 到 1 时，带宽从 W 增加到 $2W$）

$$p_2(t)=\frac{\sin\left(\frac{\pi(t-T_s)}{T_s}\right)}{\left(\frac{\pi(t-T_s)}{T_s}\right)}+2\frac{\sin\left(\frac{\pi(t-T_s)}{T_s}\right)}{\left(\frac{\pi(t-T_s)}{T_s}\right)}-\frac{\sin\left(\frac{\pi(t-2T_s)}{T_s}\right)}{\left(\frac{\pi(t-2T_s)}{T_s}\right)} \tag{1.19}$$

$$p_3(t)=2\frac{\sin\left(\frac{\pi t}{T_s}\right)}{\left(\frac{\pi t}{T_s}\right)}+\frac{\sin\left(\frac{\pi(t-T_s)}{T_s}\right)}{\left(\frac{\pi(t-T_s)}{T_s}\right)}-\frac{\sin\left(\frac{\pi(t-2T_s)}{T_s}\right)}{\left(\frac{\pi(t-2T_s)}{T_s}\right)} \tag{1.20}$$

$$p_4(t)=2\frac{\sin\left(\frac{\pi t}{T_s}\right)}{\left(\frac{\pi t}{T_s}\right)}-\frac{\sin\left(\frac{\pi(t-2T_s)}{T_s}\right)}{\left(\frac{\pi(t-2T_s)}{T_s}\right)} \tag{1.21}$$

在图 1-3 中，当 $-3W\leqslant f\leqslant 3W$ 时，$P_{\mathrm{mod}}(f)+P_{\mathrm{mod}}(f-2W)+P_{\mathrm{mod}}(f-4W)+P_{\mathrm{mod}}(f+2W)+P_{\mathrm{mod}}(f+4W)=1$ 修改后的脉冲满足式（1.11）。

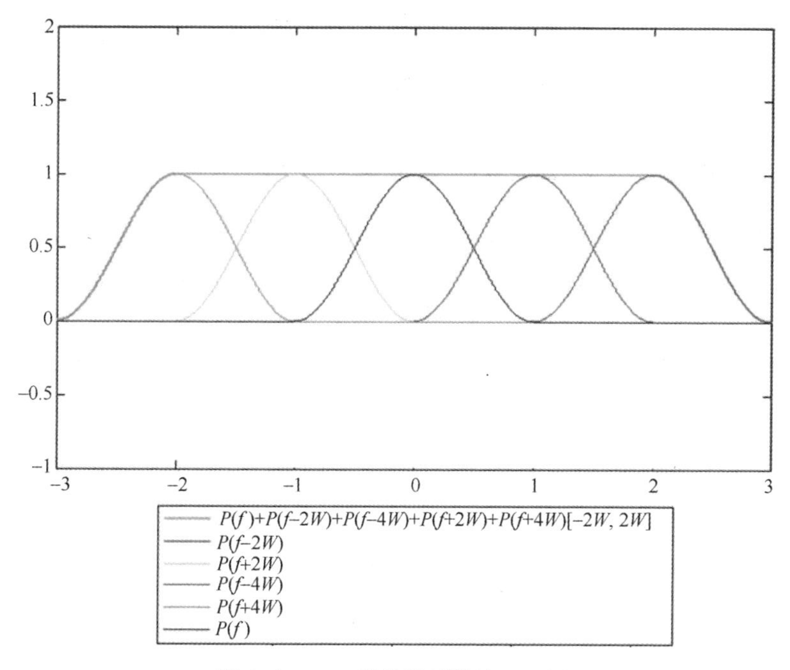

图 1-3　$\alpha=1$ 时的修正脉冲 $P_{\text{mod}}(f)$

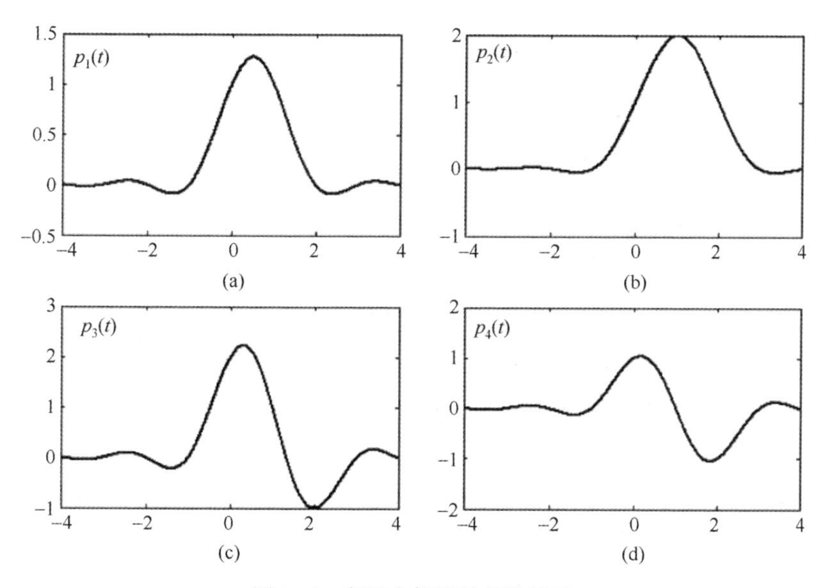

图 1-4　实际中使用的其他脉冲

1.4 带通调制技术

1.4.1 相移键控（Phase Shift Keying，PSK）

在带通数字传输过程中，每比特均可通过 0 到 T_b时间段内的脉冲来表示，其中 T_b为持续时间。在相移键控调制中，二进制电平 0 和 1 分别用信号 $p_0(t)$ 和 $p_1(t)$来表示（见式（1.22）和式（1.23））。其中，载波频率 $f_c=n_c/T_b$，n_c 为任意整数。采样后的相移键控信号如图 1-5 所示。

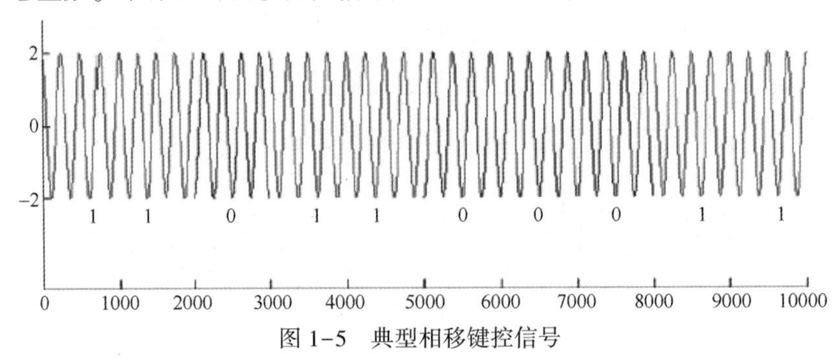

图 1-5　典型相移键控信号

$$p_0(t)=\sqrt{\left(\frac{2E_b}{T_b}\right)}\cos(2\pi f_c t) \tag{1.22}$$

$$p_1(t)=-\sqrt{\left(\frac{2E_b}{T_b}\right)}\cos(2\pi f_c t) \tag{1.23}$$

1.4.2 PSK 相干相关接收机

PSK 信号 S_t 经信道传输后，叠加了均值为 0、方差为 $N_0/2$ 的加性高斯噪声，此时接收机收到的信号为 Y_t。为了检测第一位，将接收的信号（0 到 T_b时间段内）乘以同步信号$\sqrt{2E_b/T_b}\cos(2\pi f_c t)$，并对 0 到 T_b时间段内积分，得到随机变量 Y。当发送 1 时，随机变量 Y 为$\sqrt{(E_b)}+N$；发送 0 时，为$-\sqrt{(E_b)}+N$。需要注意的是，N 是均值为 0、方差为 $N_0/2$ 的高斯随机变量，随机变量 Y 是相关接收机的输出。假设先验概率相等、代价一致，贝叶斯检测（见第 3 章）的阈值为 0，即制定决策规则如下

1，　当 $Y\geqslant 0$

0，　其他情况

类似地，为了检测出第 n 位，在$(n-1)T_b$到 nT_b时间段内，使用上述相关

接收机对接收信号进行检测。图 1-6 展示了典型的 PSK 发射信号和方差为 4 带有加性高斯噪声的 PSK 接收信号。图 1-7（a）为每比特持续时间 T_b 时相关接收机的输出。将随机变量 Y 作为一维矢量，图 1-7（b）中画出了典型值的信号空间图，这也是相关接收机（随机变量 Y）的几何解释输出。图 1-7（c）、(d) 中分别画出了二进制发送序列和相应检测到的二进制接收序列。

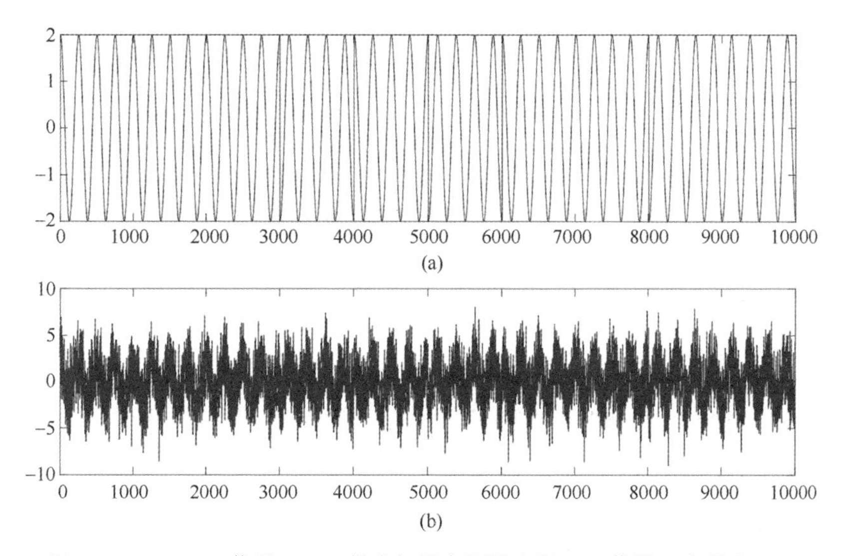

图 1-6　(a) PSK 信号；(b) 带有加性高斯噪声的 PSK 信号（方差为 4）。

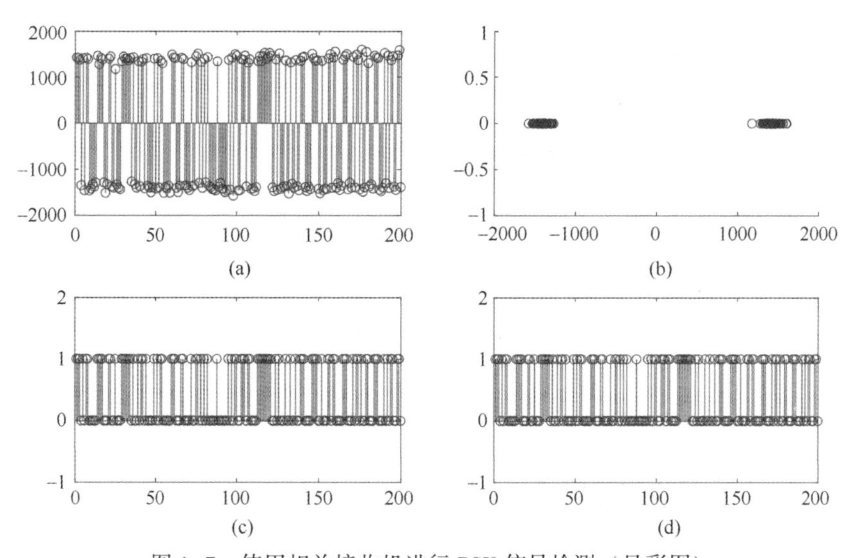

图 1-7　使用相关接收机进行 PSK 信号检测（见彩图）

(a) 相关接收机的输出；(b) 相关接收机的输出；(c) 发送二进制序列；(d) 接收二进制序列。

PSK 信号检测程序如下：

```
t=0:1/1000:1;
Eb=2;
Tb=1;
nc=4;
fc=nc/Tb;
TX=[ ];
BINSEQ=abs(round(rand(1,200) * 2-1));
for m=1:1:200
if(BINSEQ(m)= =1)
        TX=[TX sqrt(2 * Eb/Tb) * cos(2 * pi * fc * t)];
else
        TX=[TX -1 * sqrt(2 * Eb/Tb) * cos(2 * pi * fc * t)];
end
end                                          %给带通信号加噪声
RX=TX+sqrt(4) * randn(1,length(TX));  %加性高斯噪声的方差 N0/2=4
figure
subplot(2,1,1)
plot(TX(1:1:10001))
title('发射 PSK 信号')
subplot(2,1,2)
plot(RX(1:1:10001))
title('加噪声后的 PSK 信号')
%相干检测
LO=sqrt(2/Tb) * cos(2 * pi * fc * t);
BINSEQDET=[ ];
CS=[ ];
for n=1:1:200
    temp=RX([(n-1) * 1001+1:1:(n-1) * 1001+1001]);
    S=sum(temp. * LO);
    CS=[CS S];
if(S>0)
        BINSEQDET=[BINSEQDET 1];
else
        BINSEQDET=[BINSEQDET 0];
end
```

```
end
figure
subplot(2,2,1)
stem(CS)
title('相关接收机的输出')
subplot(2,2,2)
scatter(CS,zeros(1,200))
title('PSK 信号的信号空间图');
subplot(2,2,3)
stem(BINSEQ)
title('发射二进制序列')
subplot(2,2,4)
stem(BINSEQDET)
title('检测二进制序列')
```

（1）PSK 误差概率的计算。

在发送 0 时 Y 的条件密度函数可表示为 $Y_0=-\sqrt{(E_b)}+N$。因此，Y_0 服从均值为$-\sqrt{(E_b)}$、方差为 $N_0/2$ 的高斯分布。

Y_0 的概率密度函数为

$$f_{Y_0}(y)=\frac{1}{\sqrt{\pi N_0}}\mathrm{e}^{-\frac{(y+\sqrt{E_b})^2}{N_0}} \tag{1.24}$$

同理，Y_1（当发送 1 时）的概率密度函数为

$$f_{Y_1}(y)=\frac{1}{\sqrt{\pi N_0}}\mathrm{e}^{-\frac{(y-\sqrt{E_b})^2}{N_0}} \tag{1.25}$$

错误概率 $p(e)=p(e/0)p(0)+p(e/1)p(1)$，其中 $p(e/0)$ 为发送 0 时的错误概率，$p(e/1)$ 为发送 1 时的错误概率，$p(0)$ 和 $p(1)$ 为先验概率。假设 $p(0)=p(1)$，且条件密度函数（$f_{Y_0}(y)$ 和 $f_{Y_1}(y)$）具有对称性，则 $p(e/0)=p(e/1)=p(e)$。因此，要得到 $p(e)$，只需计算 $p(e/0)$ 即可。因此，$p(e)$ 的计算方法为

$$p(e)=p(e/0)=\int_0^{\infty}\frac{1}{\sqrt{\pi N_0}}\mathrm{e}^{-\frac{(y+\sqrt{E_b})^2}{N_0}}\mathrm{d}y \tag{1.26}$$

令 $u\geqslant 0$ 时，$\mathrm{erfc}(u)=\sqrt{2/\pi}\int_u^{\infty}\mathrm{e}^{-u^2}\mathrm{d}u$。

令 $Z=(Y_0+\sqrt{E_b})/\sqrt{N_0/2}$，则

$$p(e)=P(Y_0\geqslant 0)=P\left(Z\sqrt{\frac{N_0}{2}}-\sqrt{E_b}\geqslant 0\right)$$

$$=P\left(Z\geqslant\sqrt{\frac{E_b}{N_0}}\right)$$

$$=\int_{\sqrt{\frac{E_b}{N_0}}}^{\infty}\frac{1}{\sqrt{2\pi}}e^{-\frac{u^2}{2}}du$$

$$=\frac{1}{2}\mathrm{erfc}\left(\sqrt{\frac{E_b}{N_0}}\right)$$

（2）PSK 谱密度的计算。

PSK 中单位脉冲（持续时间 T_b）可表示为

$$p_0(t)=\sqrt{\left(\frac{2E_b}{T_b}\right)}\cos(2\pi f_c t) \tag{1.27}$$

$$p_1(t)=-\sqrt{\left(\frac{2E_b}{T_b}\right)}\cos(2\pi f_c t) \tag{1.28}$$

接收的带通 PSK 信号在 T_b时间范围内中的同相分量和正交分量可表示为

$$Y_t^{I_{PSK}}=\pm\sqrt{\left(\frac{2E_b}{T_b}\right)}u(t-\tau) \tag{1.29}$$

$$Y_t^{Q_{PSK}}=0 \tag{1.30}$$

因此，无限长时间内接收到的基带信号（同相分量）为

$$Y_t^{I_{PSK}}=\sum_{k=-\infty}^{k=\infty}A_k u(t-kT_b-\tau) \tag{1.31}$$

式中：A_k为独立的离散随机过程，在$\sqrt{2E_b/T_b}$或$-\sqrt{2E_b/T_b}$间等概率的取值；$u(t)$为脉冲信号，当$0<t\leqslant T_b$时，$u(t)=1$，否则 τ 在 0 到 T_b之间服从均匀分布。由式（1.2），可计算得到接收信号 Y_t^I 的谱密度，即

$$S_{Y^{I_{PSK}}}(f)=\frac{1}{T_b}|U(f)|^2R_A(0)$$

其中

$$U(f)=\int_0^{T_b}e^{-j2\pi ft}dt$$

$$=T_b\mathrm{sinc}(fT_b)e^{-j2\pi fT_b}$$

$$\Rightarrow S_{Y^{I_{PSK}}}(f)=2E_b\,\mathrm{sinc}^2(fT_b)$$

同时 $S_{Y^{Q_{PSK}}}(f)=0$，由式（1.5）可得 PSK 信号的谱密度（图 1-8）为

$$
\begin{aligned}
S_{\mathrm{PSK}}(f) &= \frac{1}{4}\left(S_{Y^{\mathrm{I}}_{\mathrm{PSK}}}(f-f_{\mathrm{c}})+S_{Y^{\mathrm{Q}}_{\mathrm{PSK}}}(f-f_{\mathrm{c}})+S_{Y^{\mathrm{I}}_{\mathrm{PSK}}}(f+f_{\mathrm{c}})+S_{Y^{\mathrm{Q}}_{\mathrm{PSK}}}(f+f_{\mathrm{c}})\right) \\
&= \frac{1}{4}\left(2E_{\mathrm{b}}\,\mathrm{sinc}^2((f-f_{\mathrm{c}})T_{\mathrm{b}})+2E_{\mathrm{b}}\,\mathrm{sinc}^2((f+f_{\mathrm{c}})T_{\mathrm{b}})\right) \\
&= \frac{E_{\mathrm{b}}}{2}\left(\mathrm{sinc}^2((f-f_{\mathrm{c}})T_{\mathrm{b}})+\mathrm{sinc}^2((f+f_{\mathrm{c}})T_{\mathrm{b}})\right)
\end{aligned}
$$

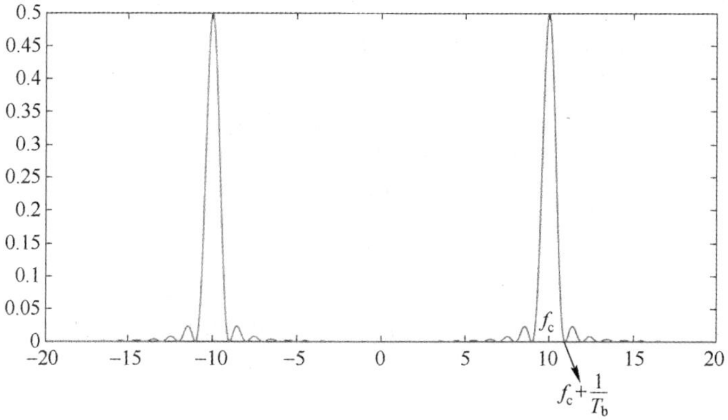

图 1-8　PSK 信号的谱密度（$E_{\mathrm{b}}=1$ 单位，$T_{\mathrm{b}}=1$ 单位，$f_{\mathrm{c}}=10$ 单位）

PSK 信号谱密度程序如下：

```
%pskspec.m
fc=10;
Tb=1;
res=[];
Eb=1;
for f=-10:0.01:10
    res=[res (sin(pi*f*Tb)/(pi*f*Tb))^2];
end
f=-10:0.01:10;
u=isnan(res);
[p,q]=find(u==1);
res(q)=1;
part1=(Eb/2)*[zeros(1,length(f)) res];
f1=f-fc;
f2=f+fc;
final=[f1 f2];
part2=(Eb/2)*[res zeros(1,length(f))];
```

```
figure
plot(final,part1)
hold on
plot(final,part2)
```

1.4.3 频移键控

在频移键控（Frequency Shift Keying，FSK）中，分别用 $S_0(t)$ 和 $S_1(t)$ 表示二进制电平符号的 0 和 1，时间从 0 到 T_b，即

$$S_0(t)=\sqrt{\left(\frac{2E_b}{N_0}\right)}\cos(2\pi f_1 t) \tag{1.32}$$

$$S_1(t)=\sqrt{\left(\frac{2E_b}{N_0}\right)}\cos(2\pi f_2 t) \tag{1.33}$$

式中：$f_1=(n_c+1)/T_b$；$f_2=(n_c+2)/T_b$；T_b 为持续时间；n_c 为整数。

图 1-9 给出了典型 FSK 信号，选择相应的 f_1 和 f_2 使得相移在持续时间 T_b 内为 0。

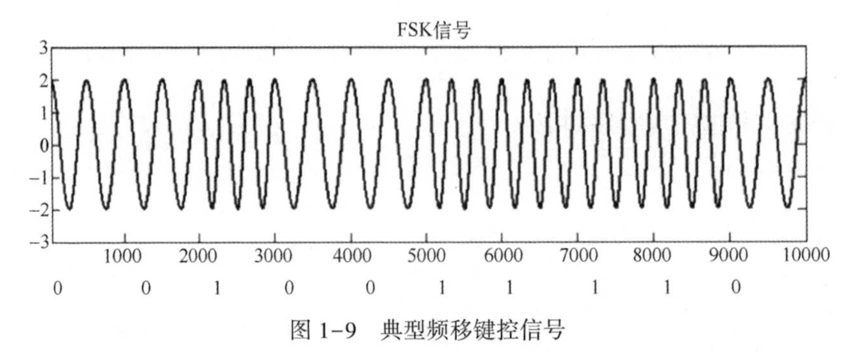

图 1-9　典型频移键控信号

1.4.4 FSK 相干相关接收机

接收机所接收到的信号 Y_t 为 FSK 信号 S_t 经信道传递时，加入均值为 0、方差为 $N_0/2$ 的加性高斯噪声。为了检测第 1 位，将接收的信号（0 到 T_b时间段内）乘以同步信号 $\sqrt{2E_b/T_b}\cos(2\pi f_1 t)$，并对 0 到 T_b时间段内积分，得到随机变量 Y_1。同样，将接收的信号（0 到 T_b时间段内）乘以同步信号 $\sqrt{2E_b/T_b}\cos(2\pi f_2 t)$，并对 0 到 T_b时间段内积分，得到随机变量 Y_2。

假定随机变量 $Y=Y_1-Y_2$ 由两部分组成。第一部分与信号有关，为定值，当发送信号为 0 时，取 $\sqrt{(E_b)}$；当发送信号为 1 时，取 $-\sqrt{(E_b)}$。第二部分是

均值为 0 方差为$[1-1]\boldsymbol{A}[1-1]^{\mathrm{T}}=N_0$的高斯随机变量，其中

$$\boldsymbol{A}=\begin{bmatrix} N_0/2 & 0 \\ 0 & N_0/2 \end{bmatrix}$$

因此，FSK 检测可以看作随机变量为$Y=\pm\sqrt{(E_{\mathrm{b}})}+N$的 PSK 检测，其中$N$是均值为 0、方差为$N_0$的高斯随机变量。假设先验概率相等、代价一致，贝叶斯检测（详见第 3 章）的阈值为 0，即确定判定规则如下

$$\begin{array}{ll} 0, & \text{当 } Y=Y_1-Y_2\geqslant 0 \\ 1, & \text{其他情况} \end{array}$$

换而言之，判定规则可表示为

$$\begin{array}{ll} 0, & \text{当 } Y_1\geqslant Y_2 \\ 1, & \text{其他情况} \end{array}$$

类似的，为了检测出第n位，在$(n-1)T_{\mathrm{b}}$到nT_{b}时间段内，使用上述相关接收机对接收信号进行检测。

图 1-10 展示了典型的发射 FSK 信号和叠加方差为 4 的加性高斯噪声的 FSK 接收信号。图 1-11（a）、(b）所示分别为每比特持续时间T_{b}所获得相关接收机 1(Y_1)和接收机 2(Y_2)的输出。画出随机变量$[Y_1\quad Y_2]$的典型值，则得到如图 1-11（c）所示的信号空间图，这也是相关接收机（随机变量$[Y_1\quad Y_2]$）输出的几何解释。图 1-12 中则分别绘制了二进制发射序列和相应检测到的二进制接收序列。

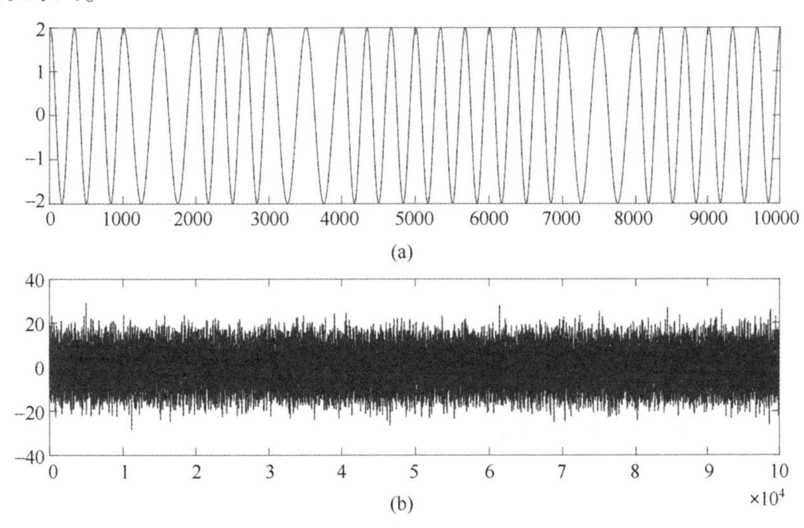

图 1-10　(a) FSK 信号；(b) 带有加性高斯噪声的 FSK 信号（方差为 4）。

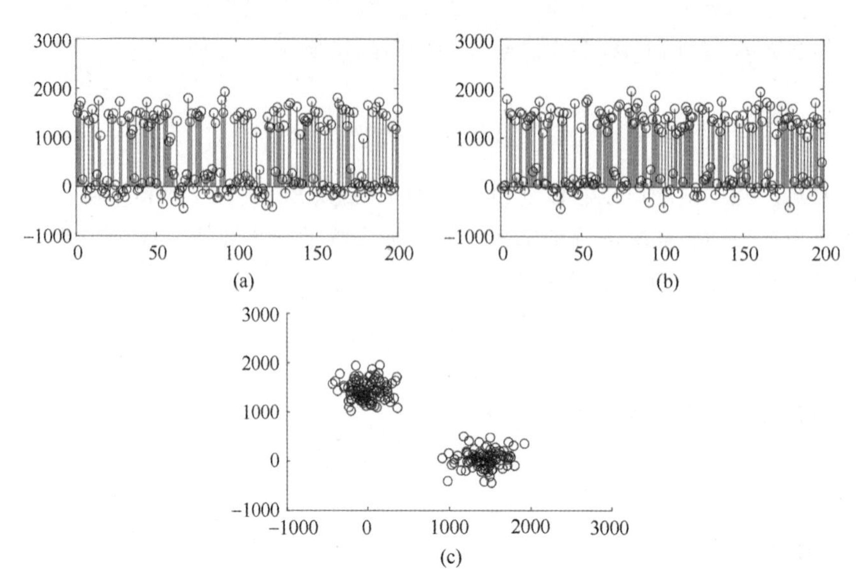

图 1-11 （a）相关接收机 1 的输出；（b）相关接收机 2 的输出；（c）FSK 信号的空间信号图。

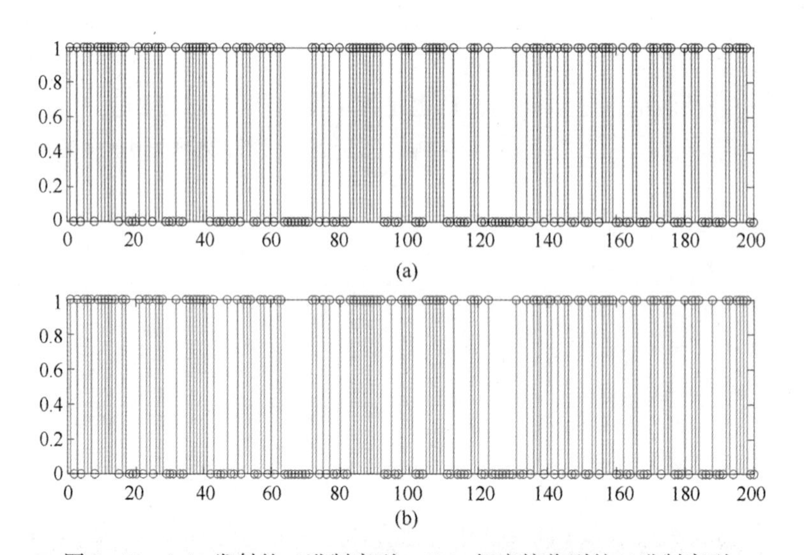

图 1-12 （a）发射的二进制序列；（b）相应接收到的二进制序列。

图 1-11、图 1-12 的程序如下：

```
t=0:1/1000:1;
Eb=2;
Tb=1;
```

```
nc=1;
fc=nc/Tb;
f1=fc+(1/Tb);
f2=fc+(2/Tb);
CS1=[ ];
CS2=[ ];
TX=[ ];
BINSEQ=abs(round(rand(1,200) * 2-1));
for m=1:1:200
if(BINSEQ(m)= =0)
        TX=[TX sqrt(2 * Eb/Tb) * cos(2 * pi * f1 * t)];
else
        TX=[TX sqrt(2 * Eb/Tb) * cos(2 * pi * f2 * t)];
end
end
RX=TX+sqrt(40) * randn(1,length(TX));   %在带通信号中加入噪声
figure
subplot(2,1,1)
plot(TX(1:1:10000))
title('发射 FSK 信号')
subplot(2,1,2)
plot(RX(1:1:10000))
title('加入噪声的 FSK 信号 ')
%相干检测
LO1=sqrt(2/Tb) * cos(2 * pi * f1 * t);
LO2=sqrt(2/Tb) * cos(2 * pi * f2 * t);
BINSEQDET=[ ];
for n=1:1:200
    temp=RX([(n-1) * 1001+1:1:(n-1) * 1001+1001]);
    S1=sum(temp. * LO1);
    CS1=[CS1 S1];
    S2=sum(temp. * LO2);
    CS2=[CS2 S2];
if(S1>S2)
        BINSEQDET=[BINSEQDET 0];
else
        BINSEQDET=[BINSEQDET 1];
```

```
end
end
figure
subplot(2,2,1)
stem(CS1)
xlim([0 200])
ylim([-1000 3000])
title('相关接收机 1 的输出')
subplot(2,2,2)
stem(CS2)
xlim([0 200])
ylim([-1000 3000])
title('相关接收机 2 的输出')
subplot(2,2,3.5)
scatter(CS1,CS2)
xlim([0 200])
ylim([-1000 3000])
title('FSK 信号的信号空间图');
figure
subplot(2,1,1)
stem(BINSEQ)
title('发送二进制序列')
subplot(2,1,2)
stem(BINSEQDET,'r')
title('接收二进制序列')
```

1.4.5 FSK 误码率计算

对于叠加方差为 $N_0/2$ 加性高斯噪声的 FSK 信号，或叠加方差为 N_0 加性高斯噪声的 PSK 信号，误差概率计算公式为 $\mathrm{erfc}(\sqrt{E_b/(2N_0)})/2$。当方差相同时，使用 PSK 信号时，误差概率最小。

1.4.6 FSK 谱密度计算

将 $f_1=f_c+1/2T_b$ 和 $f_2=f_c-1/2T_b$ 代入 FSK 表达式，得

$$S_0(t)=\sqrt{\left(\frac{2E_b}{T_b}\right)}\cos(2\pi f_1 t)$$
$$=\sqrt{\left(\frac{2E_b}{T_b}\right)}\cos\left(2\pi\left(f_c+\frac{1}{2T_b}\right)t\right)$$
$$=\sqrt{\left(\frac{2E_b}{T_b}\right)}\left(\cos(2\pi f_c t)\cos\left(\frac{2\pi t}{2T_b}\right)-\sin(2\pi(f_c t))\sin\left(\frac{2\pi t}{2T_b}\right)\right)$$
$$S_1(t)=\sqrt{\left(\frac{2E_b}{T_b}\right)}\cos(2\pi f_2 t)=\sqrt{\left(\frac{2E_b}{T_b}\right)}\cos\left(2\pi\left(f_c-\frac{1}{2T_b}\right)t\right)$$
$$=\sqrt{\left(\frac{2E_b}{T_b}\right)}\left(\cos(2\pi f_c t)\cos\left(\frac{2\pi t}{2T_b}\right)+\sin(2\pi(f_c t))\sin\left(\frac{2\pi t}{2T_b}\right)\right)$$

因此，可得 FSK 接收信号在持续时间 T_b 下的同相分量和正交分量

$$Y_t^{\mathrm{IFSK}}=\sqrt{\left(\frac{2E_b}{T_b}\right)}\cos\left(\frac{2\pi(t-\theta)}{2T_b}\right)u(t-\theta) \tag{1.34}$$

$$Y_t^{\mathrm{QFSK}}=\pm\sqrt{\left(\frac{2E_b}{T_b}\right)}\sin\left(\frac{2\pi(t-\theta)}{2T_b}\right)u(t-\theta) \tag{1.35}$$

式中：θ 在区间 0 至 T_b 上服从均匀分布；脉冲信号 $u(t)=1, 0\leqslant t\leqslant T_b$，$u(t)=0$，其他情况。

当二进制序列为 0 或 1，同相分量均为 $Y_t^{\mathrm{IFSK}}=\sqrt{2E_b/T_b}\cos(2\pi(t-\theta)/(2T_b))$。因此，自相关 I 相位分量可利用下式计算得到

$$Y_t^{\mathrm{QFSK}}=\sum_{K=-\infty}^{\infty}A_K\sin\left(\frac{2\pi(t-KT_b-\theta)}{2T_b}\right)u(t-KT_b-\theta) \tag{1.36}$$

式中：脉冲信号 $u(t)=1, 0\leqslant t\leqslant T_b$、$u(t)=0$（其他情况）时，$A_K$ 等概率的取 $\pm\sqrt{2E_b/T_b}$。此外

$$R_{YI}(\tau)=E(Y_{t+\tau}^{\mathrm{IFSK}}(Y_t^{\mathrm{IFSK}})^*)$$
$$=E\left(\left(\sqrt{\left(\frac{2E_b}{T_b}\right)}\cos\left(\frac{2\pi(t+\tau+\theta)}{2T_b}\right)\right)\left(\sqrt{\left(\frac{2E_b}{T_b}\right)}\cos\left(\frac{2\pi(t-\theta)}{2T_b}\right)\right)^*\right)$$
$$=E\left(\frac{2E_b}{T_b}\left(\frac{1}{2}\left(\cos\left(\frac{2\pi(t+\tau+\theta)}{2T_b}\right)+\cos\left(\frac{2\pi\tau}{2T_b}\right)\right)\right)\right)$$
$$=0+\frac{E_b}{T_b}\cos\left(\frac{2\pi\tau}{2T_b}\right)$$

I 相位分量的谱密度可利用下式计算得到

$$S_{Y^{I}_{FSK}}(f)=\frac{E_b}{2T_b}\left(\delta\left(f-\frac{1}{2T_b}\right)+\delta\left(f+\frac{1}{2T_b}\right)\right) \quad (1.37)$$

因此，接收到的无限持续时间的正交分量如下。利用式（1.3）和式（1.36），Q 相位分量的谱密度可利用下式计算得到（见图 1-19）

$$S_{Y^{Q}_{FSK}}(f)=\frac{2E_b}{T_b^2}\left|FT\left(\sin\left(\frac{2\pi\tau}{2T_b}\right)\right)\right|^2$$

$$=\frac{8E_b\cos^2(\pi T_b f)}{\pi^2(4T_b^2f^2-1)^2}$$

根据式（1.1），可得 FSK 信号的谱密度（见图 1-13）

$$S_{FSK}(f)=\frac{1}{4}(S_{Y^{I}_{FSK}}(f-f_c)+S_{Y^{Q}_{FSK}}(f-f_c)+S_{Y^{I}_{FSK}}(f+f_c)+S_{Y^{Q}_{FSK}}(f+f_c))$$

$$=\frac{E_b}{8T_b}\left(\delta\left(f-f_c-\frac{1}{2T_b}\right)+\delta\left(f-f_c+\frac{1}{2T_b}\right)\right)$$

$$+\frac{E_b}{8T_b}\left(\delta\left(f+f_c-\frac{1}{2T_b}\right)+\delta\left(f+f_c+\frac{1}{2T_b}\right)\right)$$

$$+\frac{2E_b\cos^2(\pi T_b(f-f_c))}{\pi^2(4T_b^2(f-f_c)^2-1)^2}+\frac{2E_b\cos^2(\pi T_b(f+f_c))}{\pi^2(4T_b^2(f+f_c)^2-1)^2}$$

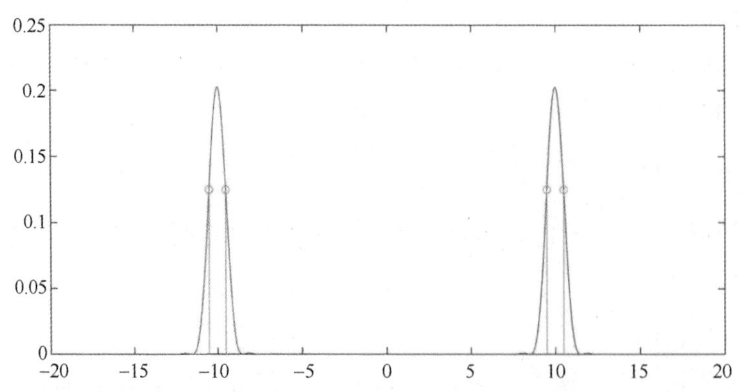

图 1-13　FSK 信号的谱密度（E_b=1 单位，T_b=1 单位，f_c=10 单位）

FSK 信号的谱密度程序如下：

```
%fskspec. m
fc=10;
Tb=1;
res=[ ];
```

```
Eb=1;
for f=-10:0.01:10
    res=[res 2*Eb*(cos(pi*Tb*f)^2)/(pi^2*(4*(Tb^2)*(f^2)-1)^2)];
end
[p,q]=find(res==inf);
for i=1:1:length(p)
    res(q(i))=(res(q(i)-1)+res(q(i)+1))/2
end
f=-10:0.01:10;
part1=[zeros(1,length(f)) res];
f1=f-fc;
f2=f+fc;
final=[f1 f2];
part2=[res zeros(1,length(f))];
figure
plot(final,part1)
hold on
plot(final,part2)
f1=fc+(1/2*Tb);
f2=fc-(1/2*Tb);
f3=-fc+(1/2*Tb);
f4=-fc-(1/2*Tb);
hold on,stem([f1 f2 f3 f4],[Eb/(8*Tb)Eb/(8*Tb)Eb/(8*Tb)Eb/(8*Tb)]);
```

1.4.7　最小频移键控

最小频移键控（Minimum-Shift Keying，MSK）调制方式中，二进制序列脉冲含义如下。

（1）在 $-T_b$ 时间内假设相位为 $\pi/2$，根据要传输的实际二进制流，在每个比特持续时间内识别一次相位变化。

（2）如果下一位为 0，则假设相位 $-\pi/2$；如果下一位为 1，则假设相位为 $\pi/2$。

（3）以二进制序列［11001001001］为例，识别出的相移信息如图 1-14 所示。

（4）二进制序列用两个正交基序列 $\varphi_1(t)$ 和 $\varphi_2(t)$ 表示（参考式（1.38）和式（1.39）），单个序列持续时间为 $2T_b$。

$$\phi_1(t)=\sqrt{\left(\frac{2}{T_b}\right)}\cos\left(\frac{\pi t}{2T_b}\right)\cos(2\pi f_c t),\quad -T_b\leqslant t\leqslant T_b \tag{1.38}$$

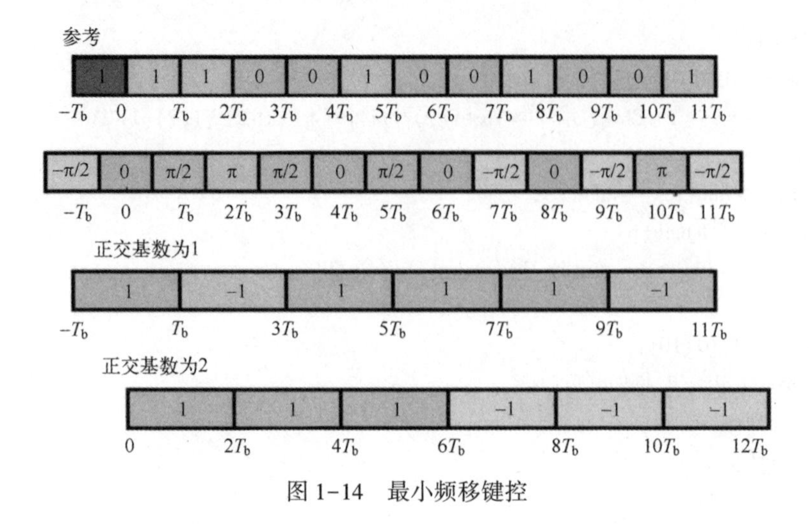

图 1-14　最小频移键控

$$\phi_2(t)=\sqrt{\left(\frac{2}{T_b}\right)}\sin\left(\frac{\pi t}{2T_b}\right)\sin(2\pi f_c t),\quad 0\leqslant t\leqslant 2T_b \tag{1.39}$$

（5）MSK 信号下两个正交基对应的信号如图 1-15 所示，典型 MSK 信号和加性高斯噪声下的 MSK 信号如图 1-16 所示。

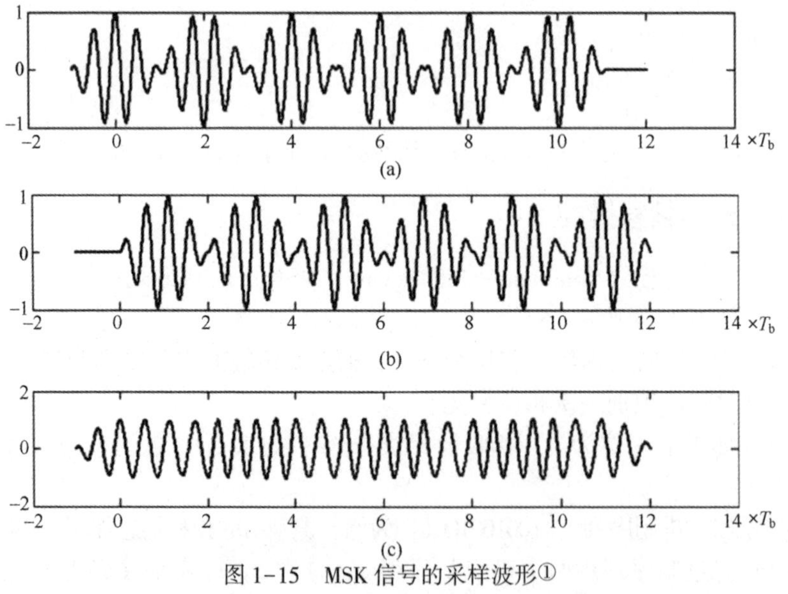

图 1-15　MSK 信号的采样波形①

（a）对应基 1 的信号；（b）对应基 2 的信号；（c）最终的 MSK 信号。

① 原书图标题有误，译者修正。

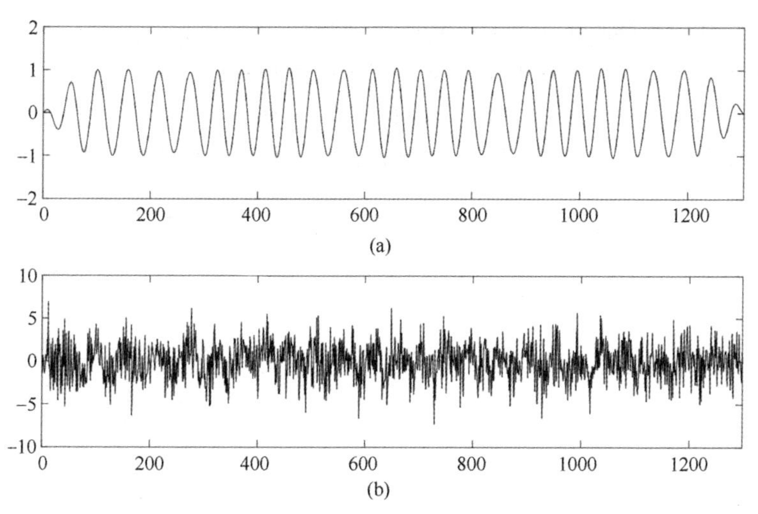

图 1-16　（a）典型 MSK 信号；（b）加入加性高斯噪声（方差为 4）后的 MSK 信号。

（6）二进制发射序列检测步骤如下。

① 使用了两个相关接收机，将接收到的带噪声的 MSK 信号（起始时间为 $-T_\mathrm{b}$）每 $2T_\mathrm{b}$ 与周期信号 $k\phi_1(t)$ 做一次乘积，积分得到相关接收机 1 的输出。同样，将加入噪声后的 MSK 接收信号（起始时间为 0）与周期信号 $k\phi_1(t)$ 每在 $2T_\mathrm{b}$ 中做一次乘积，积分得到相关接收机 2 的输出（见图 1-17）。

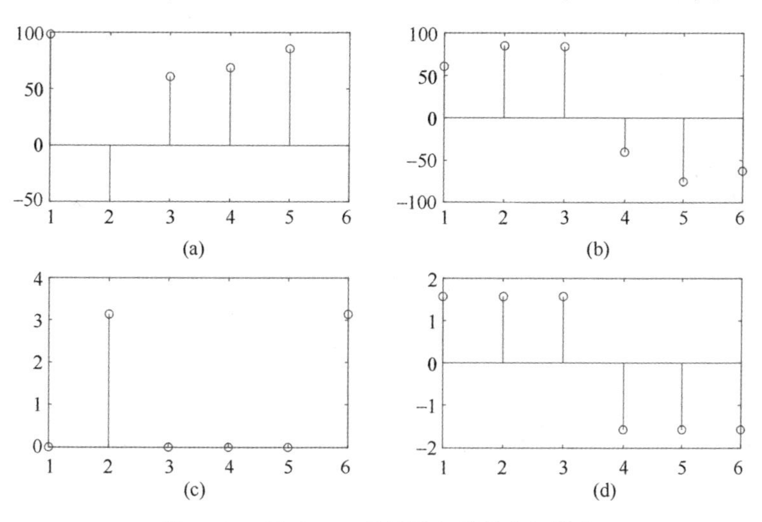

图 1-17　用于 MSK 检测的相关接收机输出

（a）相关接收机 1 的输出；（b）相关接收机 2 的输出；（c）使用相关接收机 1 识别的相位；（d）使用相关接收机 2 识别的相位。

② 得到相关接收机 1 和相关接收机 2 符号的反余弦（单位：(°)）。
③ 二者相互交替，以此获得被检测相位角的度数。
④ 得到连续（被检测）相位信号之间的差值。
⑤ 根据得到的差分序列的正弦值来获得检测二进制序列（见图 1-18）。

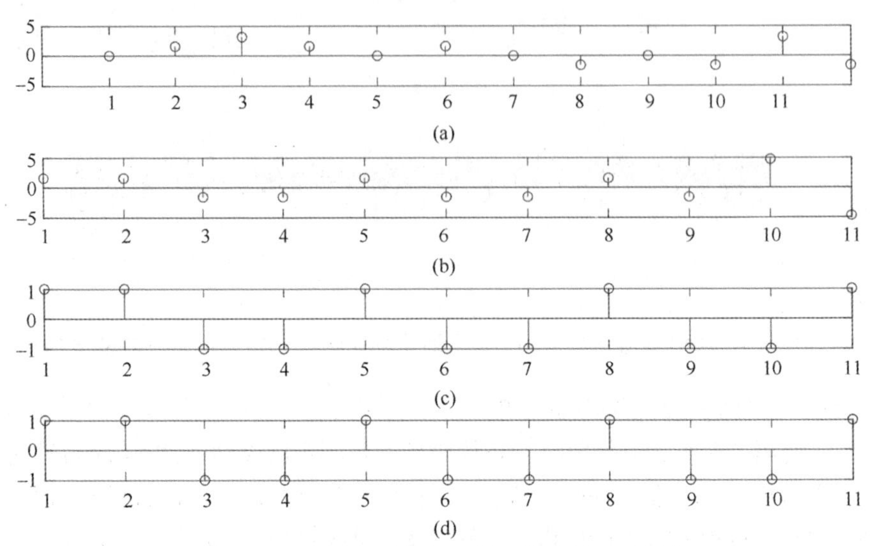

图 1-18 从 MSK 信号中检测二进制序列的步骤

(a) 检测序列相位角（单位：(°)）；(b) 检测序列连续相位角之差；(c) 发送二进制序列；(d) 相应检测二进制序列。

MSK 相关程序如下：

```
%msk.m
Eb=1/2;
bindata=[1 1 0 0 1 0 0 1 0 0 1];
basis1coef=[1 -1 1 1 1 -1] * sqrt(Eb);
basis2coef=[1 1 1 -1 -1 -1] * sqrt(Eb);
Tb=1;
fc=2;
t1=-1:1/100:1;
phi1=sqrt(2/Tb) * cos(pi * t1/(2 * Tb)). * cos(2 * pi * fc * t1);
t2=0:1/100:2;
phi2=sqrt(2/Tb) * sin(pi * t2/(2 * Tb)). * sin(2 * pi * fc * t2);
temp1=[phi1 -1 * phi1 phi1 phi1 phi1 -1 * phi1 zeros(1,100)] * sqrt(Eb);
temp2=[zeros(1,100) phi2 phi2 phi2 -1 * phi2 -1 * phi2 -1 * phi2] * sqrt(Eb);
txsignal=temp1+temp2;
```

```
figure
subplot(3,1,1)
xval=[-100:1:length(temp1)-101]./100;
plot(xval,temp1)
subplot(3,1,2)
plot(xval,temp2)
subplot(3,1,3)
plot(xval,txsignal)
rxsignal=txsignal+sqrt(4)*randn(1,length(txsignal));
subplot(2,1,1)
plot(txsignal)
set(gca,'XLim',[0 1306])
title('典型 MSK 信号')
subplot(2,1,2)
plot(rxsignal)
title('加性高斯噪声后的 MSK 信号(方差为 4)')
%MSK 调制的相关接收机
L1=length(phi1)
OUTPUTCR1=[];
OUTPUTCR2=[];
rxsignal1=rxsignal(1:1:6*201);
rxsignal2=rxsignal(101:1:length(rxsignal));
for i=1:1:6
    temp1=rxsignal1((i-1)*L1+1:1:(i-1)*L1+L1);
    temp2=rxsignal2((i-1)*L1+1:1:(i-1)*L1+L1);
    OUTPUTCR1=[OUTPUTCR1 sum(temp1.*phi1)];
    OUTPUTCR2=[OUTPUTCR2 sum(temp2.*phi2)];
end
figure
subplot(2,2,1)
stem(OUTPUTCR1)
title('相关接收机 1 的输出')
subplot(2,2,2)
stem(OUTPUTCR2)
title('相关接收机 2 的输出')
subplot(2,2,3)
stem(acos(sign(OUTPUTCR1)))
```

```
title('使用相关接收机 1 识别的相位')
subplot(2,2,4)
stem(asin(sign(OUTPUTCR2)))
title('使用相关接收机 2 识别的相位')
deg1=acos(sign(OUTPUTCR1));
deg2=asin(sign(OUTPUTCR2));
SEQ=reshape([deg1;deg2],1,12);
figure
subplot(4,1,1)
stem(SEQ)
title('检测相位角序列的角度')
subplot(4,1,2)
SEQ1=diff(SEQ);
stem(SEQ1)
title('连续二进制流的区别')
subplot(4,1,3)
stem(bindata*2-1)
title('传输二进制序列')
subplot(4,1,4)
P=sin(SEQ1);
stem(P)
title('相应检测二进制序列');
```

1.4.8 MSK 调制的误码率计算

当 $\theta(KT_b)$ 取 0 或 π 时，相关接收机收到的第 K 个样本表示为 $\sqrt{(E_b)}\cos(\theta(KT_b))+N$，可将接收机随机变量视为含方差为 $N_0/2$ 的加性高斯噪声的 PSK 信号。因此，0、T_b、$2T_b$、$3T_b$、$4T_b$等相位的检测概率为 $\mathrm{erfc}(E_b/N_0)/2$。

识别第一位的错误概率与识别 T_b时刻相位的错误概率相同。类似地，识别第二位的错误概率与识别 $2T_b$时刻的错误概率相同，以此类推。因此，识别出 MSK 信号的误差为 $\mathrm{erfc}(E_b/N_0)/2$。

1.4.9 MSK 信号的谱密度计算

根据式（1.38）和式（1.39），接收的 MSK 信号在$-T_b \sim T_b$和 $0\sim 2T_b$时间段内的同相和正交相位分量为

$$Y_t^{\mathrm{IMSK}} = \pm\sqrt{\left(\frac{2E_{\mathrm{b}}}{T_{\mathrm{b}}}\right)}\cos\left(\frac{\pi(t-\theta)}{2T_{\mathrm{b}}}\right) \tag{1.40}$$

$$Y_t^{\mathrm{QMSK}} = \pm\sqrt{\left(\frac{2E_{\mathrm{b}}}{T_{\mathrm{b}}}\right)}\sin\left(\frac{\pi(t-\theta)}{2T_{\mathrm{b}}}\right) \tag{1.41}$$

式中，θ 在$(0,2T_{\mathrm{b}})$区间上服从均匀分布。因此，接收到的基带信号的同相分量和正交分量为

$$Y_t^{\mathrm{IMSK}} = \sum_{K=-\infty}^{\infty} A_K\cos\left(\frac{\pi(t-\theta)}{2T_{\mathrm{b}}}\right)p(t-\theta)$$

$$Y_t^{\mathrm{QMSK}} = \sum_{K=-\infty}^{\infty} A_K\sin\left(\frac{\pi(t-\theta)}{-2T_{\mathrm{b}}}\right)p(t-\theta)$$

式中：当$0\leqslant t\leqslant 2T_{\mathrm{b}}$，$p(t)=1$；其他情况时，$p(t)=0$，$A_K$等概率的取$\sqrt{2E_{\mathrm{b}}/T_{\mathrm{b}}}$或$-\sqrt{2E_{\mathrm{b}}/T_{\mathrm{b}}}$。

根据式（1.4），I 相位分量的谱密度可利用下式计算得到

$$S_{Y^{\mathrm{I}}_{\mathrm{MSK}}}(f) = \frac{2E_{\mathrm{b}}}{2T_{\mathrm{b}}^2}\left|\mathrm{FT}\left(\cos\left(\frac{\pi\tau}{2T_{\mathrm{b}}}\right)\right)\right|^2 = \frac{16E_{\mathrm{b}}}{\pi^2}\left[\frac{\cos(2\pi T_{\mathrm{b}}f)}{16T_{\mathrm{b}}^2f^2-1}\right]^2$$

同理，MSK 信号的 Q 相位分量的谱密度可利用下式计算得到

$$S_{Y^{\mathrm{Q}}_{\mathrm{MSK}}}(f) = \frac{2E_{\mathrm{b}}}{2T_{\mathrm{b}}^2}\left|\mathrm{FT}\left(\sin\left(\frac{\pi\tau}{2T_{\mathrm{b}}}\right)\right)\right|^2 = \frac{16E_{\mathrm{b}}}{\pi^2}\left[\frac{\cos(2\pi T_{\mathrm{b}}f)}{16T_{\mathrm{b}}^2f^2-1}\right]^2$$

利用式（1.3）（注：Y_t^{IMSK} 和 Y_t^{QMSK} 相互独立且均值为 0），可得 MSK 信号的谱密度为（见图 1-19）

$$\begin{aligned}
S_{\mathrm{MSK}}(f) &= \frac{1}{4}\left(S_{Y^{\mathrm{I}}_{\mathrm{MSK}}}(f-f_{\mathrm{c}})+S_{Y^{\mathrm{Q}}_{\mathrm{MSK}}}(f-f_{\mathrm{c}})+S_{Y^{\mathrm{I}}_{\mathrm{MSK}}}(f+f_{\mathrm{c}})+S_{Y^{\mathrm{Q}}_{\mathrm{MSK}}}(f+f_{\mathrm{c}})\right)\\
&= \frac{4E_{\mathrm{b}}}{\pi^2}\left[\frac{\cos(2\pi T_{\mathrm{b}}(f-f_{\mathrm{c}}))}{16T_{\mathrm{b}}^2(f-f_{\mathrm{c}})^2-1}\right]^2+\frac{4E_{\mathrm{b}}}{\pi^2}\left[\frac{\cos(2\pi T_{\mathrm{b}}(f+f_{\mathrm{c}}))}{16T_{\mathrm{b}}^2(f+f_{\mathrm{c}})^2-1}\right]^2\\
&\quad+\frac{4E_{\mathrm{b}}}{\pi^2}\left[\frac{\cos(2\pi T_{\mathrm{b}}(f-f_{\mathrm{c}}))}{16T_{\mathrm{b}}^2(f-f_{\mathrm{c}})^2-1}\right]^2+\frac{4E_{\mathrm{b}}}{\pi^2}\left[\frac{\cos(2\pi T_{\mathrm{b}}(f-f_{\mathrm{c}}))}{16T_{\mathrm{b}}^2(f-f_{\mathrm{c}})^2-1}\right]^2\\
&= \frac{8E_{\mathrm{b}}}{\pi^2}\left[\frac{\cos(2\pi T_{\mathrm{b}}(f-f_{\mathrm{c}}))}{16T_{\mathrm{b}}^2(f-f_{\mathrm{c}})^2-1}\right]^2+\frac{8E_{\mathrm{b}}}{\pi^2}\left[\frac{\cos(2\pi T_{\mathrm{b}}(f+f_{\mathrm{c}}))}{16T_{\mathrm{b}}^2(f+f_{\mathrm{c}})^2-1}\right]^2
\end{aligned}$$

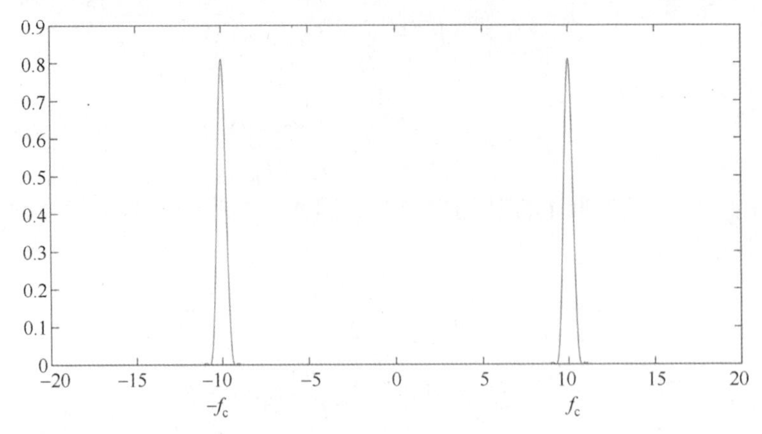

图 1-19　MSK 信号的谱密度（$E_b=1$ 单位，$T_b=1$ 单位，$f_c=10$ 单位）

MSK 谱密度程序如下：

```
%mskspec.m
fc=10;
Tb=1;
res=[];
Eb=1;
for f=-10:0.01:10
    res=[res(8*Eb/pi^2)*(cos(2*pi*Tb*f)/(16*(Tb^2)*(f^2)-1))^2];
end
f=-10:0.01:10;
[p,q]=find(res==inf);
for i=1:1:length(p)
    res(q(i))=(res(q(i)-1)+res(q(i)+1))/2
end
part1=[zeros(1,length(f)) res];
f1=f-fc;
f2=f+fc;
final=[f1 f2];
part2=[res zeros(1,length(f))];
figure
plot(final,part1)
hold on
plot(final,part2)
```

1.4.10　正交相移键控

（1）在正交相移键控（Quadrature Phase Shift Keying，QPSK）中，两个连

续比特（1 个符号）可以用 $\phi_1(t)=\sqrt{2/T_s}\cos(2\pi f_c t)$ 和 $\phi_2(t)=\sqrt{2/T_s}\sin(2\pi f_c t)$ 的线性组合表示

$$00 \Rightarrow s_1(t)=-\sqrt{\frac{E}{2}}\phi_1(t)-\sqrt{\frac{E}{2}}\phi_2(t) \tag{1.42}$$

$$01 \Rightarrow s_2(t)=-\sqrt{\frac{E}{2}}\phi_1(t)+\sqrt{\frac{E}{2}}\phi_2(t) \tag{1.43}$$

$$10 \Rightarrow s_3(t)=\sqrt{\frac{E}{2}}\phi_1(t)-\sqrt{\frac{E}{2}}\phi_2(t) \tag{1.44}$$

$$11 \Rightarrow s_4(t)=\sqrt{\frac{E}{2}}\phi_1(t)+\sqrt{\frac{E}{2}}\phi_2(t) \tag{1.45}$$

（2）E 为每个符号的能量（每 2 位），$T_s=2T_b$ 为符号的持续时间。

（3）图 1-20 为典型 QPSK 信号，图 1-21 为含加性高斯噪声（方差为 4）和无加性高斯噪声的 QPSK 信号。

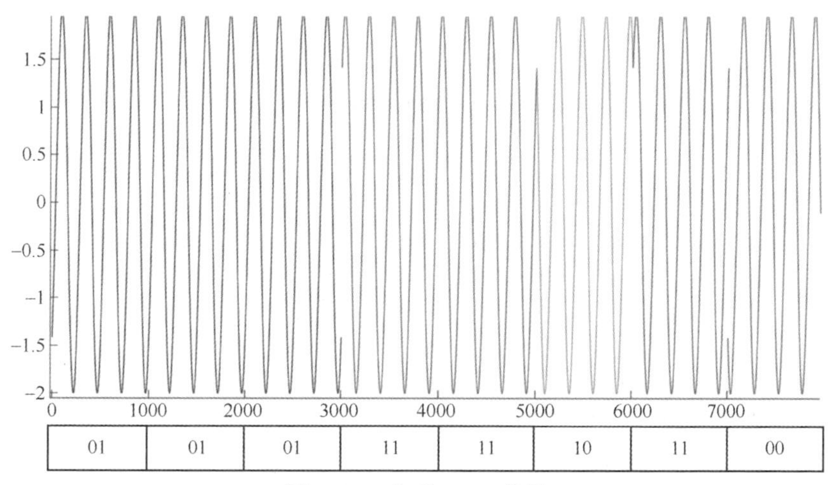

图 1-20 典型 QPSK 信号

（4）使用相关接收机检测二进制序列的步骤如下。

① 采用 $\phi_1(t)$（COR1）和 $\phi_2(t)$（COR2）两个相干相关接收机。

② 加性高斯噪声信号与相关接收机 COR1 在 $0\sim T_s$ 时间内进行积分，得到随机变量 $Y_1=\pm\sqrt{E/2}+N$，其中 E 为每个符号的能量；N 是均值为 0、方差为 $N_0/2$ 的高斯随机变量。若基 $\phi_1(t)$ 系数对应的位为 0，则 $Y_1=-\sqrt{E/2}+N$；反之，$Y_1=\sqrt{E/2}+N$。为了检测基 $\phi_1(t)$ 所对应的位，将相关接收机 1 的输出看作 $Y_1=\pm\sqrt{E/2}+N$ 的 PSK 检测。假设先验概率相等、代价一致，贝叶斯检测（参考第 3 章）的阈值为 0，则判定规则如下（见图 1-22 和图 1-23）。

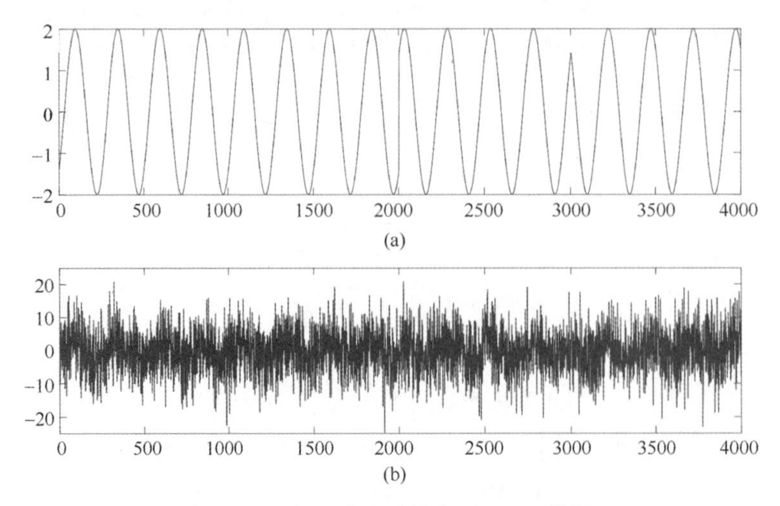

图 1-21　加入噪声后的典型 QPSK 信号

（a）QPSK 信号；（b）加入加性高斯噪声（方差为 4）后的 QPSK 信号。

$$1,\quad Y_1 \geqslant 0$$

$$0,\quad \text{其他情况}$$

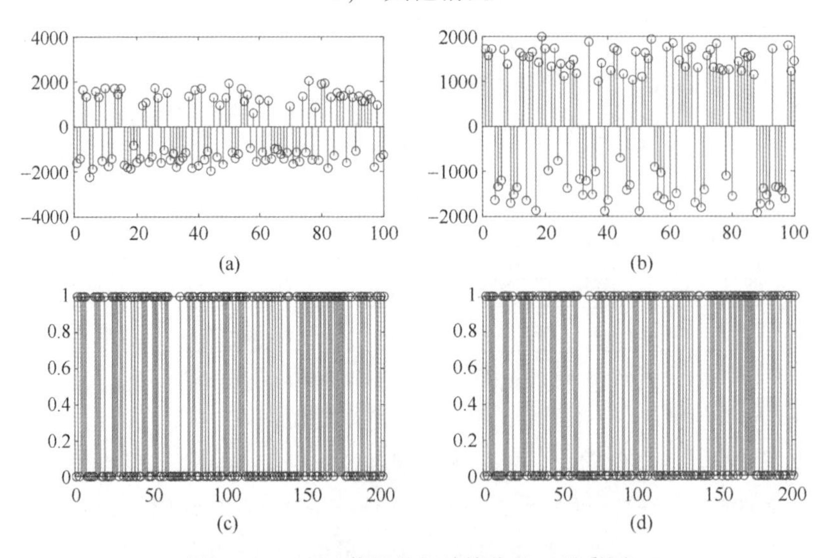

图 1-22　QPSK 信号的相关接收机（见彩图）

（a）相关接收机 1 的输出；（b）相关接收机 2 的输出；

（c）发送二进制序列；（d）接收二进制序列。

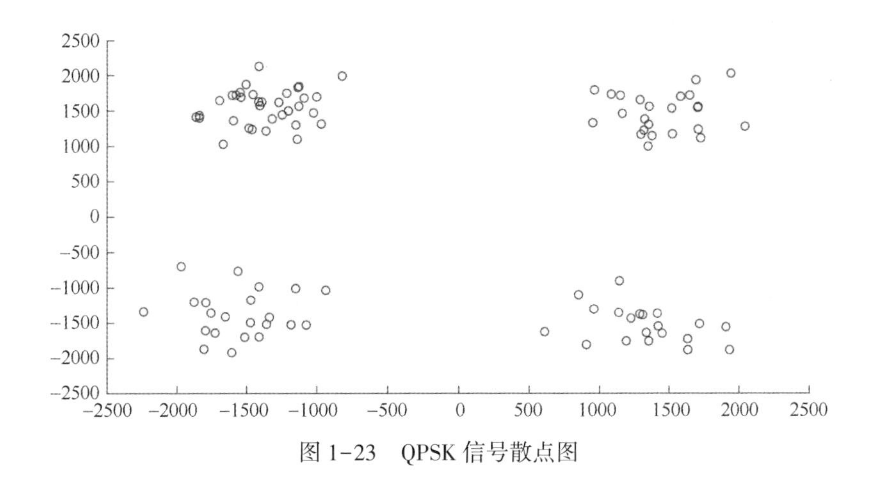

图 1-23　QPSK 信号散点图

③ 同理，为了检测基 $\phi_2(t)$ 的系数对应的位，相关接收机 Y_2 的输出满足以下的检测条件

$$\begin{cases} 1, & Y_2 \geqslant 0 \\ 0, & \text{其他情况} \end{cases}$$

QPSK 的程序如下：

```
%qpsk.m
t=0:1/1000:1;
E=2;
Ts=1;
nc=4;
fc=nc/Ts;
TX=[ ];
BINSEQ=abs(round(rand(1,200) * 2-1));
phi1=sqrt(2 * E/Ts) * cos(2 * pi * fc * t);
phi2=sqrt(2 * E/Ts) * sin(2 * pi * fc * t);
n=1;
for m=1:1:100
if(((BINSEQ(n)= =0)& (BINSEQ(n+1)= =0)))
        TX=[TX -1 * sqrt(1/2) * phi1-sqrt(1/2) * phi2];
        n=n+2;
        hold on
        plot([(m-1) * 1001+1:1:(m-1) * 1001+1001],-1 * sqrt(1/2) * phi1-1 *
sqrt(1/2) * phi2 ,'r')
elseif(((BINSEQ(n)= =0)& (BINSEQ(n+1)= =1)))
```

```
        TX=[TX -1 * sqrt(1/2) * phi1+sqrt(1/2) * phi2];
        n=n+2;
        hold on
        plot([(m-1) * 1001+1:1:(m-1) * 1001+1001],-1 * sqrt(1/2) * phi1+1 *
sqrt(1/2) * phi2 ,'b')
elseif(((BINSEQ(n)= =1)& (BINSEQ(n+1)= =0)))
        TX=[TX 1 * sqrt(1/2) * phi1-sqrt(1/2) * phi2];
        n=n+2;
        hold on
        plot([(m-1) * 1001+1:1:(m-1) * 1001+1001],1 * sqrt(1/2) * phi1-1 * sqrt
(1/2) * phi2 ,'g')
else
        TX=[TX 1 * sqrt(1/2) * phi1+sqrt(1/2) * phi2];
        n=n+2;
        hold on
        plot([(m-1) * 1001+1:1:(m-1) * 1001+1001],1 * sqrt(1/2) * phi1+sqrt(1/
2) * phi2,'m')
end
end
%在带通信号中加入噪声
RX=TX+sqrt(40) * randn(1,length(TX));
figure
subplot(2,1,1)
plot(TX(1:1:4000))
title('QPSK 信号')
subplot(2,1,2)
plot(RX(1:1:4000))
title('加入噪声的 QPSK 信号 ')
%相干检测
LO1=sqrt(2 * E/Ts) * cos(2 * pi * fc * t);
LO2=sqrt(2 * E/Ts) * sin(2 * pi * fc * t);
BINSEQDET=[];
COROUT1=[];
COROUT2=[];
for n=1:1:100
    temp=RX([(n-1) * 1001+1:1:(n-1) * 1001+1001]);
    S1=sum(temp. * LO1);
```

```
        S2=sum(temp. * LO2);
        COROUT1=[COROUT1 S1];
        COROUT2=[COROUT2 S2];
    if((S1<0)&(S2<0))
            BINSEQDET=[BINSEQDET 0 0];
    elseif ((S1<0)&(S2>0))
            BINSEQDET=[BINSEQDET 0 1];
    elseif ((S1>0)&(S2<0))
            BINSEQDET=[BINSEQDET 1 0];
    else
            BINSEQDET=[BINSEQDET 1 1];
    end
    end
    figure
    scatter(COROUT1,COROUT2)
    figure
    subplot(2,2,1)
    stem(COROUT1)
    title('相关接收机 1 的输出 ')
    subplot(2,2,2)
    stem(COROUT2)
    title('相关接收机 2 的输出 ')
    subplot(2,2,3)
    stem(BINSEQ)
    title('发送二进制序列 ')
    subplot(2,2,4)
    stem(BINSEQDET)
    title('接收二进制序列 ')
```

1.4.11　QPSK 信号的误码率计算

设检测的第 1 位和第 2 位分别表示为 b_1 和 b_2，单个符号相关的错误概率计算如下

$$p\,(\text{错误})_{\text{QPSK}} = 1 - p\,(\text{正确识别})_{\text{QPSK}}$$

$$\begin{aligned} p\,(\text{正确识别})_{\text{QPSK}} &= p(\text{正确识别 } b_1) \times p(\text{正确识别 } b_2) \\ &= (1 - p(\text{错误识别 } b_1)) \times (1 - p(\text{错误识别 } b_2)) \end{aligned}$$

$$p(\text{错误识别 } b_1) = p(\text{错误识别 } b_2) = \frac{1}{2}\text{erfc}\left(\sqrt{\left(\frac{E}{2N_0}\right)}\right)$$

$$p(\text{正确识别})_{\text{QPSK}}=\left(1-\frac{1}{2}\text{erfc}\left(\sqrt{\left(\frac{E}{2N_0}\right)}\right)\right)^2$$

$$=1+\frac{1}{4}\text{erfc}\left(\sqrt{\left(\frac{E}{2N_0}\right)}\right)^2-\text{erfc}\left(\sqrt{\left(\frac{E}{2N_0}\right)}\right)$$

$$p(\text{错误})_{\text{QPSK}}=1-\left(1+\frac{1}{4}\text{erfc}\left(\sqrt{\left(\frac{E}{2N_0}\right)}\right)\right)^2-\text{erfc}\left(\sqrt{\left(\frac{E}{2N_0}\right)}\right)$$

$$p(\text{错误})_{\text{QPSK}}=\text{erfc}\left(\sqrt{\left(\frac{E}{2N_0}\right)}\right)-\frac{1}{4}\text{erfc}\left(\sqrt{\left(\frac{E}{2N_0}\right)}\right)^2$$

$$p(\text{错误})_{\text{QPSK}}\approx\text{erfc}\left(\sqrt{\left(\frac{E}{2N_0}\right)}\right)=\text{erfc}\left(\sqrt{\left(\frac{E_b}{N_0}\right)}\right)$$

即，位电平错误概率为 $\text{erfc}(\sqrt{(E_b/N_0)})/2$。

1.4.12 QPSK 信号的谱密度计算

依据式（1.41）~式（1.44），得到接收 QPSK 信号在 0 到 T_s 时间段内的同相分量和正交分量分别为

$$Y_t^{\text{IQPSK}}=\pm\sqrt{\left(\frac{E}{T_s}\right)}p(t-\theta)$$

$$Y_t^{\text{QQPSK}}=\pm\sqrt{\left(\frac{E}{T_s}\right)}p(t-\theta)$$

式中：$p(t)$ 为时间 0 到 T_s（$T_s=2T_b$）的矩形脉冲信号；θ 在区间 0 至 T_s 上服从均匀分布。

根据 1.4 节，QPSK 信号的同相分量和正交分量的谱密度计算结果如图 1-24 所示。

$$S_{Y^{\text{I}_{\text{FSK}}}}(f)=S_{Y^{\text{Q}_{\text{FSK}}}}(f)=\frac{E}{T_s^2}|\text{FT}(p(t))|^2 \tag{1.46}$$

$$=\frac{2ET_s^2}{T_s^2}\text{sinc}^2(fT_s)=2E_b\text{sinc}^2(2fT_b) \tag{1.47}$$

参考式（1.3）和式（1.5），若对于任意的 t_1、t_2 有 $E[Y_{t_1}^I Y_{t_2}^{Q*}]=0$，则

$$S_Y(f)=\frac{1}{4}(S_{Y^{\text{I}_{\text{FSK}}}}(f-f_c)+S_{Y^{\text{I}_{\text{FSK}}}}(f+f_c)+S_{Y^{\text{Q}_{\text{FSK}}}}(f-f_c)+S_{Y^{\text{Q}_{\text{FSK}}}}(f+f_c)) \tag{1.48}$$

$$S_Y(f)=E_b\text{sinc}^2(2(f-f_c)T_b)+E_b\text{sinc}^2(2(f+f_c)T_b) \tag{1.49}$$

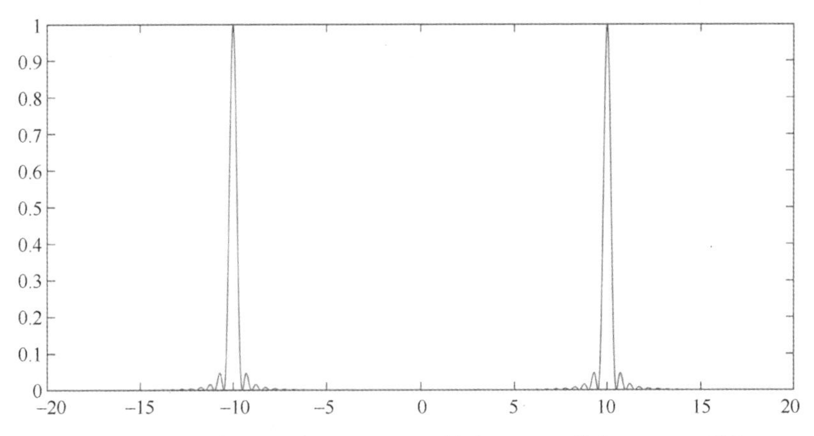

图 1-24　QPSK 信号的谱密度（$E_b=1$ 单位，$T_b=1$ 单位，$f_c=10$ 单位）

QPSK 谱密度程序如下：

```
%qpskspec. m
fc=10;
Tb=1;
res=[ ];
Eb=1;
for f= -10:0.01:10
    res=[res Eb*(sinc(2*f*Tb))^(2)];
end
u=isnan(res);
[p,q]=find(u==1)
for i=1:1:length(p)
    res(q(i))=1;
end
f=-10:0.01:10;
part1=[zeros(1,length(f)) res];
f1=f-fc;
f2=f+fc;
final=[f1 f2];
part2=[res zeros(1,length(f))];
figure
plot(final,part1)
hold on
plot(final,part2)
```

1.5 相干与非相干接收机

以 FSK 信号为例，在 FSK 信号中，二进制符号 0 和 1 在 0 到 T_b 时间段内分别用信号 $S_0(t)$ 和 $S_1(t)$ 表示

$$S_0(t)=\sqrt{\left(\frac{2E_b}{N_0}\right)}\cos(2\pi f_1 t) \tag{1.50}$$

$$S_1(t)=\sqrt{\left(\frac{2E_b}{N_0}\right)}\cos(2\pi f_2 t) \tag{1.51}$$

式中：$f_1=(n_c+1)/T_b$；$f_2=(n_c+2)/T_b$；T_b 为比特持续时间；n_c 为整数。

因此，在单位比特持续时间内，经信道传输后的 FSK 信号可建模为 $y(t)=S_t+n(t)$，其中 S_t 为 $S_0(t)$ 或 $S_1(t)$，$n(t)$ 是均值为 0、方差为 $N_0/2$ 的加性高斯噪声。相干检测时，将 $y(t)$ 乘以信号 $\sqrt{2/N_0}\cos(2\pi f_1 t)$，并对 0 到 T_b 时间段内进行积分，可得到随机变量 $Y_1=X_1+N$，其中当发送 $S_0(t)$ 时，X_1 取 $\sqrt{E_b}$；当发送 $S_1(t)$ 时，X_1 取 0；N 也是均值为 0、方差为 $N_0/2$ 的加性高斯噪声。同样的，将接收信号 $y(t)$ 乘以信号 $\sqrt{2/N_0}\cos(2\pi f_2 t)$，并在 0 到 T_b 时间段内进行积分可得到随机变量 $Y_2=X_2+N$，其中当发送 $S_1(t)$ 时，X_2 取 $\sqrt{E_b}$；当发送 $S_0(t)$ 时，X_2 取 0。根据随机变量 Y_1 和 Y_2 的采样值检测发送的二进制符号，在这种检测下，假设发射机和接收机使用的载波频率之间的相位差为零。但在实际应用中，接收机采用的本振载波频率与发射载波频率的相位差为 φ，表示为 $\sqrt{E_b}/N_0\cos(2\pi f_1 t+\phi)$。在这种情况下，使用非相干检测来识别传输的二进制符号。

（1）将接收信号 $y(t)$ 乘以信号 $\sqrt{2/N_0}\cos(2\pi f_1 t+\phi)$，并在 0 到 T_b 时间段内进行积分可得到随机变量 $Y_{11}=X_{11}+N$。其中当发送 $S_0(t)$ 时，X_{11} 取 $\sqrt{E_b}\cos(\phi)$；当发送 $S_1(t)$ 时，X_{11} 取 0。同理，将接收信号 $y(t)$ 乘以信号 $\sqrt{2/N_0}\sin(2\pi f_1 t+\phi)$，并在 0 到 T_b 时间段内进行积分可得到随机变量 $Y_{12}=X_{12}+N$，其中当发送 $S_0(t)$ 时，X_{12} 取 $\sqrt{E_b}\sin(\phi)$；当发送 $S_1(t)$ 时，X_{12} 取 0。为了得到与 ϕ 无关的项，取输出结果为 $Z_1=\sqrt{Y_{11}^2+Y_{12}^2}$。在此条件下，当发送 $S_0(t)$ 时，Z_1 取 $\sqrt{E_b}+R$；当发送 $S_1(t)$ 时，Z_1 取 R，R 为服从 Rayleigh 分布的随机变量。

（2）同理，将接收信号 $y(t)$ 乘以信号 $\sqrt{2/N_0}\cos(2\pi f_2 t+\phi)$，并在 0 到 T_b 时间段内进行积分，可得到随机变量 $Y_{21}=X_{21}+N$。当发送 $S_1(t)$ 时，X_{21} 取 $\sqrt{E_b}\cos(\phi)$，当发送 $S_0(t)$ 时，X_{21} 取 0。同理，将接收信号 $y(t)$ 乘以同步信号

$\sqrt{2/N_0}\sin(2\pi f_2 t+\phi)$，并在 0 到 T_b 时间段内进行积分可得到随机变量 $Y_{22}=X_{22}+N$，其中当发送 $S_1(t)$时，X_{22}取$\sqrt{E_b}\sin(\phi)$；当发送 $S_0(t)$时，X_{12}取 0。为了得到与 ϕ 无关的项，取输出结果为 $Z_2=\sqrt{Y_{21}^2+Y_{22}^2}$，在此条件下，当发送 $S_1(t)$时，Z_1 取$\sqrt{E_b}+R$；当发送 $S_0(t)$时，Z_1 取 R，R 为服从 Rayleigh 分布的随机变量。

（3）通过观测随机变量 $Z=Z_1-Z_2$，来检测传输的二进制符号。若 $Z\geqslant 0$，则可判断符号为 0；反之，符号为 1。

1.5.1　非相干检测误码率计算

当发送符号为 1 时，条件随机变量 Z_1、Z_2 可分别表示为 Z_1^1、Z_2^1。发送符号为 1 时的错误概率（P_e^1）表示为

$$\begin{aligned}P_e^1 &= P(Z_1^1 \geqslant Z_2^1)\\ &= \int_{-\infty}^{\infty} P(Z_1^1 \geqslant \alpha) f_{Z_2^1}(\alpha)\,d\alpha\end{aligned}$$

由上面的讨论可以看出，Z_1^1 服从 Rayleigh 分布，其概率密度函数为

$$f_{Z_1^1}(x)=\frac{2x}{N_0}e^{-x^2/N_0} \tag{1.52}$$

因此，$P(Z_1^1\geqslant\alpha)$可由下式计算得出

$$P(Z_1^1 \geqslant \alpha)=\int_{\alpha}^{\infty} f_{Z_1^1}(x)\,dx = e^{-\frac{\alpha^2}{N_0}}$$

由于检测（判断传输符号）不依赖于 ϕ，因此 ϕ 取任何值，错误概率都相同。为简化条件，我们认为 $\phi=0$。由于 $Z_2=\sqrt{Y_{21}^2+Y_{22}^2}$，当发送符号 1 时，$Z_2^1=Z_2$，等价于 $Y_{21}^1=\sqrt{E_b}+N$ 且 $Y_{22}^1=N$。当发送符号 1 时，$Y_{21}^1=Y_{21}$且 $Y_{22}^1=Y_{22}$，也可表示为（1.53）

$$p=\int_R g(r) f(r)\,dr \tag{1.53}$$

式中：$f(r)$是随机变量 R 的密度函数；$g(r)$是 r 的任意函数。

当 $g(r)=k(x,y)$时，概率 p 的计算表达式为

$$p=\int_X\int_Y k(x,y) f_{xy}(x,y)\,dx dy \tag{1.54}$$

利用上述方法，可以得到误差概率为 $P_e^1=P(Z_1^1\geqslant Z_2^1)$。令 $p=Y_{21}^1$、$q=Y_{21}^1$，p、q 分别为均值为$\sqrt{E_b}$和 0 的高斯随机变量，p、q 方差均为 $2/N_0$。

$$P_e^1=P(Z_1^1\geqslant Z_2^1) \tag{1.55}$$

$$\int_{-\infty}^{\infty} e^{-\frac{\alpha^2}{N_0}} f_{Z_2^1}(\alpha)\,d\alpha \tag{1.56}$$

$$=\int_{-\infty}^{\infty}\int_{-\infty}^{\infty}\mathrm{e}^{-\frac{p^2}{N_0}}\mathrm{e}^{-\frac{q^2}{N_0}}\mathrm{e}^{-\frac{(p-\sqrt{E_\mathrm{b}})^2}{N_0}}\mathrm{e}^{-\frac{(q)^2}{N_0}}\mathrm{d}p\mathrm{d}q \tag{1.57}$$

$$=\frac{1}{2}\mathrm{e}^{-\frac{E_\mathrm{b}}{2}} \tag{1.58}$$

1.5.2 基于匹配滤波器和包络检测器的非相干检测

在此方法中，对接收信号与匹配的滤波器 1 进行卷积（既与信号 $S_0(t)=\sqrt{2E_\mathrm{b}/N_0}\cos(2\pi f_1 t)$ 匹配），然后用包络检测器对 $t=T_\mathrm{b}$ 时的值进行采样，这是获得随机变量 Z_1 的采样值的替代方法。当发送 $S_0(t)$ 时，$Z_1=\sqrt{E_\mathrm{b}}+R$；若发送 $S_1(t)$ 时，$Z_1=R$，其中 R 为 Rayleigh 分布随机变量。同理，对接收信号与匹配的滤波器 2 进行卷积（与信号 $S_1(t)=\sqrt{2E_\mathrm{b}/N_0}\cos(2\pi f_2 t)$ 匹配），然后用包络检测器对 $t=T_\mathrm{b}$ 时的值进行采样，这是获得随机变量 Z_2 采样值的替代方法。当发送 $S_0(t)$ 时，$Z_2=R$；若发送 $S_1(t)$ 时，$Z_2=\sqrt{E_\mathrm{b}}+R$；其中 R 为 Rayleigh 分布随机变量。此时，通过观测随机变量 $Z=Z_1-Z_2$ 来检测传输的二进制符号。若 $Z\geqslant 0$，则二进制符号为 0；反之，符号为 1（见图 1-25~图 1-28）。

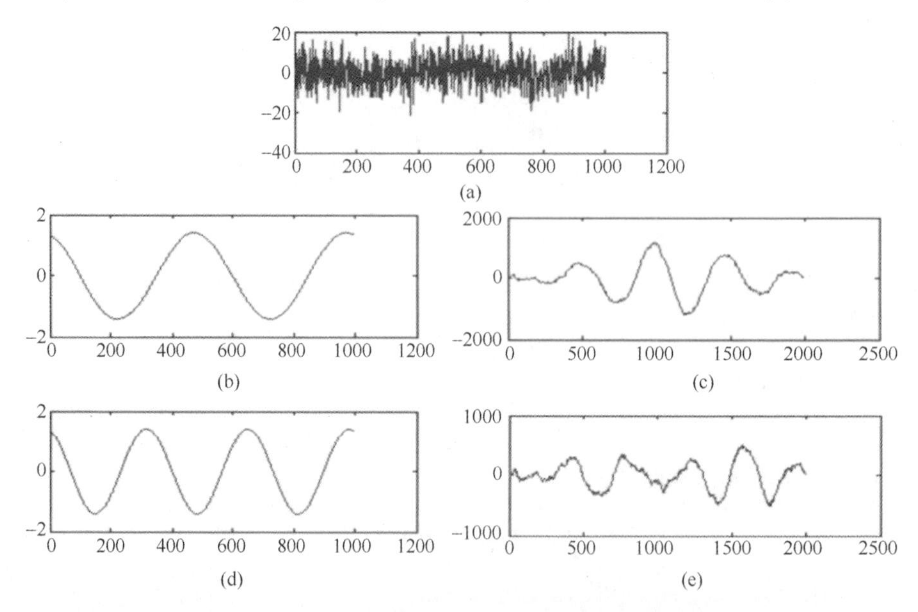

图 1-25 （a）接收到符号 0 对应的带噪声的 FSK 信号；
（b）匹配滤波器 1 的脉冲响应（对应符号 0）；（c）匹配滤波器 1 的输出；
（d）匹配滤波器 2 的脉冲响应（对应符号 1）；（e）匹配滤波器 2 的输出。

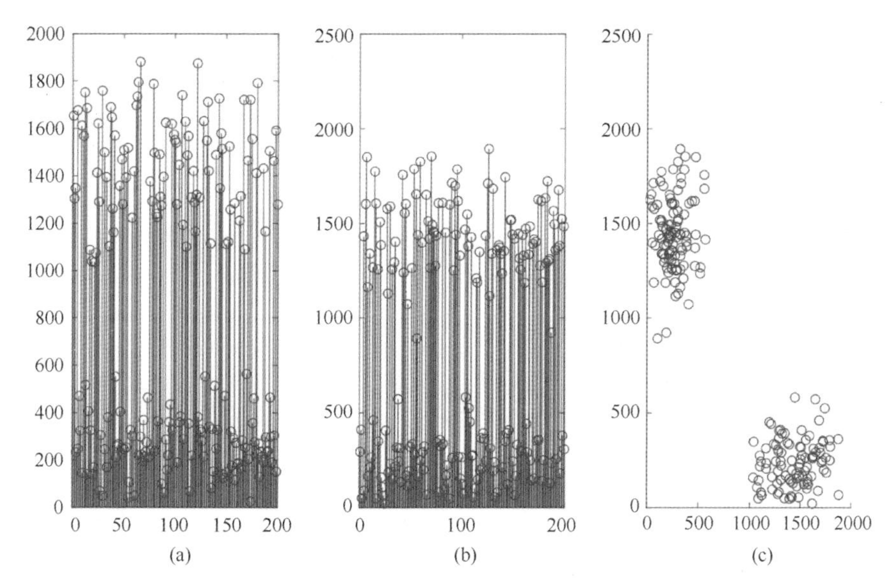

图 1-26　(a) 相关接收机 1 的输出；(b) 相关接收机 2 的输出；
(c) 接收到的典型 FSK 信号散点图（使用相关器检测）。

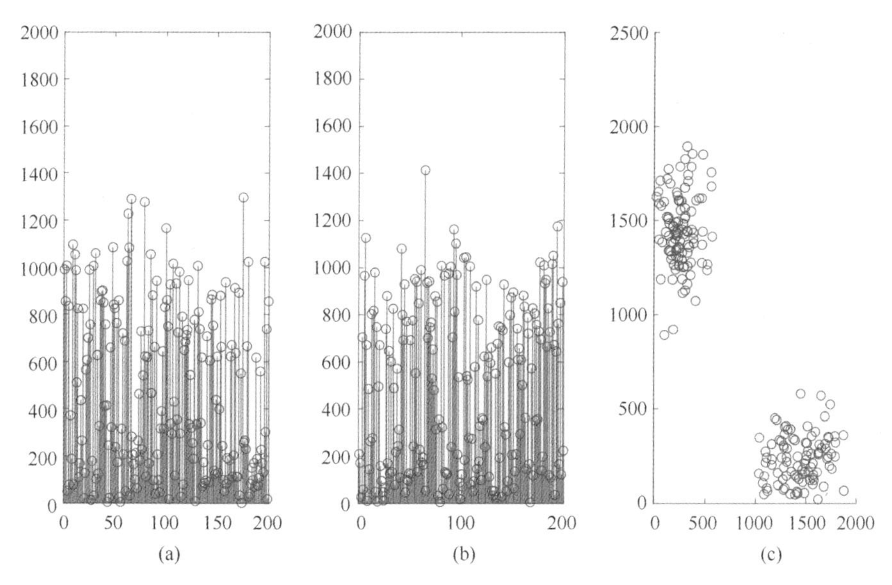

图 1-27　(a) 经过匹配滤波器 1 后包络检测器的采样值；
(b) 经过匹配滤波器 2 后的包络检测器的采样值；
(c) 典型接收 FSK 信号的散点图（使用匹配滤波器检测，后使用包络探测器）。

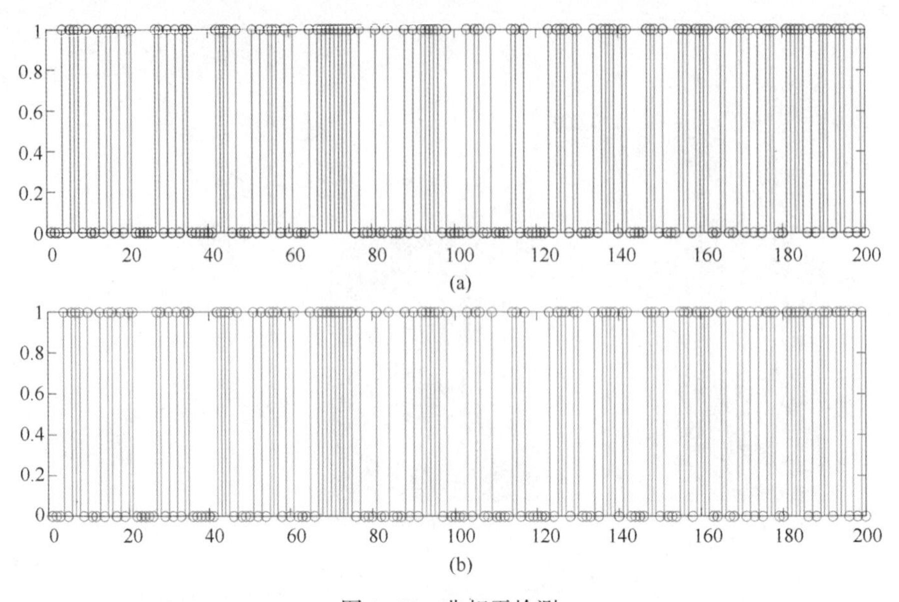

图 1-28 非相干检测

（a）接收二进制序列；（b）接收二进制序列（非相干检测）。

非相干检测程序如下：

```
%noncoherent. m
t=0:1/1000:1;
Eb=2;
Tb=1;
nc=1;
fc=nc/Tb;
f1=fc+(1/Tb);
f2=fc+(2/Tb);
CS1=[ ];
CS2=[ ];
TX=[ ];
BINSEQ=abs(round(rand(1,200) *2-1));
for m=1:1:200
if(BINSEQ(m)= =0)
        TX=[TX sqrt(2*Eb/Tb) *cos(2*pi*f1*t)];
else
        TX=[TX sqrt(2*Eb/Tb) *cos(2*pi*f2*t)];
end
end
```

```
%在带通信号中加入噪声
RX=TX+sqrt(40) * randn(1,length(TX));
figure
subplot(2,1,1)
plot(TX)
title('FSK 信号')
subplot(2,1,2)
plot(RX)
title('加入噪声后的 FSK 信号')
%使用相关器的非相干检测
phase=2 * pi * rand;
LO11=sqrt(2/Tb) * cos(2 * pi * f1 * t+phase);
LO12=sqrt(2/Tb) * sin(2 * pi * f1 * t+phase);
LO21=sqrt(2/Tb) * cos(2 * pi * f2 * t+phase);
LO22=sqrt(2/Tb) * sin(2 * pi * f2 * t+phase);
BINSEQDET=[];
for n=1:1:200
    temp=RX([(n-1) * 1001+1:1:(n-1) * 1001+1001]);
    S11=sum(temp. * LO11);
    S12=sum(temp. * LO12);
    CS1=[CS1 sqrt(S11^2+S12^2)];
    S21=sum(temp. * LO21);
    S22=sum(temp. * LO22);
    CS2=[CS2 sqrt(S21^2+S22^2)];
if(CS1(n)>CS2(n))
        BINSEQDET=[BINSEQDET 0];
else
        BINSEQDET=[BINSEQDET 1];
end
end
figure
subplot(1,3,1)
stem(CS1)
title('相关接收机 1 输出(非相干检测)')
subplot(1,3,2)
stem(CS2)
title('相关接收机 2 输出(非相干检测)')
subplot(1,3,3)
```

```
scatter(CS1,CS2)
title('接收 FSK 信号的信号空间图(非相干检测)');
figure
subplot(2,1,1)
stem(BINSEQ)
title('发射二进制序列')
subplot(2,1,2)
stem(BINSEQDET,'r')
title('接收二进制序列(非相干检测)')
%使用匹配滤波器和包络检测器的非相干检测
%匹配滤波器的脉冲响应
ED1=[];
ED2=[];
h1=sqrt(2/Tb)*cos(2*pi*f1*t+phase);
h1=h1(end:-1:1);
h2=sqrt(2/Tb)*cos(2*pi*f2*t+phase);
h2=h2(end:-1:1);
BINSEQDET=[];
for n=1:1:200
    temp=RX([(n-1)*1001+1:1:(n-1)*1001+1001]);
    S1=conv(temp,h1);
    ED1=[ED1 abs(S1(1001))];
    S2=conv(temp,h2);
    ED2=[ED2 abs(S2(1001))];
if(ED1(n)>ED2(n))
        BINSEQDET=[BINSEQDET 0];
else
        BINSEQDET=[BINSEQDET 1];
end
end
figure
subplot(1,3,1)
stem(ED1)
title('采样包络探测器(ED)的输出 1')
subplot(1,3,2)
stem(ED2)
title('采样包络探测器(ED)的输出 2')
subplot(1,3,3)
```

```
scatter(CS1,CS2)
title('FSK 信号的信号空间图(ED 非相干检测)');
figure
subplot(2,1,1)
stem(BINSEQ)
title('接收二进制序列')
subplot(2,1,2)
stem(BINSEQDET,'r')
title('接收二进制序列(ED 非相干检测)')
```

1.6　基于希尔伯特变换的广义平稳随机过程

基于广义平稳随机过程 X_t，$\hat{X}_t$ 为 X_t 的希尔伯特变换，希尔伯特变换的脉冲响应可表示为 $h(t)=1/(\pi t)$，正频率下的希尔伯特变换的传递函数表示为 $H(f)=-\mathrm{j}$；$H(f)=\mathrm{j}$ 为负频率下的希尔伯特变换传递函数。首先，定义随机过程 $X_t^+=X_t+\mathrm{j}\hat{X}_t$，随机过程 X_t^+ 的自相关计算如下

$$\begin{aligned}E(X_{t+\tau}^+(X_t^+)^*) &= E((X_{t+\tau}+\mathrm{j}\hat{X}_{t+\tau})(X_t-\mathrm{j}\hat{X}_t)^*)\\ &= E(X_{t+\tau}X_t^*)+\mathrm{j}E(\hat{X}_{t+\tau}X_t^*)-\mathrm{j}E(X_{t+\tau}\hat{X}_t^*)+E(\hat{X}_{t+\tau}\hat{X}_t^*)\text{①}\\ &= R_X(\tau)+R_{\hat{X}}(\tau)+\mathrm{j}R_{\hat{X}X}(\tau)-\mathrm{j}R_{X\hat{X}}(\tau)\end{aligned}$$

可得 $R_X(\tau)=R_{\hat{X}}(\tau)$，$R_{X\hat{X}}(\tau)=-R_{\hat{X}X}(\tau)$，$R_{\hat{X}X}(\tau)=R_X(\tau)*h(\tau)$，其中 $*$ 为卷积符号。因此，自相关函数的计算方法如下

$$R_{X^+}(\tau)=2R_X(\tau)+\mathrm{j}2R_{\hat{X}X}(\tau)$$

由此可得 X_t^+ 的谱密度如下

$$\begin{aligned}S_{X^+}(f) &= 2S_X(f)+2\mathrm{j}S_{\hat{X}X}(f)\\ &= S_{X^+}(f)=2S_X(f)+2\mathrm{j}H(f)S_X(f)\end{aligned}$$

其中，$S_{X^+}=4S_{XS_X(f)}(f)$，$f\geqslant 0$；$S_{X^+}=0$,其他情况。

因此，$S_{X^+}(f)$ 的谱密度只有正频率。令随机过程 $X_t=X_t^+\mathrm{e}^{-\mathrm{j}2\pi f_c t}$，则谱密度 $S_X(f)=S_X(f+f_c)$，谱密度 $S_X(f)$ 与基带随机过程对应。令 $X_t=X_t^{\mathrm{I}}+\mathrm{j}X_t^{\mathrm{Q}}$、$X_t^+=X_t\mathrm{e}^{\mathrm{j}2\pi f_c t}$、$X_t^+$ 的实部为 X_t，即可得到

$$\mathrm{Re}((X_t^{\mathrm{I}}+\mathrm{j}X_t^{\mathrm{Q}})\mathrm{e}^{\mathrm{j}2\pi f_c t})=X_t^{\mathrm{I}}\cos(2\pi f_c t)-X_t^{\mathrm{Q}}\sin(2\pi f_c t)\text{②}$$

---

① 原书公式有误,译者修正。

② 原书公式有误，译者修正。

图 1-29～图 1-31 演示了利用希尔伯特变换将带通信号转换为基带信号的过程。

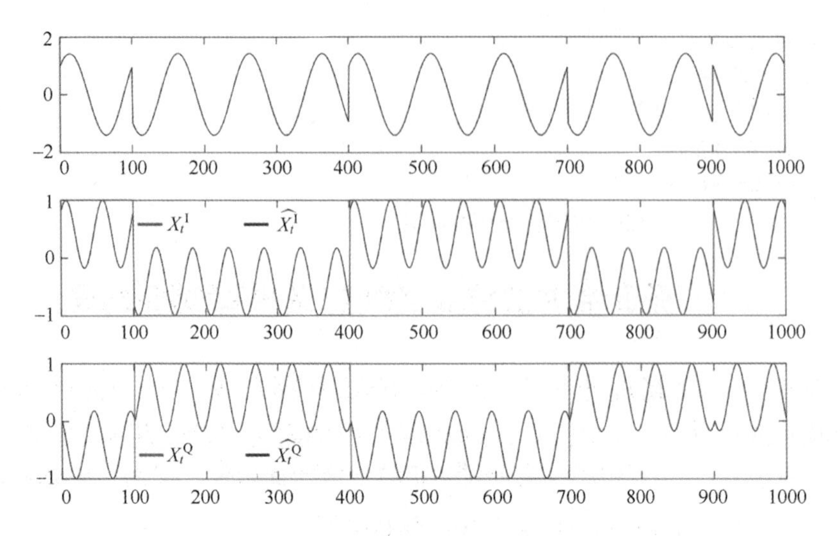

图 1-29　用希尔伯特变换（带截断脉冲响应）从带通信号中获得基带信号
（在同相分量和正交分量的估计上的波纹是由于希尔伯特变换的脉冲响应的截断）

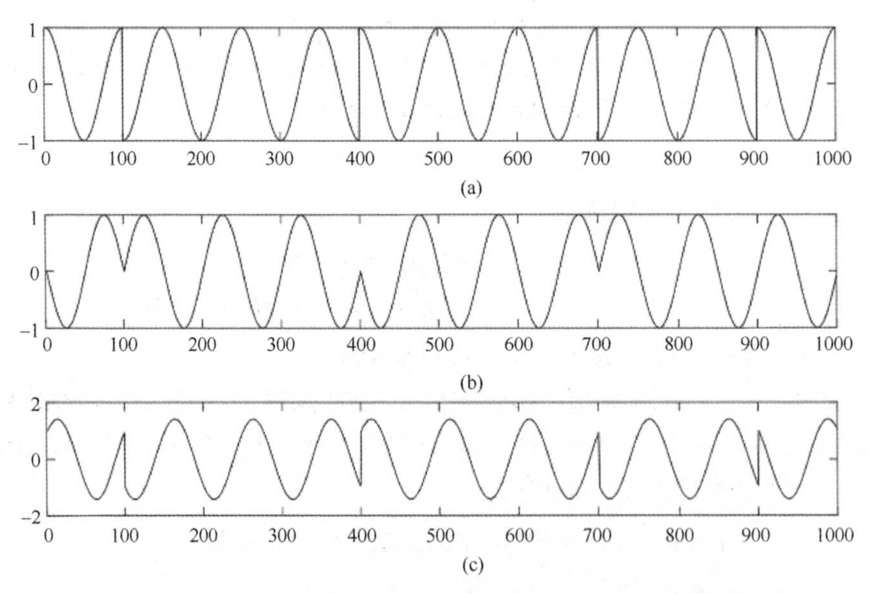

图 1-30　带通信号分解（将信号 X_t 分解为 $X_t^I\cos(2\pi f_c t)$ 和 $X_t^Q\sin(2\pi f_c t)$）
（a）X_t；（b）$X_t^I\cos(2\pi f_c t)$；（c）$X_t^Q\sin(2\pi f_c t)$。

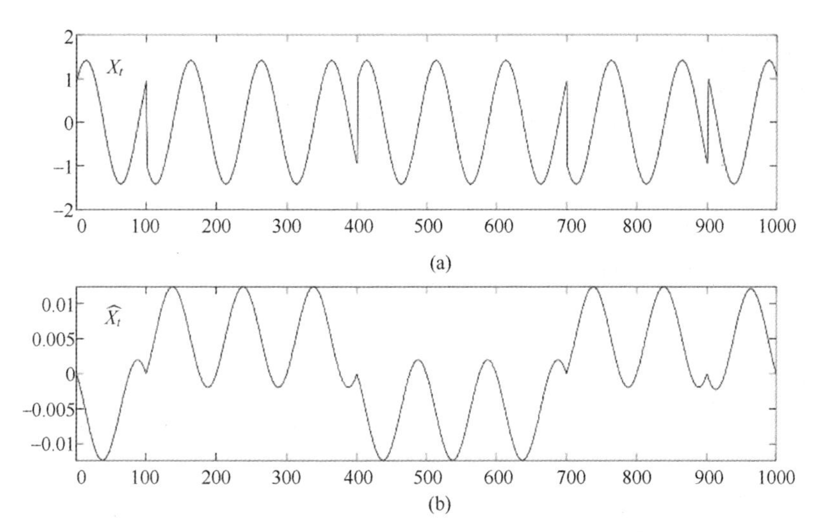

图 1-31　(a) 带通信号 X_t；(b) 相应带通信号 X_t 的希尔伯特变换（脉冲响应截断）。

带通信号及其希尔伯特变化程序如下：

```
%给定带通随机过程
I=round(rand(1,1000))*2-1;
Q=round(rand(1,1000))*2-1;
DATAI=[];
DATAQ=[];
for i=1:1:100
    DATAI=[DATAI ones(1,100)*I(i)];
    DATAQ=[DATAQ ones(1,100)*Q(i)];
end
t1=eps:0.01:1000;
t2=-1000:0.01:-eps;
t=[t2 t1];
t=t(1:1:length(DATAI));
h=1./(pi*t);
X=DATAI.*cos(2*pi*1*t)-DATAQ.*sin(2*pi*1*t);
Xcap=conv(X,h);
Y=X+j*Xcap(1:1:length(X));
temp=exp(-j*2*pi*1*t);
temp=temp(1:1:length(DATAI));
Z=Y.*temp;
subplot(3,1,1)
```

```
plot(X(1:1:1000))
subplot(3,1,2)
plot(real(Z(1:1:1000))/max(real(Z(1:1:1000))))
hold on
plot(DATAI(1:1:1000),'r')
subplot(3,1,3)
plot(imag(Z(1:1:1000))/max(imag(Z(1:1:1000))))
hold on
plot(DATAQ(1:1:1000),'r')
temp1=DATAI.*cos(2*pi*1*t);
temp2=DATAQ.*sin(2*pi*1*t);
figure(2)
subplot(3,1,1)
plot(temp1(1:1:1000))
subplot(3,1,2)
plot(temp2(1:1:1000))
subplot(3,1,3)
plot(X(1:1:1000))
figure
subplot(2,1,1)
plot(X(1:1:1000))
subplot(2,1,2)
plot(Xcap(1:1:1000))
```

1.7 频谱估计

得到广义平稳随机过程 X_t 的自相关为 $\gamma(\tau)=E(X_{t+\tau}X_t^*)$，因此需要计算随机变量 $X_{t+\tau}$ 和 X_t 的概率密度。假设随机过程是遍历的，则可按式（1.59）计算自相关。

$$R_x(\tau)=\int_{-\infty}^{\infty}X(t+\tau)X(t)^*\mathrm{d}t \tag{1.59}$$

$X(t)$ 是随机过程的样本，谱密度的计算方法如下

$$\begin{aligned}S_X(f)&=\int_{-\infty}^{\infty}R_X(\tau)\mathrm{e}^{-\mathrm{j}2\pi f\tau}\mathrm{d}\tau\\&=\int_{-\infty}^{\infty}\int_{-\infty}^{\infty}X(t+\tau)X(t)^*\mathrm{d}t\mathrm{e}^{-\mathrm{j}2\pi f\tau}\mathrm{d}\tau\end{aligned}$$

将 $u=t+\tau$ 代入上式，$S_X(f)$ 可化简为

$$S_X(f)=\int_{-\infty}^{\infty}\int_{-\infty}^{\infty}X(u)X(t)^*\mathrm{d}t\mathrm{e}^{-\mathrm{j}2\pi f(u-t)}\mathrm{d}u$$

$$S_X(f)=\int_{-\infty}^{\infty}\int_{-\infty}^{\infty}X(u)\mathrm{e}^{-\mathrm{j}2\pi fu}X(t)^*\mathrm{e}^{\mathrm{j}2\pi ft}\mathrm{d}t\mathrm{d}u$$

$$S_X(f)=X(f)X^*(f)=|X(f)|^2$$

以上为能量谱密度在实际中为有限时间段 $-T/2$ 到 $T/2$ 的积分结果。自相关 $R_x(\tau)$ 可利用下式计算得到

$$R_x(\tau)=\frac{1}{T}\int_{-\frac{T}{2}}^{\frac{T}{2}}X(t+\tau)X(t)^*\mathrm{d}t$$

此时，如果 T 趋近于无穷大，则 $R_x(\tau)=\gamma(\tau)$，频谱密度估计如下

$$\hat{S}_X(f)=\frac{1}{T}\int_{-T}^{T}\int_{-\frac{T}{2}}^{\frac{T}{2}}X(t+\tau)X(t)^*\mathrm{e}^{-\mathrm{j}2\pi f\tau}\mathrm{d}t\mathrm{d}\tau$$

$$\hat{S}_X(f)=\frac{1}{T}\left|\int_{-\frac{T}{2}}^{\frac{T}{2}}X(t)\mathrm{e}^{-\mathrm{j}2\pi ft}\mathrm{d}t\right|^2 \tag{1.60}$$

式（1.60）为功率谱密度（Power Spectral Density，PSD）的定义。

当 $T\to\infty$ 时，两边同时取期望值，可得

$$E[\hat{S}_X(f)]=L_{t_T\to\infty}\frac{1}{T}\int_{-\frac{T}{2}}^{\frac{T}{2}}\int_{-\frac{T}{2}}^{\frac{T}{2}}E[X_{t+\tau}X_t]\mathrm{d}t\mathrm{e}^{-\mathrm{j}2\pi fz}\mathrm{d}z$$

$$E(\hat{S}_X(f))=L_{t_T\to\infty}\int_{-\frac{T}{2}}^{\frac{T}{2}}\frac{1}{T}\int_{-\frac{T}{2}}^{\frac{T}{2}}\gamma^X(\tau)\mathrm{e}^{-\mathrm{j}2\pi f\tau}\mathrm{d}t\mathrm{d}z$$
$$=S_X(f)$$

以上计算属于无偏估计。

1.7.1　离散变换

（1）方法 1。

对于给定序列 $x(n)$ 的 N 个样本，自相关和谱密度估计如下

$$\hat{\gamma}_k=\begin{cases}\dfrac{1}{N-m}\sum\limits_{0}^{n=N-K-1}x^*(n)x(n+k), & k=0,1,\cdots,N-1\\ \dfrac{1}{N-|k|}\sum\limits_{n=|k|}^{n=N-1}x^*(n)x(n+k), & k=-(N-1),-(N-2),\cdots,-1\end{cases}$$

谱密度的计算方法如下

$$\hat{S}_x(f)=\sum_{k=-(N-1)}^{k=N-1}\hat{\gamma}_k\mathrm{e}^{-\mathrm{j}2\pi fk}$$

$$E(\hat{S}_x(f))=\sum_{k=-(N-1)}^{k=N-1}E(\hat{\gamma}_k)\mathrm{e}^{-\mathrm{j}2\pi fk}$$

$$= \sum_{k=-(N-1)}^{k=N-1} \gamma_k e^{-j2\pi fk}$$
$$= S_X(f)$$

虽然上述方法为无偏估计，但当 N 为有限值时，对于 k 值较大的情况，$\gamma(k)$ 的方差较大。此时，使用方法 2 较好。

（2）方法 2。

先用下式计算自相关

$$\hat{\gamma}_k = \begin{cases} \dfrac{1}{N}\sum\limits_{n=0}^{n=N-K-1} x^*(n)x(n+k), & k=0,1,\cdots,N-1 \\ \dfrac{1}{N}\sum\limits_{n=|k|}^{n=N-1} x^*(n)x(n+k), & k=-(N-1),-(N-2),\cdots,-1 \end{cases}$$

再对两边同时取期望，可得

$$E(\hat{\gamma}_k) = \frac{1}{N}\gamma_k(N-|k|)$$
$$= \gamma_k\left(1-\frac{|k|}{N}\right)$$

上述为有偏估计，谱密度表示为

$$E(\hat{S}_x(f)) = \sum_{k=-(N-1)}^{k=N-1} E(\hat{\gamma}_k) e^{-j2\pi fk}$$
$$= \sum_{k=-(N-1)}^{k=N-1} \gamma_k\left(1-\frac{|k|}{N}\right) e^{-j2\pi fk}$$

在这种情况下，可以看到有偏估计的谱密度是通过将实际自相关的离散时间傅里叶变换（Discrete-Time Fourier Transform，DTFT）与表达式$(1-|k|/N)$所描述的窗函数（三角形或 Bartlett 窗函数）相乘得到的。由此得到的功率谱密度称为周期图，周期图也可按（1.61）计算，即

$$\hat{S}_x(f) = \frac{J}{N}\left|\sum_{k=0}^{N-1} x(n) e^{-j2\pi fk}\right|^2 \tag{1.61}$$

使用离散傅里叶变换（Discrete Fourier Transform，DFT）估计谱密度的其他方法在第 1.7.2~1.7.4 节中介绍。

1.7.2 Bartlett 方法

（1）采集的数据被划分为有限数量的正交子集。

（2）计算每一段的周期图（见式（1.61））。

（3）取周期图的平均值，估计功率谱密度。

1.7.3　Welch 方法

（1）将采集的数据划分为有限数量的子集，子集之间有重叠。

（2）将每一段与窗函数相乘，得到加窗后的数据段。

（3）计算单个窗的功率谱密度。

（4）利用周期图的平均值，估计功率谱密度。

1.7.4　Blackman 和 Tukey 方法

（1）当 N 值较大时计算自相关（参考 1.7.1 节方法 2）。

（2）利用 Blackman 窗函数进行加窗，得到加窗自相关。

（3）计算加窗自相关的 DFT 来估计功率谱密度。

图 1-32 展示了使用 Bartlett、Welch 和 Blackman-Tukey 方法计算 PSD。

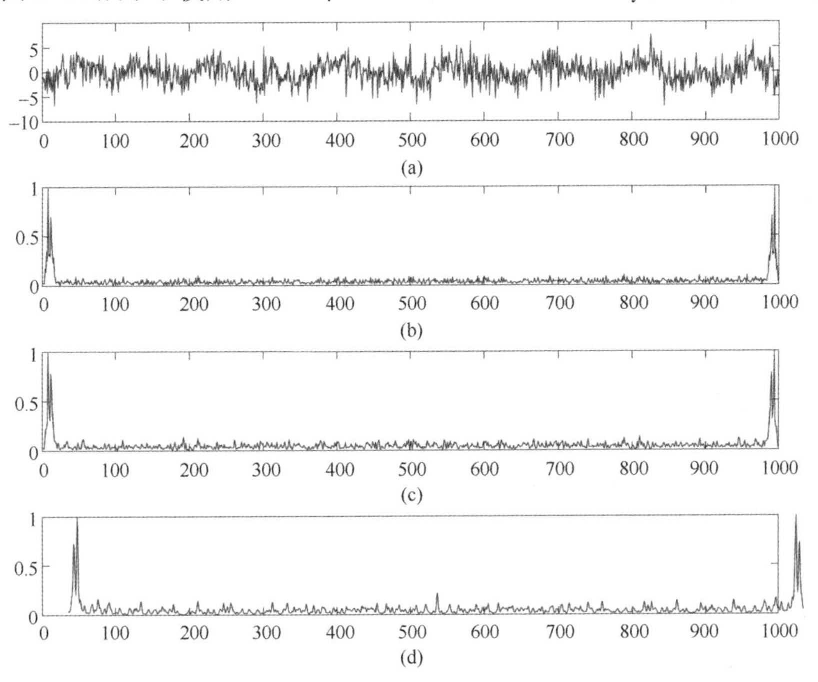

图 1-32　采用 Bartlett、Welch 和 Blackman-tukey 方法估计功率谱密度
（a）信号；（b）利用 Bartlett 方法的 PSD 计算；（c）利用 Welch 方法的 PSD 计算；
（d）利用 Blackman and Tukey 方法的 PSD 计算。

采用 Bartlett、Welch 和 Blackman-tukey 方法估计功率谱密度程序如下：

```
I=round(rand(1,1000))*2-1;
Q=round(rand(1,1000))*2-1;
```

```
DATAI=[ ];
DATAQ=[ ];
for i=1:1:1000
    DATAI=[DATAI ones(1,100) * I(i)];
    DATAQ=[DATAQ ones(1,100) * Q(i)];
end
t=0:0.01:10000;
t=t(1:1:length(DATAI));
X=DATAI. * cos(2 * pi * 1 * t)-DATAQ. * sin(2 * pi * 1 * t)+2 * randn(1,length(DA-
TAI));
figure
subplot(4,1,1)
plot(X(1:1:1000))
%功率谱估计%Barlett 方法
s=0;
for k=1:1:5
    temp=X((k-1) * 1000+1:1:(k-1) * 1000+1000);
    s=s+abs(fft(temp)).^2;
end
s=s/5;
subplot(4,1,2)
plot(s/max(s))
%Welch 方法
s=0;
for k=1:1:5
    temp=X((k-1) * 500+1:1:(k-1) * 500+1000);
    temp=temp. * bartlett(length(temp))';
    s=s+abs(fft(temp)).^2;
end
s=s/5;
subplot(4,1,3)
plot(s/max(s))
%Blackman and Tukey 方法
A=conv(X(1:1:500),[zeros(1,500) X(500:-1:1)]);
B=A(501:1:length(A));
C=B. * bartlett(length(B))';
s=abs(fft(C));
subplot(4,1,4)
plot(s/max(s))
```

第2章 时变无线信道的数学模型

2.1 多径模型

假设发射机发射信号为输入信号 $e^{j2\pi f_0 t}$（本征函数）的响应，经过多径传输后接收到的信号可表示为

$$y_e(t) = \sum_{j=1}^{j=J} \beta_j(t) e^{i2\pi f_0(t-\tau_j(t))} \tag{2.1}$$

式中：J 为路径总数；$\beta_j(t)$ 为第 j 条路径上的衰落；$\tau_j(t)$ 为第 j 条路径上的时延（注：到第 j 条路径的衰落和时延是时间的函数）。由式（2.1）可得输入为典型值 f_0 的本征函数，多径信道在 f_0 处的传递函数如下

$$H(f_0,t) = \sum_{j=1}^{j=J} \beta_j(t) e^{-i2\pi f_0 \tau_j(t)} \tag{2.2}$$

对于任意的 f 值，时变信道的传递函数式（2.1）可表示为

$$H(f,t) = \sum_{j=1}^{j=J} \beta_j(t) e^{-i2\pi f \tau_j(t)} \tag{2.3}$$

从而，可得时变信道的脉冲响应

$$h(\tau,t) = \sum_{j=1}^{j=J} \beta_j(t) \delta(t - \tau_j(t)) \tag{2.4}$$

时变多径信道对输入信号 $\cos(2\pi f_0 t)$ 的响应表示为 $y(t) = \Re e\left(\sum_{j=1}^{j=J} \beta_j(t) e^{i2\pi f_0(t-\tau_j(t))}\right)$。这也可用传递函数的极坐标来表示：设时变（多径）信道在频率 $f=f_0$ 处极坐标形式的传递函数为 $|H(f_0,t)| e^{-j\angle(H(f_0,t))}$，则信号 $\cos(2\pi f_0 t)$ 的响应为（见图 2-1～图 2-5）

$$y(t) = |H(f_0,t)| \cos(2\pi f_0 t - \angle(H(f_0,t)))$$

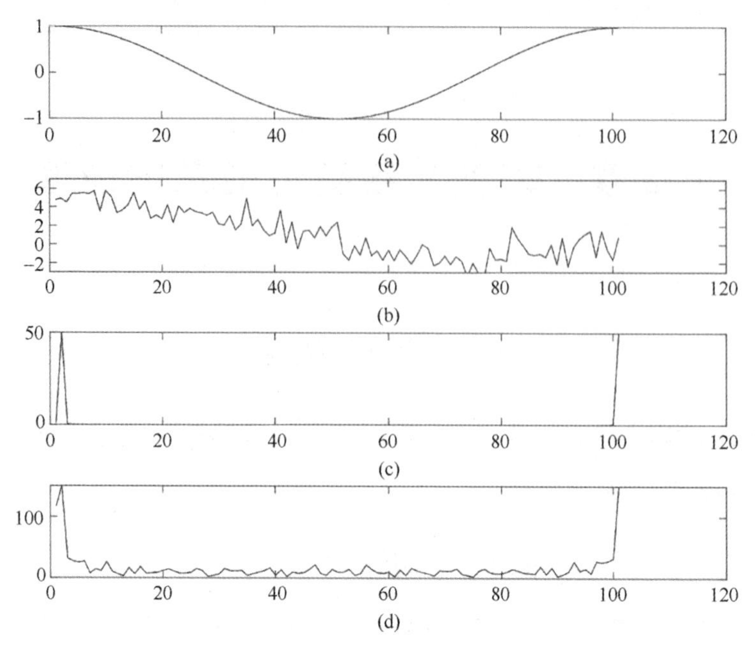

图 2-1　多径传输（X 轴为采样时间 $T_s=1/100$s 的样本）

（a）发送信号；（b）多径传输后的接收信号；（c）发送信号的频谱；（d）多径传输后接收信号频谱。

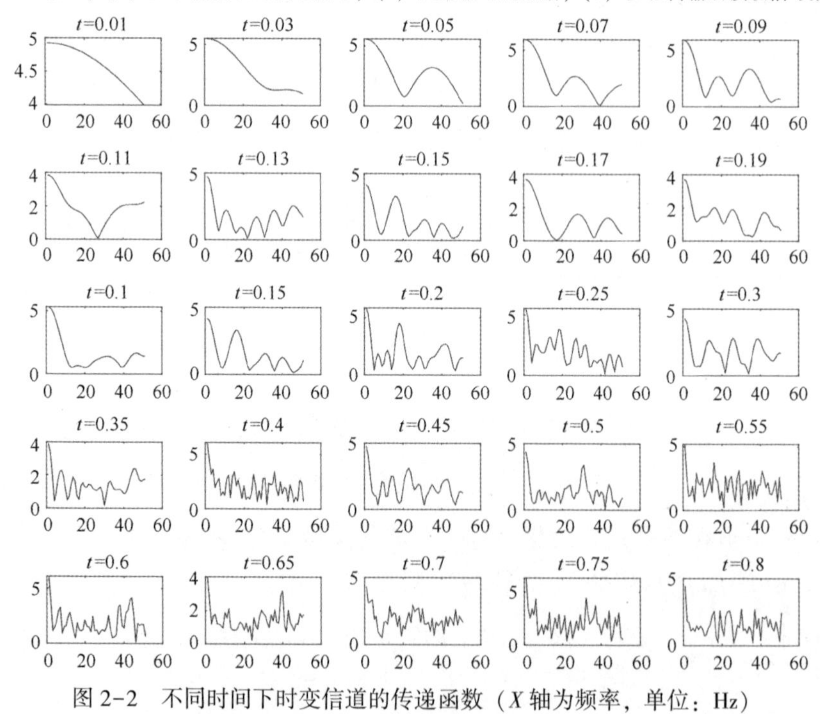

图 2-2　不同时间下时变信道的传递函数（X 轴为频率，单位：Hz）

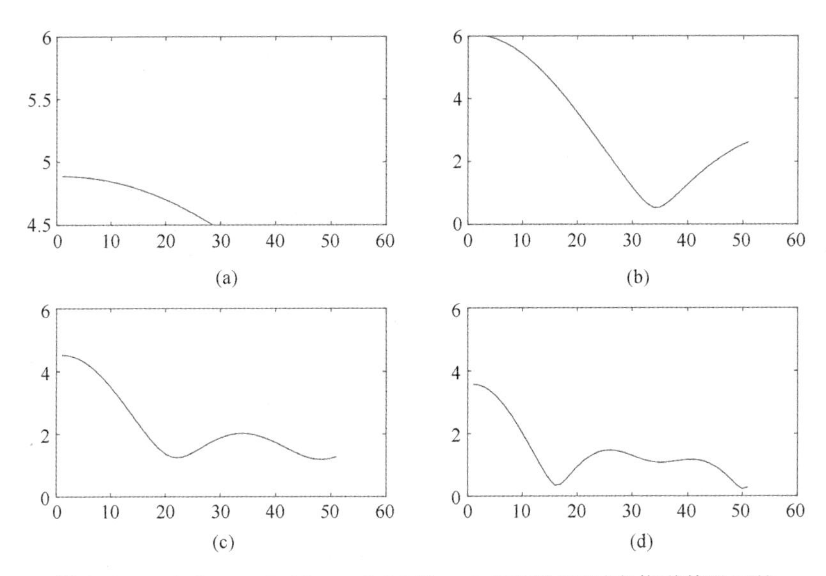

图 2-3　$t=0.01$、$t=0.03$、$t=0.05$ 和 $t=0.07$ 时间下时变信道传递函数
（X 轴为频率，单位：Hz）
（a）$t=0.01$；（b）$t=0.03$；（c）$t=0.05$；（d）$t=0.07$。

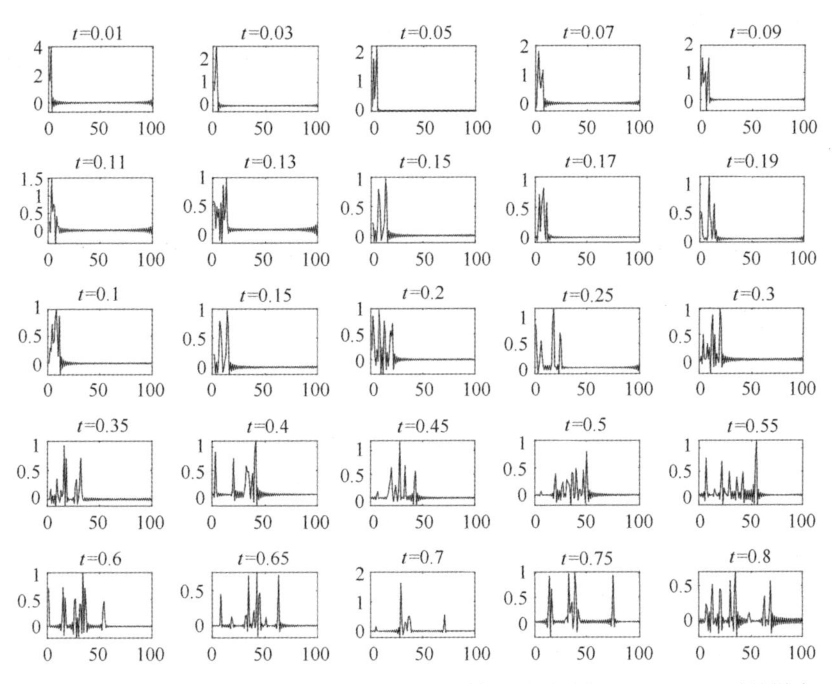

图 2-4　不同时间下时变信道的脉冲响应（X 轴为采样时间 $T_s=1/100$s 时的样本）

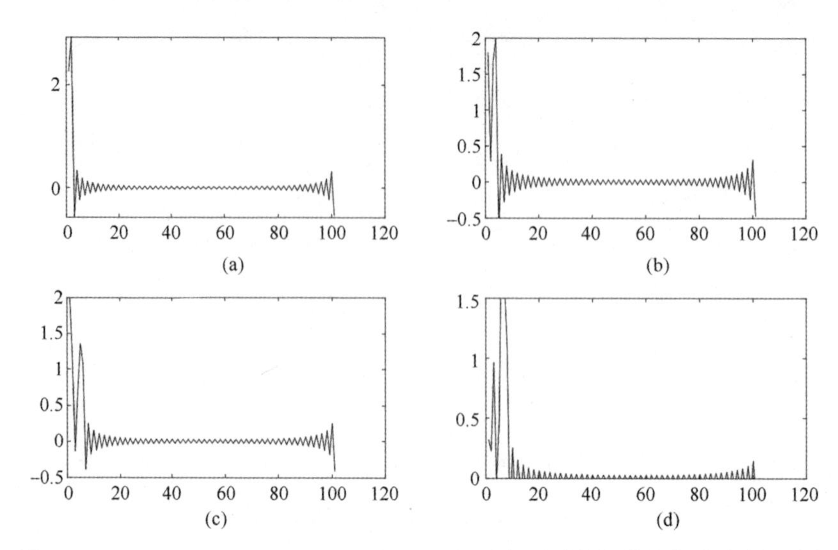

图 2-5　$t=0.01$、$t=0.03$、$t=0.05$ 和 $t=0.07$ 时间下时变信道的脉冲响应的放大
（X 轴为采样时间 $T_s=1/100$s 时的样本）
（a）$t=0.01$；（b）$t=0.03$；（c）$t=0.05$；（d）$t=0.07$。

多径程序如下：

```
%在本实验中,假设延迟是随时间线性变化的变量,并且假设%beta 是特定路径的常数
f=1;
nop=10;                          %nop - >路径的数量
rxsignal=[ ];
t=0:1/100:1;
txsignal=cos(2*pi*f*t);          %对输入信号 cos(2*pi*f*t)的响应
z=1;
for t=0:1/100:1
    temp=0;
for p=1:1:nop
        beta(p)=rand;        %beta(p)->在多径模型第 p 个系数
        delay(p)=rand*t;     %delay(p)->多径模型中第 p 条路径的延迟
        temp=temp+beta(p)*exp(j*2*pi*f*(t-delay(p)));
end
    BETACOL{z}=beta;
    DELAYCOL{z}=delay;
    beta=0;
    delay=0;
    rxsignal=[rxsignal temp];
```

```
    z=z+1;
end
save CONSTANTSBETACOLDELAYCOL
figure(1)
subplot(4,1,1)
plot(txsignal)
subplot(4,1,2)
plot(real(rxsignal))
subplot(4,1,3)
plot(abs(fft(txsignal)))
subplot(4,1,4)
plot(abs(fft(real(rxsignal))))

load CONSTANTS
fs=100;
u=1;
for f=0:fs/101:(50*fs)/101
    rxsignal=[]
    temp=0;
    z=1;
for t=0:1/100:1
        temp=0;
for p=1:1:nop
            temp=temp+BETACOL{z}(p)*exp(j*2*pi*f*(t-DELAYCOL{z}
(p)));
end
        rxsignal=[rxsignal temp];
        z=z+1;
end
%时变信道的脉冲响应计算如下:
    t=0:1/100:1;
    timevaryingTF_at_freq_f{u}=rxsignal.*exp(-j*2*pi*f*t);
    u=u+1;
end
TEMP=cell2mat(timevaryingTF_at_freq_f);
for i=1:1:101
    u=TEMP(:,i);
```

```
    u1=[u;transpose(u(length(u):-1:2)')];
    timevaryingIR_at_time_t{i}=ifft(u1);
end
TFMATRIX=abs(cell2mat(timevaryingTF_at_freq_f'));
IRMATRIX=cell2mat(timevaryingIR_at_time_t)
s=[2:2:8];
for i=1:1:4
    figure(2)
    subplot(2,2,i)
    plot(IRMATRIX(1:1:101,s(i)))
    title(strcat('t=',num2str((s(i)-1)/100)))
    figure(3)
    subplot(2,2,i)
    plot(TFMATRIX(:,s(i)))
    title(strcat('t=',num2str((s(i)-1)/100)))
end
s=[2:2:20 11:5:100];
for i=1:1:25
    figure(4)
    subplot(5,5,i)
    plot(IRMATRIX(1:1:101,s(i)))
    title(strcat('t=',num2str((s(i)-1)/100)))
    figure(5)
    subplot(5,5,i)
    plot(TFMATRIX(:,s(i)))
    title(strcat('t=',num2str((s(i)-1)/100)))
end
```

2.2　相干时间和多普勒扩展

令特定路径 j 下的时变传输时延和衰落为：

$$\tau_j(t)=\tau_0+\tau_j' t \tag{2.5}$$

$$\beta_j(t)=\beta_j \tag{2.6}$$

$$\Rightarrow H(f,t)=\sum_{j=1}^{j=J}\beta_j \mathrm{e}^{-\mathrm{i}2\pi f(\tau_0+\tau_j' t)} \tag{2.7}$$

$$\Rightarrow H(f,t)=\sum_{j=1}^{j=J}\beta_j \mathrm{e}^{-\mathrm{i}2\pi f\tau_0}\mathrm{e}^{-\mathrm{i}2\pi f\tau_j' t} \tag{2.8}$$

令 $D_j=-f*\tau_j'$，则式（2.8）可简写为

$$H(f,t)=\sum_{j=1}^{j=J}\beta_j \mathrm{e}^{-\mathrm{i}2\pi f\tau_0}\mathrm{e}^{\mathrm{i}2\pi D_j t} \tag{2.9}$$

进而，本征函数 $\mathrm{e}^{\mathrm{j}2\pi f_0 t}$ 的响应可表示为

$$H(f_0,t)=\sum_{j=1}^{j=J}\beta_j \mathrm{e}^{-\mathrm{i}2\pi f_0\tau_0}\mathrm{e}^{\mathrm{i}2\pi D_j t} \tag{2.10}$$

$$\Rightarrow y_{\mathrm{e}}(t)=H(f_0,t)\mathrm{e}^{\mathrm{i}2\pi f_0 t}=\sum_{j=1}^{j=J}\beta_j \mathrm{e}^{-\mathrm{i}2\pi f_0\tau_0}\mathrm{e}^{\mathrm{i}2\pi(D_j+f_0)t} \tag{2.11}$$

从式（2.11）中可看出，每一条传输路径上都有频移。例如，第 j 条路径频移为 D_j+f_0，称为多普勒扩展。令 $\arg_j\min(D_j)=D_{\min}$、$\arg_j\max(D_j)=D_{\max}$，频率范围 $D=D_{\max}-D_{\min}$ 定义为多普勒扩展，信号 $\cos(2\pi f_0 t)$ 的信道响应为

$$y(t)=\Re\left(\sum_{j=1}^{j=J}\beta_j \mathrm{e}^{-\mathrm{i}2\pi f_0\tau_0}\mathrm{e}^{\mathrm{i}2\pi(D_j+f_0)t}\right) \tag{2.12}$$

设时变（多径）信道在频率 $f=f_0$ 处极坐标形式的传递函数值为 $|H(f_0,t)|\mathrm{e}^{-\mathrm{j}\angle(H(f_0,t))}$，则 $\cos(2\pi f_0 t)$ 信号的响应为

$$y(t)=|H(f_0,t)|(\cos(2\pi f_0 t)-\angle(H(f_0,t)))$$

假设相位响应 $\angle(H(f_0,t))$ 随时间缓慢变化，理想情况下 $|H(f_0,t)|$（包络线）是平坦响应，但由于多普勒扩展的存在，$|H(f_0,t)|$ 随着时间变化。我们希望得到 $|H(f_0,t)|$ 随时间变化速率最小的时刻。

（1）案例分析。

考虑发射信号 $\cos(2\pi f_0 t)$（见图 2-6（a）），其中 $f_0=1\mathrm{MHz}$（见图 2-6（b））。假设多径的数目为 4 条，设时延随时间变化的随机速率为 $\boldsymbol{\tau}_J=[0.62\quad 1.84\quad 0.86\quad 0.37]$。此时 f_0 频率在相应路径上对应的多普勒扩展为 $\boldsymbol{D}_J=-f_0\boldsymbol{\tau}_J$，实际频移扩展为 $\boldsymbol{f}_{\mathrm{shift}}=|\boldsymbol{D}_J+f_0|=[0.38\quad 0.84\quad 0.14\quad 0.63]$，各路径的衰落为

$$\boldsymbol{V}_{\mathrm{Beta}}=[0.23\quad 0.17\quad 0.23\quad 0.44] \tag{2.13}$$

因此，接收信号可表示为

$$\sum_{j=1}^{4}\boldsymbol{V}_{\mathrm{Beta}}(j)\cos(2\pi\boldsymbol{f}_{\mathrm{shift}}(j)t) \tag{2.14}$$

假定 $t=0$ 时的时间位移为 0，图 2-6（c）给出了接收信号和相应的频谱图。对于发送单音信号（$f_0=1\mathrm{MHz}$）来说，接收信号的带宽为多普勒扩展 0.7072MHz。这一方式通常用于快衰落场景，衰落信道的包络线如图 2-7 所示。

（2）典型慢衰落。

图 2-8、图 2-9 中给出了典型慢衰落下的观测结果。

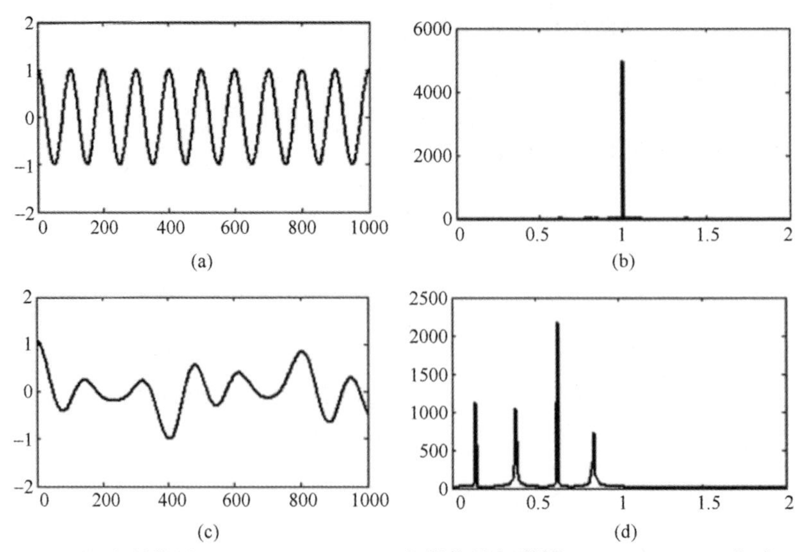

图 2-6 （a）发射信号 $T_s=1/100\mu s$；（b）发射信号频谱图，$T_s=1/100\mu s$，频率：MHz；（c）经多径衰落后的接收信号；（d）接收信号的频谱图，频率：MHz。

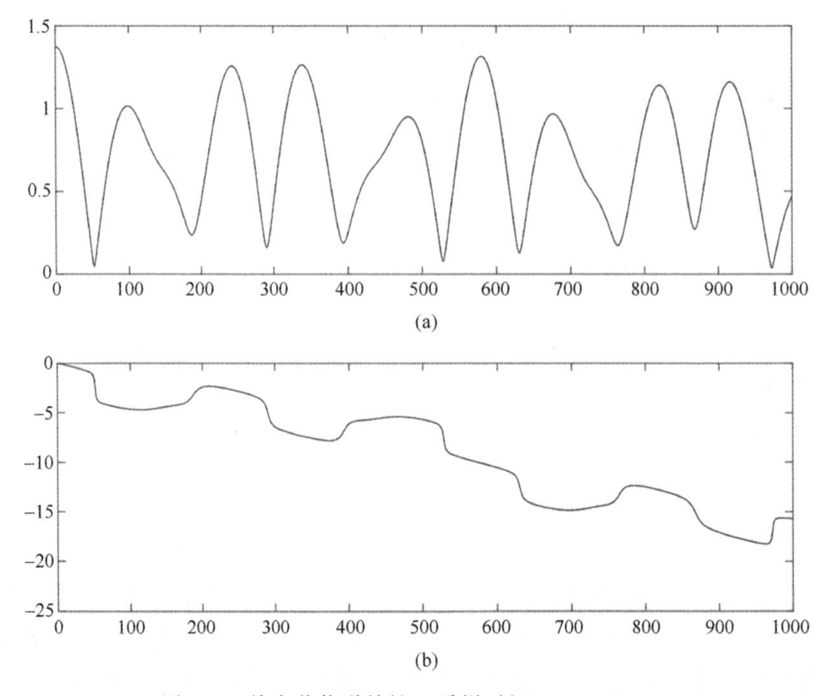

图 2-7 快衰落信道特性（采样时间 $T_s=1/100\mu s$）

（a）频率 $f=1$MHz 时处计算所得随时间变化的传递函数值（幅度）；

（b）频率 $f=1$MHz 时计算所得随时间变化的传递函数值（相位）。

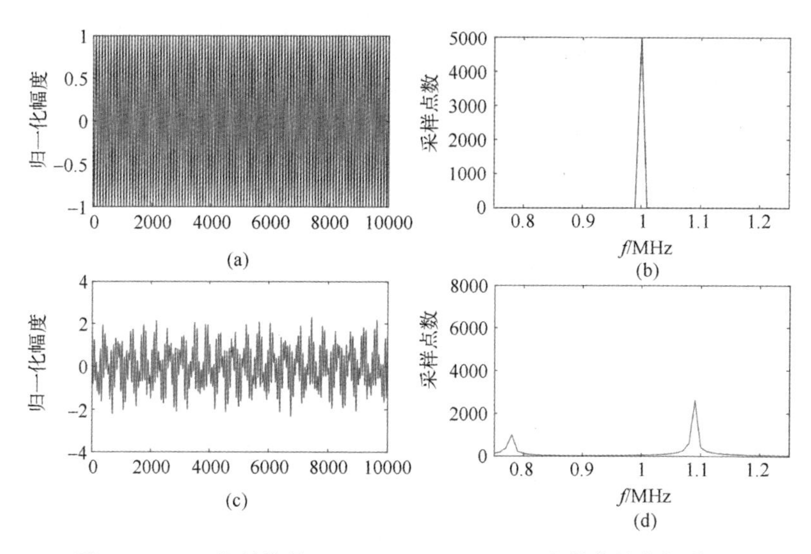

图 2-8 （a）发射信号（$T_s=1/100\mu s$）；（b）发射信号的频谱图；（c）多径传播后的接收信号（$T_s=1/100\mu s$）；（d）接收信号的频谱图。

图 2-9　慢衰落信道特性（采样时间 $T_s=1/100\mu s$）
（a）时变幅度响应；（b）时变相位响应。

（1）$\boldsymbol{\tau}_J=[0.0042\quad 0.0098\quad 0.0030\quad 0.0070]$。

（2）$\boldsymbol{f}_{\text{shift}}=|\boldsymbol{D}_J+f_0|=[0.9958\quad 0.9902\quad 0.9970\quad 0.9930]$。

（3）$\boldsymbol{V}_{\text{Beta}}=[0.2691\quad 0.4228\quad 0.5479\quad 0.9427]$。

（4）单音发射信号（$f_0=1\text{MHz}$）对应的接收信号带宽为 6800Hz。

（5）图 2-8 中的频谱的带宽为多普勒扩展。

（6）图 2-8（c）中的包络线与图 2-9（a）一致。

（7）相干时间记为 $t_{coh}=1/2D=73\mu s$（“D”为多普勒扩展），如图 2-10 所示（图 2-9（a）的放大图）。

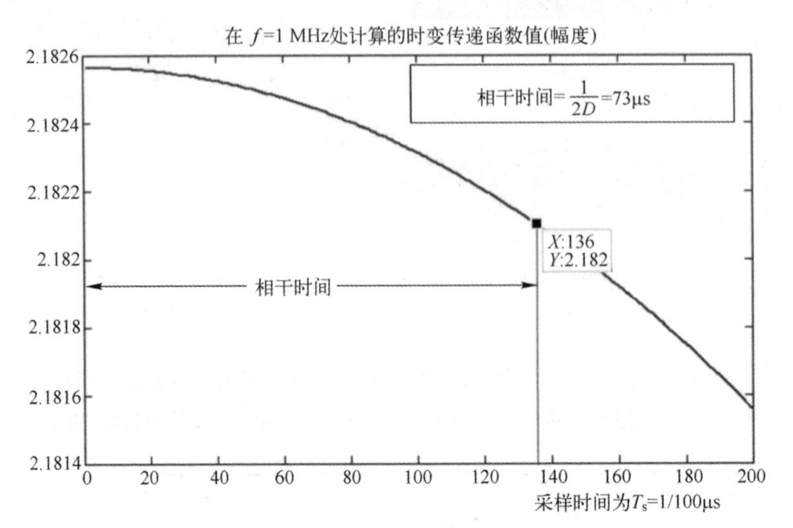

图 2-10　使用多普勒扩展计算相干时间（D）

多普勒扩展程序如下：

```
TAU0=0;
%假设 beta 不随时间变化
%nop 为路径个数
%txsignal 为发送信号
%rxsignal 为接收信号
%tv_tf_comp_at_f 是时变传递函数
%频率 f0
%TAUJ 是延迟变化的速率
%f0 的单位是 MHz,采样时间的单位是微秒
f0=1;
nop=4;
BETA=rand(1,nop);
TAUJ=rand(1,nop)*2-1;
rxsignal=[];
tv_tf_comp_at_f=[];
```

```
t=0:(1/100):99.99;
txsignal=cos(2*pi*f*t);
z=1;
for t=0:(1/100):99.99
    temp=0;
    temp1=0;
for p=1:1:nop
        temp=temp+BETA(p)*exp(j*2*pi*f0*t)*exp(-j*2*pi*f0*TAU0)
*exp(-j*2*pi*f0*TAUJ(p)*t);
        temp1=temp1+BETA(p)*exp(-j*2*pi*f0*TAU0)*exp(-j*2*pi*f0*
TAUJ(p)*t);
end
    rxsignal=[rxsignal temp];
    tv_tf_comp_at_f=[tv_tf_comp_at_f temp1];
end
figure
subplot(2,2,1)
plot(txsignal)
subplot(2,2,2)
freqval=(0:1:length(rxsignal)-1)/100;
plot(real(rxsignal),'r')
subplot(2,2,3)
plot(freqval,abs(fft(txsignal)))
subplot(2,2,4)
plot(freqval,abs(fft(real(rxsignal))))
figure
subplot(2,1,1)
plot(abs(tv_tf_comp_at_f))
subplot(2,1,2)
plot(phase((tv_tf_comp_at_f)))
```

2.3 相干频率和时延扩展

在多普勒扩展的情况下，我们研究了在固定频率下时变信道的传递函数随时间变化，多普勒扩展和相干时间使用是相同的。在本节中，将研究时变信道的传递函数随特定时刻及频率的变化情况。将多径信道模型的传递函数表达式

改写为

$$H(f,t)=\sum_{j=1}^{j=J}\beta_j(t)\,\mathrm{e}^{-\mathrm{i}2\pi f\tau_j(t)} \tag{2.15}$$

此时，假设 t 为常数 t_0，并分析 $H(f,t)$ 随频率变化速率。将 $\tau_j(t)=\tau_0+\tau_j't$、$\beta_j(t)=\beta_j$ 代入（2.15）中，可得

$$H(f,t)=\sum_{j=1}^{j=J}\beta_j\mathrm{e}^{-\mathrm{i}2\pi f\tau_0}\mathrm{e}^{-\mathrm{i}2\pi f\tau_j't} \tag{2.16}$$

令 $\arg_j\min(\tau_j)=\tau_{\min}$，且 $\arg_j(\max(\tau_j))=\tau_{\max}$，时延范围 $L=\tau_{\max}-\tau_{\min}$定义为时延扩展；相干频率为 $1/(2L)$。

（1）案例分析。

在特定时刻 $t_0=1\mu s$ 时，传递函数随频率的变化如图 2-11 所示，图中使用的典型值如下。

① $\boldsymbol{\tau}_J=[0.9143\quad -0.0292\quad 0.6006\quad -0.7162]$。

② $\boldsymbol{V}_{\text{Beta}}=[0.9575\quad 0.9649\quad 0.1576\quad 0.9706]$。

③ 时延扩展 $L=1.6306$，相干频率 $f_{\text{coh}}=1/(2L)=306\text{kHz}$。

（2）观测结果。

观测结果如图 2-10 和图 2-11 所示。

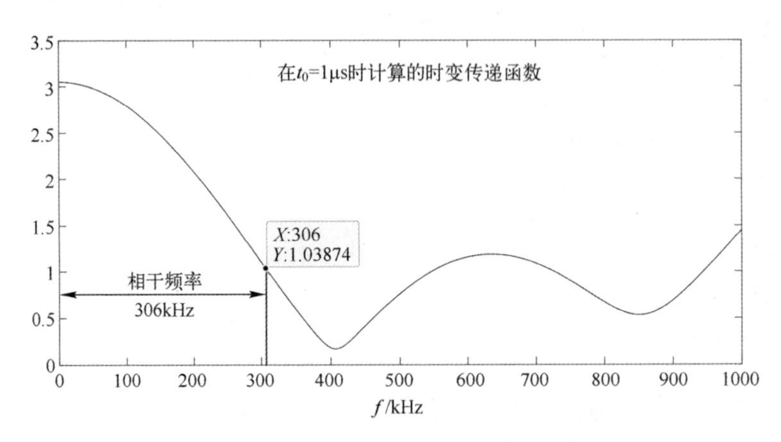

图 2-11　使用时延扩展（L）计算相干频率

① 由图 2-10 可知，发射机发射 1MHz 单音信号（或载频 1MHz 的窄带信号），在 73μs 的时间内时变信道的特性基本相同。

② 由图 2-11 可知，在 1μs 的瞬间，时变信道的传递函数在 356kHz 的频率范围内几乎是平坦的，即在 356kHz 的带宽下，频率响应几乎是平坦的。

③ 如果带通信号的带宽为 W（从 $f_c-W/2$ 到 $f_c+W/2$），且 $W \ll f_{coh}$，则称为平坦衰落。

④ 假设 $x(t)$ 为带宽 $W \ll f_{coh}$ 的窄带信号，如果信号在 t_{coh} 时间内通过时变信道传播，则接收到的信号 $y(t)$ 为 $Kx(t-t_{delay})$，其中 K 为衰减，t_{delay} 为传输时延，这就是平坦衰落窄带传输。

⑤ 此外，多普勒扩展 D 依赖于频率。如果发射信号的频率或窄带发射信号的载波频率越大，则 D 越大，此时 t_{coh} 减小，衰落更快。

时延扩展程序如下：

```
%delayspread. m
close all
clear all
%假设 beta 是不随时间变化的
%nop 为路径数
%txsignal 为发射信号
%rxsignal 为接收信号
%tv_tf_comp_at_t0 是时变传递函数,为时刻 T0(μs)计算出的频率函数
%TAUJ 是延迟变化的速率
TAU0=0;
t0=1;
nop=4;
BETA=rand(1,nop);
TAUJ=(rand(1,nop)*2-1);
rxsignal=[];
tv_tf_comp_at_t0=[];
z=1;
t1=1;
for f=0:(1/1000):0.999
    temp=0;
    temp1=0;
for p=1:1:nop
        temp1=temp1+BETA(p)*exp(-j*2*pi*f*TAU0)*exp(-j*2*pi*f*
TAUJ(p)*t0);
end
    tv_tf_comp_at_t0=[tv_tf_comp_at_t0 temp1];
end
figure
```

```
plot([0:(1/1000):0.999]*1000,abs(tv_tf_comp_at_t0))
title('在 t0 = 1μs 时计算的时变传递函数');
```

2.4 无线通信中离散复基带时变信道模型

在本节中，设基带时变信道的脉冲响为 $h^{(b)}(\tau,t)$，考虑到复基带信号 $x(t)$ 的带宽为 $-W/2<f<W/2$，采样频率为 $F_s=W$。设基带信号采样后为 $x(kT_s)=x_k$，其中 $k=\cdots-3,-2,-1,0,1,2,\cdots$，利用 sinc 插值对基带信号进行重构

$$x(t)=\sum_k x_k \operatorname{sinc}\left(\frac{t}{T_s}-k\right) \tag{2.17}$$

则基带接收信号可表示为

$$y(t)=\int_l h^{(b)}(l,t)x(t-l)\mathrm{d}l \tag{2.18}$$

$$y(t)=\int_l h^{(b)}(l,t)\sum_k x_k \operatorname{sinc}\left(\frac{t-l}{T_s}-k\right)\mathrm{d}l \tag{2.19}$$

$$y(t)=\sum_k x_k \int_l h^{(b)}(l,t)\operatorname{sinc}\left(\frac{t-l}{T_s}-k\right)\mathrm{d}l \tag{2.20}$$

对 $t=mT_s$ 时刻输出进行采样，得

$$y(mT_s)=y_m=\sum_k x_k \int_l h^{(b)}(l,mT_s)\operatorname{sinc}\left(\frac{mT_s-l}{T_s}-k\right)\mathrm{d}l \tag{2.21}$$

$$y_m=\sum_k x_k \int_l h^{(b)}(l,mT_s)\operatorname{sinc}\left(m-k-\frac{l}{T_s}\right)\mathrm{d}l \tag{2.22}$$

$$y_m=\sum_n x_{m-n} \int_l h^{(b)}(l,mT_s)\operatorname{sinc}\left(n-\frac{l}{T_s}\right)\mathrm{d}l \tag{2.23}$$

令 $h_{n,m}^{(b)}=\int_l h^{(b)}(l,mT_s)\operatorname{sinc}(n-l/T_s)\mathrm{d}l$，可得

$$y_m=\sum_n h_{n,m}^{(b)}x_{m-n} \tag{2.24}$$

由 $h^{(b)}(\tau,t)=\sum_{j=1}^{j=J}\beta_j(t)\delta(l\tau-\tau_j(t))$，可得

$$h_{n,m}^{(b)}=\int_l \sum_{j=1}^{j=J}\beta_j(mT_s)\delta(l-\tau_j(mT_s))\ \operatorname{sinc}\left(n-\frac{l}{T_s}\right)\mathrm{d}l \tag{2.25}$$

$$h_{n,m}^{(b)}=\sum_{j=1}^{j=J}\beta_j(mT_s)\ \operatorname{sinc}\left(n-\frac{\tau_j(mT_s)}{T_s}\right) \tag{2.26}$$

因此，$h_{n,m}^{(b)}$ 可视作 sinc 函数移位后的线性组合。对于每个 j，sinc(k)将作

为 k 的平移函数 $\tau_j(mT_s)$，移位后的 sinc 函数在整点处的线性组合为时变脉冲响应 $h_{n,m}^{(b)}$（见图 2-12）。其中 n 为滤波器抽头；m 为瞬时时刻；时延扩展 L 是最小和最大路径时延之间的间隔。由 L/T 的数值来确定抽头数量，若 $L/T \ll 1$，则滤波器抽头为 1，此时相应的信道称为平坦衰落信道。注意，复基带脉冲响应的带宽为 $W/2=1/(2T)$，如果相干频率 $f_{coh} \ll W/2$，则认为该信道为平坦衰落信道。

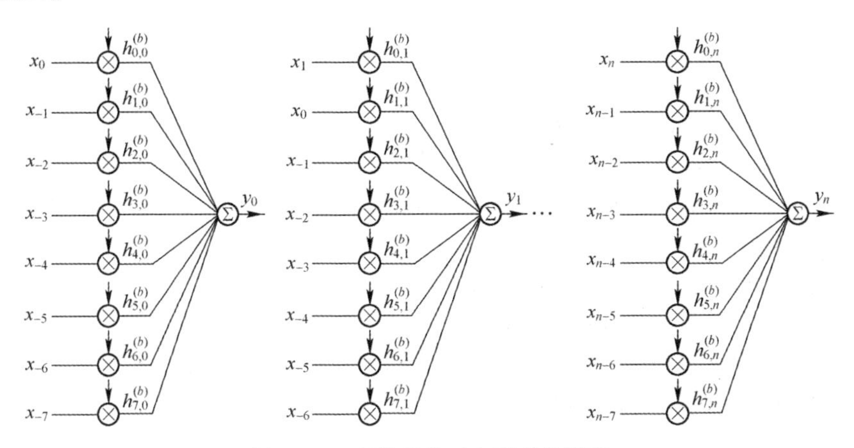

图 2-12　离散无线时变模型的说明

$$\frac{L}{T} \ll 1 \Rightarrow f_{coh}=\frac{1}{2L} \ll \frac{W}{2} \tag{2.27}$$

上述可理解为相干时间给出了离散抽头下每个抽头随 n 变化的快慢情况。

2.5　概率信道模型

2.5.1　$\kappa-\mu$ 分布

令随机变量 $R^2=\sum_{i=1}^{i=n}(X_i-a_i)^2+\sum_{i=1}^{i=n}(Y_i-b_i)^2$，其中 X_i 和 Y_i 是均值为 0、方差为 σ^2 的两个相互独立的高斯过程，随机变量 R 服从 $\kappa-\mu$ 分布。κ 和 μ 的计算如下

$$\kappa=\frac{\sum_i^n(a_i^2+b_i^2)}{2n\sigma^2} \tag{2.28}$$

$$\mu=\frac{E(R^2)^2}{\mathrm{var}(R^2)}\frac{(1+2\kappa)}{(1+\kappa)^2} \tag{2.29}$$

计算程序如下：

```
function [res1,res2,kappa,mu]=kappamu(m,a,b)
s1=0;s2=0;
for i=1:1:m
    s1=s1+(randn(1,1000000)-a).^2;
    s2=s2+(randn(1,1000000)-b).^2;
end
s=s1+s2;
[res1 res2]=hist(sqrt(s),100);
kappa=m*(a^2+b^2)/(2*m);
mu=mean(s);v=var(s);
mu=((1+2*kappa)/(1+kappa)^2)*(mu^2/v);
%plotkappamu.m
[p1,q1,k1,m1]=kappamu(10,1,2);
[p2,q2,k2,m2]=kappamu(1,1,2);
[p3,q3,k3,m3]=kappamu(1,0,0);
[p4,q4,k4,m4]=kappamu(10,0,0);
figure
subplot(2,2,1)
plot(q1,p1)
title(strcat('kappa=',num2str(k1),' mu=',num2str(m1)))
subplot(2,2,2)
plot(q2,p2,'r')
title(strcat('kappa=',num2str(k2),'mu=',num2str(m2)))
subplot(2,2,3)
plot(q3,p3)
title(strcat('kappa=',num2str(k3),' mu=',num2str(m3)))
subplot(2,2,4)
plot(q4,p4,'r')
title(strcat('kappa=',num2str(k4),' mu=',num2str(m4)))
```

（1）通过选择 $n=1$、$a_1=b_1=0$ 的 $\kappa-\mu$ 分布得到 Rayleigh 分布，即 $R^2=X^2+Y^2$，R 服从 Rayleigh 分布。

（2）通过选择 $n=1$、$a_1=b_1\neq 0$ 的 $\kappa-\mu$ 分布得到 Rice 分布，即 $R^2=(X-a_1)^2+(Y-b_1)^2$，R 服从 Rice 分布。

（3）对于任意 i 的 $\kappa-\mu$ 分布，如果有 $n\neq 1$，且 $a_i=b_i=0$，则可得到 Nakagami-m 分布，即

$$R^2 = \sum_{i=1}^{i=n} X_i^2 + \sum_{i=1}^{i=n} Y_i^2 \tag{2.30}$$

图 2-13 展示了利用生成数据估计的 κ-μ 概率密度函数，并在子图中给出相应的估计 κ 和 μ 值。可以发现，估计的 μ 近似等于 n 的实际值。

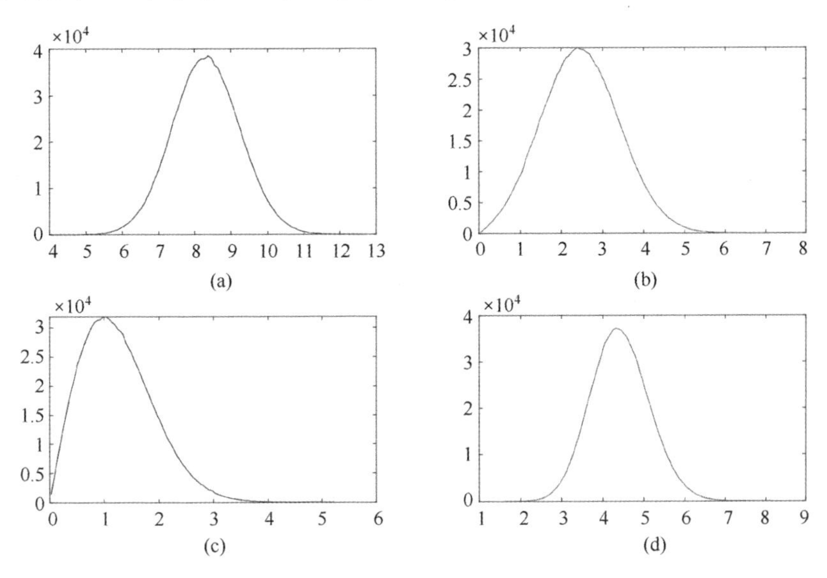

图 2-13　κ-μ 分布的概率密度函数

（a）$n=10$，$a_i=1$，$b_i=2$，$\kappa=2.5$，$\mu=9.9928$，$E(X_i^2)=E(Y_i^2)=1$，$E(X_i)=E(Y_i)=0$；

（b）$n=1$，$a_i=1$，$b_i=2$，$\kappa=2.5$，$\mu=0.99843$，$E(X_i^2)=E(Y_i^2)=1$，$E(X_i)=E(Y_i)=0$；

（c）$n=1$，$a_i=0$，$b_i=0$，$\kappa=0$，$\mu=0.9996$，$E(X_i^2)=E(Y_i^2)=1$，$E(X_i)=E(Y_i)=0$；

（d）$n=10$，$a_i=0$，$b_i=0$，$\kappa=0$，$\mu=9.977$，$E(X_i^2)=E(Y_i^2)=1$，$E(X_i)=E(Y_i)=0$①。

2.5.2　η-μ：类型 1

考虑到随机变量 $R^2=\sum_{i=1}^{i=n}(X_i)^2+\sum_{i=1}^{i=n}(Y_i)^2$ 中 $E(X_i)=E(Y_i)=0$、$E(X_i^2)=\sigma_x^2$、$E(Y_i^2)=\sigma_y^2$，且 x_i 和 y_i 是相互独立的高斯过程。随机变量 R 服从 η-μ 分布，对应的 η 和 μ 的值计算方法如下。

$$\eta=\frac{\sigma_x^2}{\sigma_y^2}$$

① 原书图标有误，译者修正。

$$\mu=\frac{E(R^2)^2}{\mathrm{var}(R^2)}\left(1+\frac{H^2}{h}\right) \tag{2.31}$$

式中：$h=(2+\eta^{-1}+\eta)/4$；$H=(\eta^{-1}-\eta)/4$。

图 2-14 展示了利用生成数据估计的 η-μ（类型 1）概率密度函数，并在相应的子图中给出相应的估计 η 和 μ 值。可以发现，估计的 μ 值与 n 的实际值近似相等。

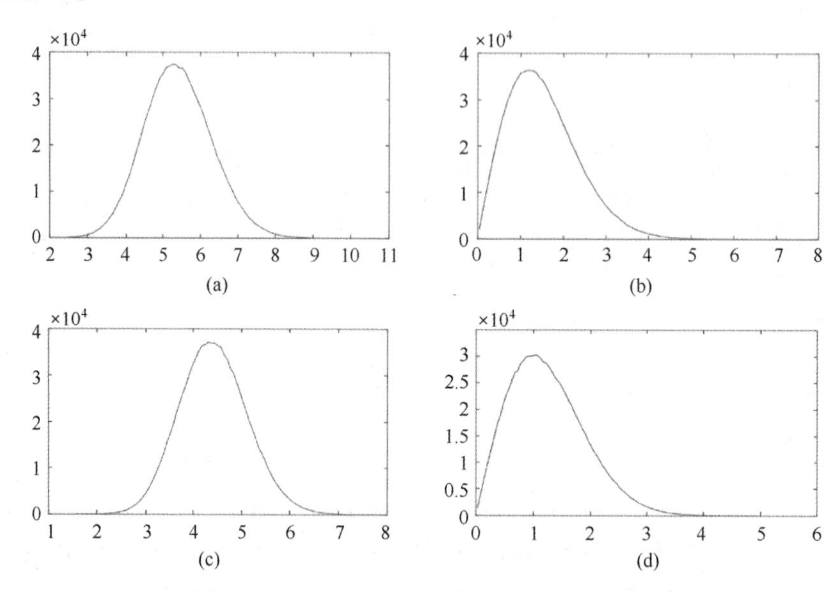

图 2-14　η-μ（类型 1）分布的概率密度函数

（a）$n=10$，$\eta=0.49992$，$\mu=9.9697$，$E(X_i^2)=1$，$E(Y_i^2)=2$；

（b）$n=1$，$\eta=0.49928$，$\mu=1.0005$，$E(X_i^2)=1$，$E(Y_i^2)=2$；

（c）$n=10$，$\eta=0.99936$，$\mu=9.9744$，$E(X_i^2)=1$，$E(Y_i^2)=1$；

（d）$n=1$，$\eta=0.99692$，$\mu=0.9991$，$E(X_i^2)=1$，$E(Y_i^2)=1$。

计算程序如下：

```
%etamutype1.m
function [res1,res2,eta,mu]=etamutype1(m,a,b)
s1=0;
s2=0;
COL1=[];
COL2=[];
for i=1:1:m
    temp1=sqrt(a)*(randn(1,1000000));
```

```
    temp2=sqrt(b) * (randn(1,1000000));
    COL1=[COL1 temp1];
    COL2=[COL2 temp2];
    s1=s1+temp1.^2;
    s2=s2+temp2.^2;
end
s=s1+s2;
eta=var(COL1)/var(COL2);
[res1 res2]=hist(sqrt(s),100);
h=(2+eta^(-1)+eta)/4;
H=(eta^(-1)-eta)/4;
m=mean(s);
v=var(s);
mu=(m^2/v) * (1+(H/h)^(2));
%etamutype1plot.m
[p1,q1,e1,m1]=etamutype1(10,1,2);
[p2,q2,e2,m2]=etamutype1(1,1,2);
[p3,q3,e3,m3]=etamutype1(10,1,1);
[p4,q4,e4,m4]=etamutype1(1,1,1);
figure
subplot(2,2,1)
plot(q1,p1)
title(strcat('eta=',num2str(e1),' mu=',num2str(m1)))
subplot(2,2,2)
plot(q2,p2,'r')
title(strcat('eta=',num2str(e2),' mu',num2str(m2)))
subplot(2,2,3)
plot(q3,p3)
title(strcat('eta=',num2str(e3),' mu=',num2str(m3)))
subplot(2,2,4)
plot(q4,p4,'r')
title(strcat('eta=',num2str(e4),' mu=',num2str(m4)))
```

2.5.3　$\eta-\mu$：类型 2

考虑随机变量 $R^2 = \sum_{i=1}^{i=n}(X_i)^2 + \sum_{i=1}^{i=n}(Y_i)^2$ 中 $E(X_i)=E(Y_i)=0$；$E(X_i^2)=\sigma^2$；$E(Y_i^2)=\sigma^2$；$E(X_iE(Y_i))/\sigma^2=\rho$；$X_i$ 和 Y_i 是相互独立的高斯过程，且

$E[X_iY_i]/\sigma^2=\rho$。随机变量 R 服从 η-μ 分布，对应的 η 和 μ 的值为

$$\eta=\frac{E[X_iY_i]}{\sigma^2} \tag{2.32}$$

$$\mu=\frac{E(R^2)^2}{2\text{var}(R^2)}\left(1+\frac{H^2}{h}\right) \tag{2.33}$$

其中

$$h=\frac{1}{1-\eta^2},\quad H=\frac{\eta}{1-\eta^2}$$

图 2-15 展示了利用生成数据估计的 η-μ（类型 2）概率密度函数，并在相应的子图中给出估计的 η 和 μ 值。可以发现，μ 的估计值与 n 的实际值近似相等。

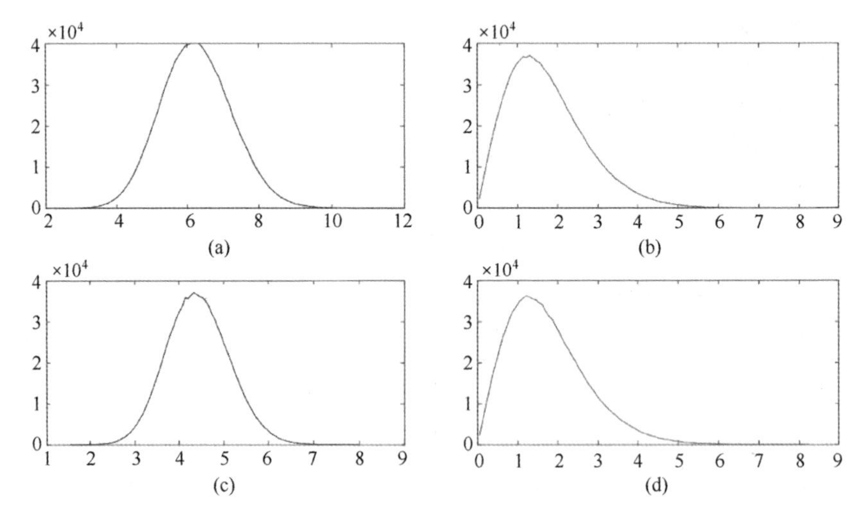

图 2-15　η-μ（类型 2）分布的概率密度函数

（a）$n=10$，$\sigma^2=2$，$\rho=0$，$\eta=-0.00027894$，$\mu=10.0124$；

（b）$n=1$，$\sigma^2=2$，$\rho=0.5$，$\eta=0.50015$，$\mu=0.99915$；

（c）$n=10$，$\sigma^2=1$，$\rho=0$，$\eta=0.00039092$，$\mu=9.9959$；

（d）$n=1$，$\sigma^2=2$，$\rho=0.5$，$\eta=0.49991$，$\mu=0.99922$。

计算程序如下：

```
%etamutype2.m
function [res1,res2,eta,mu]=etamutype2(m,a,b)
s=0;
M=[a b*a;b*a a];
[E,D]=eig(M);
```

```
COL=[ ];
for i=1:1:m
    temp1=randn(1,1000000);
    temp2=randn(1,1000000);
    stemp=E * D.^(1/2) * [temp1;temp2];
    COL=[COL stemp];
    s=s+stemp(1,:).^2+stemp(2,:).^2;
end
[res1 res2]=hist(sqrt(s),100);
eta=mean(COL(1,:). * COL(2,:))/a;
h=1/(1-eta^2);
H=eta/(1-eta^2);
m=mean(s);
v=var(s);
mu=(m^2/v) * (1+(H/h)^(2));
[p1,q1,e1,m1]=etamutype2(10,2,0);
[p2,q2,e2,m2]=etamutype2(1,2,0.5);
[p3,q3,e3,m3]=etamutype2(10,1,0);
[p4,q4,e4,m4]=etamutype2(1,2,0.5);
figure
subplot(2,2,1)
plot(q1,p1)
title(strcat('eta=',num2str(e1),' mu=',num2str(m1)))
subplot(2,2,2)
plot(q2,p2,'r')
title(strcat('eta=',num2str(e2),' mu=',num2str(m2)))
subplot(2,2,3)
plot(q3,p3)
title(strcat('eta=',num2str(e3),' mu=',num2str(m3)))
subplot(2,2,4)
plot(q4,p4,'r')
title(strcat('eta=',num2str(e4),' mu=',num2str(m4)))
```

2.6 案例分析

2.6.1 平坦 Rayleigh 衰落模型案例分析

在 Rayleigh 信道模型中，对复系数（抽头增益）$h_{m,n}^{b}$的实部和虚部建模为均值为 0、方差为 σ_n^2的独立同分布的高斯随机变量。值得注意的是，随机变量的方差随抽头 n 变化，而不随瞬时时间 m 变化。令任意 m 和 n 的复系数 $h_{m,n}^b$ 的随机向量表示为 $\boldsymbol{G}_{m,n}=[\boldsymbol{R}_{\text{re}} \quad \boldsymbol{R}_{\text{im}}]^{\text{T}}$，其中 $\boldsymbol{R}_{\text{re}}$和 $\boldsymbol{R}_{\text{im}}$相互独立且均服从均值为 0、方差为 σ_n^2的高斯分布。随机向量 $\boldsymbol{R}$ 的联合概率密度函数表示为

$$f_{G_{m,n}}(\boldsymbol{R}_{\text{re}},\boldsymbol{R}_{\text{im}})=\frac{1}{2\pi\sigma_n^2}\mathrm{e}^{\frac{-\boldsymbol{R}_{\text{re}}^2-\boldsymbol{R}_{\text{im}}^2}{2\sigma_n^2}} \tag{2.34}$$

因此，随机变量 $\boldsymbol{R}=\sqrt{\boldsymbol{R}_{\text{re}}^2+\boldsymbol{R}_{\text{im}}^2}$[①]的概率密度函数服从 Rayleigh 分布，可得

$$f_{G_{m,n}}(\boldsymbol{R})=\frac{r}{\sigma_n^2}\mathrm{e}^{\frac{-|r|^2}{2\sigma_n^2}} \tag{2.35}$$

该模型称为 Rayleigh 衰落模型，考虑时变信道的脉冲响应为

$$v_m=\sum_{k=-\infty}^{k=\infty}g_k u_{m-k} \tag{2.36}$$

利用单抽头时变脉冲响应 g_0的离散平坦衰落信道来说明上述结论。设 u_m为第 m 个传输样本，v_m为相应的接收样本，假设两个连续的样本$[a \quad 0]$表示二进制电平 0，$[0 \quad a]$表示二进制电平 1，它们都与 $v_m=g_0u_m+n_m$相关。时变脉冲响应 g_0的实部和虚部相互独立且均为服从均值为 0、方差为 σ_n^2的高斯分布的随机变量，服从 Rayleigh 分布。将 n_m（加性复高斯噪声）建模为实部和虚部独立、均值为零且均方差为 $WN_0/2$ 的同分布的复随机变量，设连续接收的两个样本表示为复随机向量 $\overline{\boldsymbol{V}}=[v_m \quad v_{m+1}]^{\text{T}}$，在发送 0 时复随机向量的条件密度函数表示为$\overline{\boldsymbol{V}_0}$，则可得到 $v_m=v_m^{\text{re}}+\mathrm{j}v_m^{\text{im}}$、$v_{m+1}=v_{m+1}^{\text{re}}+\mathrm{j}v_{m+1}^{\text{im}}$。进而得到随机向量 $\overline{\boldsymbol{V}}$ 的条件密度函数为 v_m^{re}、v_{m+1}^{re}、v_m^{im}和 v_{m+1}^{im}的条件密度函数的乘积。

令 $g_0=g^{\text{re}}+\mathrm{j}g^{\text{im}}$，当发送 0 时，有

$$v_m^{\text{re}}=ag^{\text{re}}+n^{\text{re}}=P_0 \tag{2.37}$$

$$v_m^{\text{im}}=ag^{\text{im}}+n^{\text{im}}=Q_0 \tag{2.38}$$

$$v_{m+1}^{\text{re}}=0g^{\text{re}}+n^{\text{re}}=n^{\text{re}}=R_0 \tag{2.39}$$

$$v_{m+1}^{\text{im}}=0g^{\text{im}}+n^{\text{im}}=n^{\text{im}}=S_0 \tag{2.40}$$

因此在发送 0 时，接收到向量的条件密度为四个高斯密度函数的乘积 $f_{P_0}(p)f_{Q_0}(q)f_{R_0}(r)f_{S_0}(s)$。可以看出条件密度函数 $f_{P_0}(p)$ 和 $f_{Q_0}(q)$ 是相同的，同时 $f_{R_0}(r)$ 和 $f_{S_0}(s)$ 的条件密度函数也相同，其计算方法为

$$f_{P_0}(p)=\frac{1}{\sqrt{\pi N_0 W}}\mathrm{e}^{\frac{-p^2}{N_0W}} \tag{2.41}$$

① 原书公式有误，译者修正。

$$f_{Q_0}(q)=\frac{1}{\sqrt{\pi N_0 W}}\mathrm{e}^{\frac{-q^2}{N_0 W}} \tag{2.42}$$

$$f_{R_0}(r)=\frac{1}{\sqrt{2\pi\left(\sigma^2 a^2+\frac{N_0 W}{2}\right)}}\mathrm{e}^{\frac{-r^2}{2\left(\sigma^2 a^2+\frac{N_0 W}{2}\right)}} \tag{2.43}$$

$$f_{S_0}(s)=\frac{1}{\sqrt{2\pi\left(\sigma^2 a^2+\frac{N_0 W}{2}\right)}}\mathrm{e}^{\frac{-s^2}{2\left(\sigma^2 a^2+\frac{N_0 W}{2}\right)}} \tag{2.44}$$

同理，得到随机向量 $\overline{V}$ 在发送1时的条件密度（$\overline{V_1}$）为

$$v_m^{\mathrm{re}}=0g^{\mathrm{re}}+n^{\mathrm{re}}=n^{\mathrm{re}}=P_1 \tag{2.45}$$

$$v_m^{\mathrm{im}}=0g^{\mathrm{im}}+n^{\mathrm{im}}=n^{\mathrm{im}}=Q_1 \tag{2.46}$$

$$v_{m+1}^{\mathrm{re}}=ag^{\mathrm{re}}+n^{\mathrm{re}}=R_1 \tag{2.47}$$

$$v_{m+1}^{\mathrm{im}}=ag^{\mathrm{im}}+n^{\mathrm{im}}=S_1 \tag{2.48}$$

因此，在发送1时，接收到向量的条件密度为四个高斯密度函数的乘积 $f_{P_1}(p)f_{Q_1}(q)f_{R_1}(r)f_{S_1}(s)$。可以看出条件密度函数 $f_{P_1}(p)$ 和 $f_{Q_1}(q)$ 是相同的，同时 $f_{R_1}(r)$ 和 $f_{S_1}(s)$ 的条件密度函数也相同，其计算方法为

$$f_{P_1}(p)=\frac{1}{\sqrt{2\pi\left(\sigma^2 a^2+\frac{N_0 W}{2}\right)}}\mathrm{e}^{\frac{-p^2}{2\left(\sigma^2 a^2+\frac{N_0 W}{2}\right)}} \tag{2.49}$$

$$f_{Q_1}(q)=\frac{1}{\sqrt{2\pi\left(\sigma^2 a^2+\frac{N_0 W}{2}\right)}}\mathrm{e}^{\frac{-q^2}{2\left(\sigma^2 a^2+\frac{N_0 W}{2}\right)}} \tag{2.50}$$

$$f_{R_1}(r)=\frac{1}{\sqrt{\pi N_0 W}}\mathrm{e}^{\frac{-r^2}{N_0 W}} \tag{2.51}$$

$$f_{S_1}(s)=\frac{1}{\sqrt{\pi N_0 W}}\mathrm{e}^{\frac{-s^2}{N_0 W}} \tag{2.52}$$

假设二进制数据以等概率传输，可以通过观察两个连续的复随机变量或四个变量 p、q、r、s，来判断传输的二进制数据是1还是0。当 $L(p,q,r,s)\geqslant 0$ 时，判断为1；否则为0。函数 L 的表达式为

$$L(p,q,r,s)=\log\left(\frac{f_{P_1}(p)f_{Q_1}(q)f_{R_1}(r)f_{S_1}(s)}{f_{P_0}(p)f_{Q_0}(q)f_{R_0}(r)f_{S_0}(s)}\right) \tag{2.53}$$

根据式（2.41）~式（2.44）和式（2.49）~式（2.52），$L(p,q,r,s)$ 计算方法为

$$e^{L(p,q,r,s)}=\frac{\frac{1}{\pi N_0 W}e^{\frac{-(r^2+s^2)}{N_0 W}}\frac{1}{2\pi\left(\sigma^2 a^2+\frac{N_0 W}{2}\right)}e^{\frac{-(p^2+q^2)}{2\left(\sigma^2 a^2+\frac{N_0 W}{2}\right)}}}{\frac{1}{\pi N_0 W}e^{\frac{-(p^2+q^2)}{N_0 W}}\frac{1}{2\pi\left(\sigma^2 a^2+\frac{N_0 W}{2}\right)}e^{\frac{-(r^2+s^2)}{2\left(\sigma^2 a^2+\frac{N_0 W}{2}\right)}}} \tag{2.54}$$

$$e^{L(p,q,r,s)}=e^{\frac{(p^2+q^2-r^2-s^2)}{N_0 W}}e^{-(-r^2-s^2+p^2+q^2)\left(\frac{1}{N_0 W+2\sigma^2 a^2}\right)} \tag{2.55}$$

$$L(p,q,r,s)=\frac{(p^2+q^2-r^2-s^2)}{N_0 W}-(-r^2-s^2+p^2+q^2)\left(\frac{1}{N_0 W+2\sigma^2 a^2}\right) \tag{2.56}$$

$$L(p,q,r,s)=(p^2+q^2-r^2-s^2)K \tag{2.57}$$

式中：$K=[1/(N_0 W)-1/(N_0 W+2\sigma^2 a^2)]$为正常数。从而得到检测规则：若$p^2+q^2>r^2+s^2$，则判断二进制数据为 1。

2.6.2 平坦 Rayleigh 衰落模型误码率计算

当$P_0^2+Q_0^2>R_0^2+S_0^2$（发送 0）时，信号传输产生错误。令发送 0 时，$X_1^0=P_0^2+Q_0^2$且$X_2^0=R_0^2+S_0^2$。此时误码率可表示为$P(X_1^0>X_2^0)$，由此可以得到X_1^0和X_2^0的概率密度函数。随机变量$U=\sqrt{P_0^2+Q_0^2}$，当$U\geqslant 0$且密度函数U服从 Rayleigh 分布，则

$$f_U(u)=\frac{2u}{N_0 W}e^{\frac{-|u|^2}{N_0 W}} \tag{2.58}$$

式中：$X_1^0=U^2$。

根据随机变量的变化，得到X_1^0的密度函数为$f_{X_1^0}(x_1^0)=f_R(x_1^0)/|\boldsymbol{J}|$，$\boldsymbol{J}$是$U=u$时的雅可比（Jacobian）矩阵，$|\boldsymbol{J}|=2u$。因此

$$f_{X_1^0}(x_1^0)=\frac{2u}{2uN_0 W}e^{-\frac{x_1^0}{N_0 W}} \tag{2.59}$$

$$f_{X_1^0}(x_1^0)=\frac{1}{N_0 W}e^{-\frac{x_1^0}{N_0 W}} \tag{2.60}$$

同理，可得X_2^0的密度函数为

$$f_{X_2^0}(x_2^0)=\frac{1}{2\sigma^2 a^2+N_0 W}e^{-\frac{x_2^0}{2\sigma^2 a^2+N_0 W}} \tag{2.61}$$

因此，可得$P(X_1^0>X_2^0)$。为简化计算，令$G=X_1^0$，$H=X_2^0$，则

$$P(G>H/H=h)=\frac{P(G>H,H=h)}{P(H=h)} \tag{2.62}$$

$$\Rightarrow P(G>H,H=h)=P(G>H/H=h)P(H=h) \tag{2.63}$$

$$\Rightarrow P(G>H)=\sum_{H}P(G>H,H=h)=\sum_{H}P(G>H/H=h)P(H=h) \tag{2.64}$$

对于连续随机变量，可得

$$P(G>H)=\int_{G}P(G>H/H=h)f_{H}(h)\mathrm{d}h \tag{2.65}$$

$$P(G>H)=\int_{G}P(G>h)\frac{1}{2\sigma^{2}a^{2}+N_{0}W}\mathrm{e}^{-\frac{h}{2\sigma^{2}a^{2}+N_{0}W}}\mathrm{d}g \tag{2.66}$$

平坦 Rayleigh 衰落信道如图 2-16 和图 2-17 所示。

$$P(G>h)=\int_{h}^{\infty}\frac{1}{N_{0}W}\mathrm{e}^{-\frac{g}{N_{0}W}}\mathrm{d}g \tag{2.67}$$

$$P(G>h)=\mathrm{e}^{-\frac{h}{N_{0}W}} \tag{2.68}$$

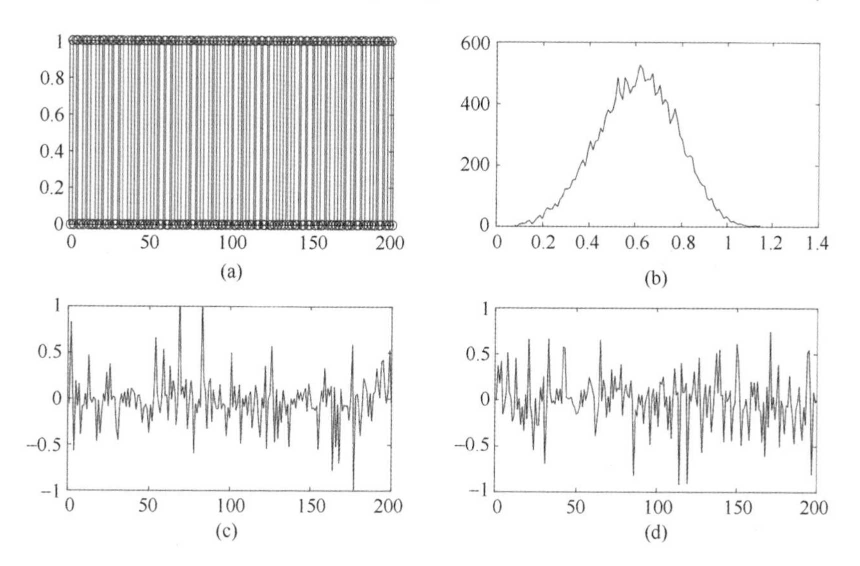

图 2-16　平坦 Rayleigh 衰落模型（见彩图）

（a）典型传播样本；（b）瑞利分布噪声直方图；（c）接收样本的实部；（d）接收样本的虚部。

因此，$P(G>H)$计算方法如下

$$P(G>H)=\int_{G}P(G>h)f_{H}(h)\mathrm{d}g \tag{2.69}$$

$$P(G>H)=\int_{G}\mathrm{e}^{-\frac{h}{N_{0}W}}\frac{1}{2\sigma^{2}a^{2}+N_{0}W}\mathrm{e}^{-\frac{h}{2\sigma^{2}a^{2}+N_{0}W}}\mathrm{d}h \tag{2.70}$$

$$P(G>H)=\frac{1}{2+\frac{2\sigma^2 a^2}{N_0 W}} \tag{2.71}$$

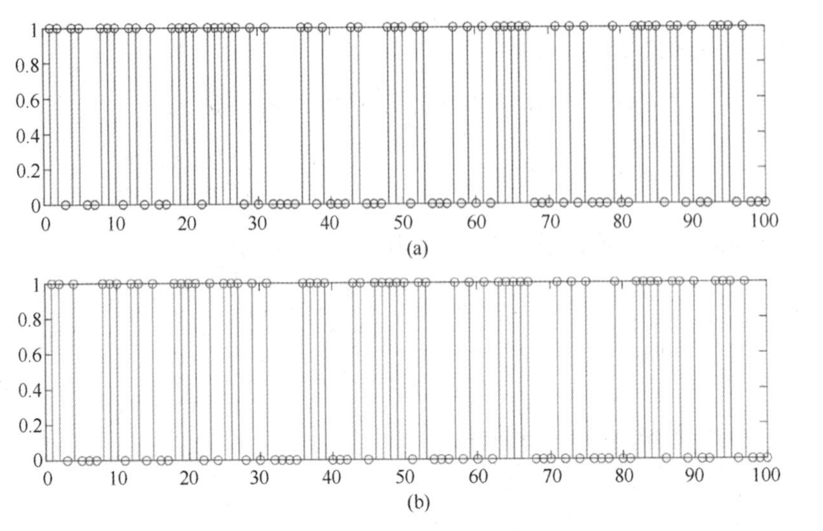

图 2-17　平坦 Rayleigh 衰落模型（续）
（a）发送数据；（b）相应的检测数据。

Rayleigh 衰落模型程序如下：

```
%rayleighdemo.m
DATA=round(rand(1,10000));
TX=[];
a=1;
%设复基带信号的带宽为 W/2
W=2;
N0=0.01;
N0W=(N0/2)*W;
for i=1:1:length(DATA)
if(DATA(i)==0)
        TX=[TX a 0];
else
        TX=[TX 0 a];
end
end
%方差为 0.01 的高斯噪声
```

```
g=sqrt(N0W) * randn(1,20000)+j * sqrt(N0W) * randn(1,20000);
%脉冲响应为 r 的平坦衰落 Rayleigh 信道
r=sqrt(0.1) * randn(1,20000)+j * sqrt(0.1) * randn(1,20000);
RX=r. * TX+g;
figure
subplot(2,2,1)
stem(TX(1:1:200))
title('典型发送样本')
subplot(2,2,2)
[a,b]=hist(sqrt(abs(r)),100)
plot(b,a)
title('Rayleigh 分布噪声直方图')
subplot(2,2,3)
plot(real(RX(1:1:200)))
title('接收样本的实部')
subplot(2,2,4)
plot(imag(RX(1:1:200)))
title('接收样本的虚部')
%检测部分
DETDATA=[];
for i=1:2:200
    temp=[RX(i) RX(i+1)];
    O=abs(temp(1))-abs(temp(2));
if(O>0)
        DETDATA=[DETDATA 0];
else
        DETDATA=[DETDATA 1];
end
end
figure
subplot(2,1,1)
stem(DATA(1:1:100))
title('发送数据')
subplot(2,1,2)
stem(DETDATA,'r')
title('相应的检测数据')
```

2.6.3 平坦 Rice 衰落模型案例分析

与 Rayleigh 模型类似，平坦 Rice 衰落模型的脉冲响应只包含一个抽头。复系数（抽头增益）的实部由一条主要的直达路径和其他多个路径的混合组成，所以复系数的实部可以被建模为均值为 m（正值）、方差为 σ^2 的高斯分布，但复系数的虚部是均值为 0、方差为 σ^2 的高斯分布。在示例中，当发送 0 时，两个连续样本 $[Y_1^0 \quad Y_2^0]^{\mathrm{T}}$ 的输入输出分别表示为

$$Y_1^0 = n^{\mathrm{re}} + \mathrm{j}n^{\mathrm{im}} \tag{2.72}$$

$$Y_2^0 = ag^{\mathrm{re}} + \mathrm{j}ag^{\mathrm{im}} + n^{\mathrm{re}} + \mathrm{j}n^{\mathrm{im}} \tag{2.73}$$

式中：a 为标量；n^{re} 和 n^{im} 是均值为 0、方差为 $N_0W/2$ 的高斯分布（加性噪声）随机变量；g^{re} 和 g^{im} 是均值分别为 m、0，方差为 σ^2 的高斯分布（信道系数）。

令 $P_0 = Y_{1\mathrm{re}}^0$、$Q_0 = Y_{1\mathrm{im}}^0$、$R_0 = Y_{2\mathrm{re}}^0$、$S_0 = Y_{2\mathrm{im}}^0$，则

$$f_{P_0}(p) = \frac{1}{\sqrt{\pi N_0 W}} \mathrm{e}^{\frac{-p^2}{N_0 W}} \tag{2.74}$$

$$f_{Q_0}(q) = \frac{1}{\sqrt{\pi N_0 W}} \mathrm{e}^{\frac{-q^2}{N_0 W}} \tag{2.75}$$

$$f_{R_0}(r) = \frac{1}{\sqrt{2\pi\left(\sigma^2 a^2 + \frac{N_0 W}{2}\right)}} \mathrm{e}^{\frac{-(r-am)^2}{2\left(\sigma^2 a^2 + \frac{N_0 W}{2}\right)}} \tag{2.76}$$

$$f_{S_0}(s) = \frac{1}{\sqrt{2\pi\left(\sigma^2 a^2 + \frac{N_0 W}{2}\right)}} \mathrm{e}^{\frac{-s^2}{2\left(\sigma^2 a^2 + \frac{N_0 W}{2}\right)}} \tag{2.77}$$

同理，可以得到发送 1 时的条件密度。令 $P_1 = Y_{1\mathrm{re}}^1$、$Q_1 = Y_{1\mathrm{im}}^1$、$R_1 = Y_{2\mathrm{re}}^1$、$S_1 = Y_{2\mathrm{im}}^1$，则

$$f_{P_1}(p) = \frac{1}{\sqrt{2\pi\left(\sigma^2 a^2 + \frac{N_0 W}{2}\right)}} \mathrm{e}^{\frac{-(p-am)^2}{2\left(\sigma^2 a^2 + \frac{N_0 W}{2}\right)}} \tag{2.78}$$

$$f_{Q_1}(q) = \frac{1}{\sqrt{2\pi\left(\sigma^2 a^2 + \frac{N_0 W}{2}\right)}} \mathrm{e}^{\frac{-q^2}{2\left(\sigma^2 a^2 + \frac{N_0 W}{2}\right)}} \tag{2.79}$$

$$f_{R_1}(r) = \frac{1}{\sqrt{\pi N_0 W}} \mathrm{e}^{\frac{-r^2}{N_0 W}} \tag{2.80}$$

$$f_{S_1}(s)=\frac{1}{\sqrt{\pi N_0 W}}e^{\frac{-s^2}{N_0 W}} \tag{2.81}$$

假设传输的二进制数据是等概率的，通过观察两个连续的复随机变量或四个变量 p、q、r、s，来判断传输的二进制数据是 1 还是 0。当 $L(p,q,r,s)\geqslant 0$ 时，判断为 1，否则为 0。函数 L 的表达式为

$$L(p,q,r,s)=\log\left(\frac{f_{P_1}(p)f_{Q_1}(q)f_{R_1}(r)f_{S_1}(s)}{f_{P_0}(p)f_{Q_0}(q)f_{R_0}(r)f_{S_0}(s)}\right) \tag{2.82}$$

根据式（2.74）~式（2.81），对 $L(p,q,r,s)$ 有

$$e^{L(p,q,r,s)}=\frac{\frac{1}{\pi N_0 W}e^{\frac{-(r^2+s^2)}{N_0 W}}\frac{1}{2\pi\left(\sigma^2a^2+\frac{N_0W}{2}\right)}e^{\frac{-(p-am)^2+q^2}{2\left(\sigma^2a^2+\frac{N_0W}{2}\right)}}}{\frac{1}{\pi N_0 W}e^{\frac{-(p^2+q^2)}{N_0 W}}\frac{1}{2\pi\left(\sigma^2a^2+\frac{N_0W}{2}\right)}e^{\frac{-(r-am)^2+s^2}{2\left(\sigma^2a^2+\frac{N_0W}{2}\right)}}} \tag{2.83}$$

$$e^{L(p,q,r,s)}=e^{\frac{(p^2+q^2-r^2-s^2)}{N_0W}}e^{-(-r^2-s^2+p^2+q^2-2pam+2ram)\left(\frac{1}{N_0W+2\sigma^2a^2}\right)} \tag{2.84}$$

$$L(p,q,r,s)=(p^2+q^2-r^2-s^2)K+\left(\frac{1}{N_0W+2\sigma^2a^2}\right)(2am(p-r)) \tag{2.85}$$

式中：$K=[1/(N_0W)-1/(N_0W+2\sigma^2a^2)]$为正数。等价第 1 项大于零，若 $p^2+q^2>r^2+s^2$，则判断传输的二进制数据为 1。

2.6.4 平坦 Rice 衰落模型误码率计算

当 $P_0^2+Q_0^2>R_0^2+S_0^2$（发送 0）时产生错误。令 $G=P_0^2+Q_0^2$、$H=R_0^2+S_0^2$，当发送 0 时，误码率 $P(G>H)$ 可表示为

$$P(G>H/H=h)=\frac{P(G>H,H=h)}{P(H=h)} \tag{2.86}$$

$$\Rightarrow P(G>H,H=h)=P(G>H/H=h)P(H=h) \tag{2.87}$$

$$\begin{aligned}\Rightarrow P(G>H)&=\sum_H P(G>H,H=h)\\&=\sum_H P(G>H/H=h)P(H=h)\end{aligned} \tag{2.88}$$

由式（2.87）可得，$P(G>H/H=h)=P(G>h)$ 中 $e^{-h/N_0W}=e^{-(r_0^2+s_0^2)/N_0W}$，因此 $P(G>H)$的计算如下

$$P(G>H)=P(G>R_0^2+S_0^2) \tag{2.89}$$

$$P(G > H) = \int_{R_0}\int_{R_1} \mathrm{e}^{-\frac{r_0^2+s_0^2}{N_0W}} f_{R_0}(r_0) f_{S_0}(s_0)\,\mathrm{d}r_0\mathrm{d}s_0 \tag{2.90}$$

$$= \int_{R_0}\int_{R_1} \mathrm{e}^{-\frac{r_0^2+s_0^2}{N_0W}} \frac{1}{2\pi\left(\sigma^2a^2+\frac{N_0W}{2}\right)} \mathrm{e}^{\frac{-(r_0-am)^2}{2\left(\sigma^2a^2+\frac{N_0W}{2}\right)}} \mathrm{e}^{\frac{-s_0^2}{2\left(\sigma^2a^2+\frac{N_0W}{2}\right)}} \mathrm{d}r_0\mathrm{d}s_0 \tag{2.91}$$

$$P(G>H) = \frac{1}{2+\frac{2\sigma^2a^2}{WN_0}} \mathrm{e}^{-\frac{m^2a^2}{2WN_0+2\sigma^2a^2}} \tag{2.92}$$

值得注意的是，如果 $m=0$，即非视距路径，式（2.92）变为式（2.71）。换句话说，平坦 Rice 衰落模型就变成了平坦 Rayleigh 衰落模型。平坦 Rice 衰落模型如图 2-18 和图 2-19 所示。

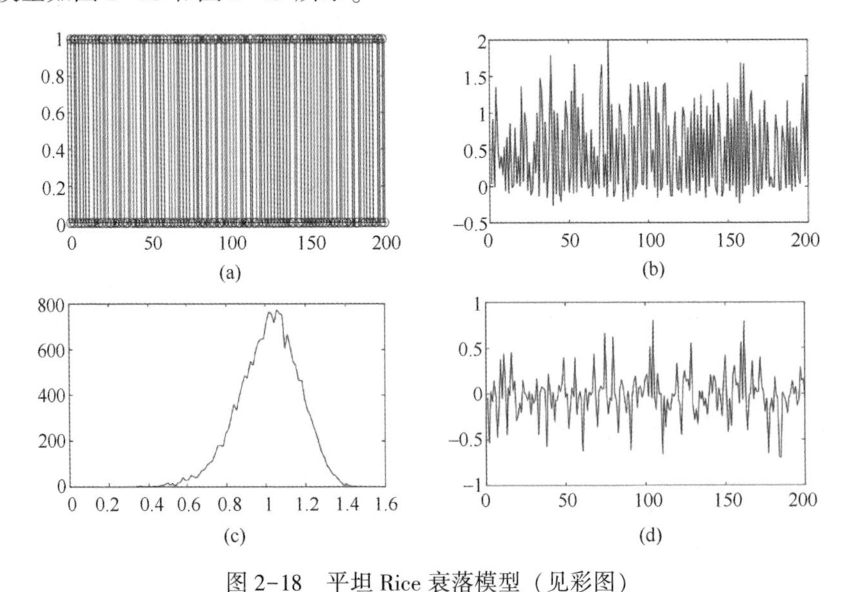

图 2-18　平坦 Rice 衰落模型（见彩图）

（a）典型传播样本；（b）接收样本的实部；（c）Rice 分布噪声直方图；（d）接收样本的虚部。

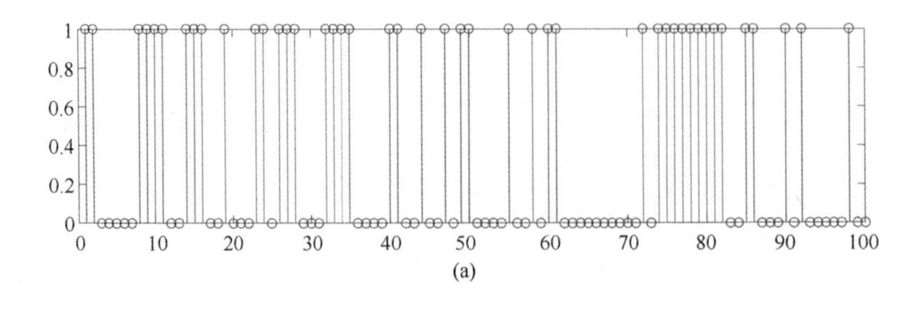

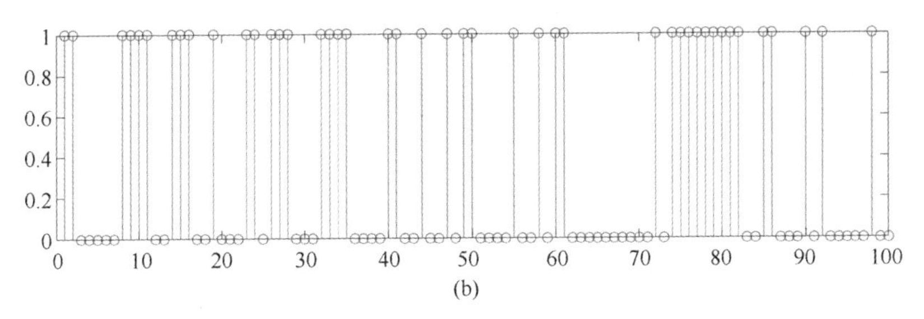

图 2-19　平坦 Rice 衰落模型（续）

（a）发送数据；（b）相应的检测数据。

平坦 Rice 衰落模型程序如下：

```
DATA=round(rand(1,10000));
TX=[];
a=1;
%设复基带信号的带宽为 W/2
W=2;
N0=0.01;
N0W=(N0/2)*W;
for i=1:1:length(DATA)
if(DATA(i)==0)
        TX=[TX a 0];
else
        TX=[TX 0 a];
end
end
m=1;
g=sqrt(N0W)*randn(1,20000)+j*sqrt(N0W)*randn(1,20000);%方差为 0.01 的高斯噪声
r=sqrt(0.1)*randn(1,20000)+1+j*sqrt(0.1)*randn(1,20000);%脉冲响应为 r 的平坦 Rice 衰落信道
RX=r.*TX+g;
figure
subplot(2,2,1)
stem(TX(1:1:200))
title('典型发送样本')
subplot(2,2,2)
[a,b]=hist(sqrt(abs(r)),100)
```

```
plot(b,a)
title('Rice 分布噪声直方图')
subplot(2,2,3)
plot(real(RX(1:1:200)))
title('接收样本的实部')
subplot(2,2,4)
plot(imag(RX(1:1:200)))
title('接收样本的虚部')
DETDATA=[];%检测
for i=1:2:200
    temp=[RX(i) RX(i+1)];
    O=abs(temp(1))-abs(temp(2));
if(O>0)
        DETDATA=[DETDATA 0];
else
        DETDATA=[DETDATA 1];
end
end
figure
subplot(2,1,1)
stem(DATA(1:1:100))
title('发送数据')
subplot(2,1,2)
stem(DETDATA,'r')
title('相应的检测数据')
```

2.6.5 基于已知估计滤波系数 g 的基带单抽头信道

该情况下，假设单抽头滤波器系数大小为已知的常数 $m^{re}+jn^{im}$，方差为 0，即 $\sigma^2=0$。当发送 0 时，两个连续样本$[Y_1^0 \quad Y_2^0]^T$的输入输出分别表示为

$$Y_1^0=n^{re}+jn^{im} \tag{2.93}$$

$$Y_2^0=a(m^{re}+jn^{im})+n^{re}+jn^{im} \tag{2.94}$$

式中：a 为标量；n^{re}和 n^{im}是均值为 0、方差为$(N_0W)/2$ 的高斯分布（加性噪声）随机变量；g^{re}和 g^{im}是均值分别为 m、0，方差为 σ^2的高斯分布（信道系数）。

令 $P_0=Y_{1re}^0$；$Q_0=Y_{1im}^0$；$R_0=Y_{2re}^0$；$S_0=Y_{2im}^0$，则

$$f_{P_0}(p)=\frac{1}{\sqrt{\pi N_0 W}}e^{\frac{-p^2}{N_0 W}} \tag{2.95}$$

$$f_{Q_0}(q)=\frac{1}{\sqrt{\pi N_0 W}}e^{\frac{-q^2}{N_0 W}} \tag{2.96}$$

$$f_{R_0}(r)=\frac{1}{\sqrt{\pi N_0 W}}e^{\frac{-(r-am^{\text{re}})^2}{N_0 W}} \tag{2.97}$$

$$f_{S_0}(s)=\frac{1}{\sqrt{\pi N_0 W}}e^{\frac{-(s-am^{\text{im}})^2}{N_0 W}} \tag{2.98}$$

同理，可得发送 1 时的条件密度，令 $P_1=Y_{1\text{re}}^1$，$Q_1=Y_{1\text{im}}^1$，$R_1=Y_{2\text{re}}^1$，$S_1=Y_{2\text{im}}^1$，则

$$f_{P_1}(p)=\frac{1}{\sqrt{\pi N_0 W}}e^{\frac{-(p-am^{\text{re}})^2}{N_0 W}} \tag{2.99}$$

$$f_{Q_1}(q)=\frac{1}{\sqrt{\pi N_0 W}}e^{\frac{-(q-am^{\text{im}})^2}{N_0 W}} \tag{2.100}$$

$$f_{R_1}(r)=\frac{1}{\sqrt{\pi N_0 W}}e^{\frac{-r^2}{N_0 W}} \tag{2.101}$$

$$f_{S_1}(s)=\frac{1}{\sqrt{\pi N_0 W}}e^{\frac{-s^2}{N_0 W}} \tag{2.102}$$

假设传输的二进制数据是等概率的，通过观察两个连续的复随机变量或四个变量 p、q、r、s，来判断传输的二进制数据是 1 还是 0。当 $L(p,q,r,s)\geqslant 0$ 时，判断为 1；否则为 0。函数 L 的表达式如下

$$L(p,q,r,s)=\log\left(\frac{f_{P_1}(p)f_{Q_1}(q)f_{R_1}(r)f_{S_1}(s)}{f_{P_0}(p)f_{Q_0}(q)f_{R_0}(r)f_{S_0}(s)}\right) \tag{2.103}$$

根据式（2.95）~式（2.98）和式（2.99）~式（2.102），$L(p,q,r,s)$ 可表示为

$$e^{L(p,q,r,s)}=\frac{\frac{1}{\sqrt{\pi N_0 W}}e^{\frac{-(p-am^{\text{re}})^2}{N_0 W}}\frac{1}{\sqrt{\pi N_0 W}}e^{\frac{-(q-am^{\text{im}})^2}{N_0 W}}\frac{1}{\sqrt{\pi N_0 W}}e^{\frac{-r^2}{N_0 W}}\frac{1}{\sqrt{\pi N_0 W}}e^{\frac{-s^2}{N_0 W}}}{\frac{1}{\sqrt{\pi N_0 W}}e^{\frac{-p^2}{N_0 W}}\frac{1}{\sqrt{\pi N_0 W}}e^{\frac{-q^2}{N_0 W}}\frac{1}{\sqrt{\pi N_0 W}}e^{\frac{-(r-am^{\text{re}})^2}{N_0 W}}\frac{1}{\sqrt{\pi N_0 W}}e^{\frac{-(s-am^{\text{im}})^2}{N_0 W}}} \tag{2.104}$$

$$L(p,q,r,s)=\frac{(p^2+q^2-r^2-s^2)}{N_0 W}+K \tag{2.105}$$

$$(p^2+q^2-r^2-s^2)K \tag{2.106}$$

式中：K 为正常数。若 $p^2+q^2>r^2+s^2$，则判断传输的二进制数据为 1；反之，则为 0。案例中的误码率可以通过代入式（2.92）中 $\sigma^2=0$ 计算得到，为 $e^{-|m|^2a^2/(2WN_0)}/2$（见图 2-20 和图 2-21），计算过程如下。

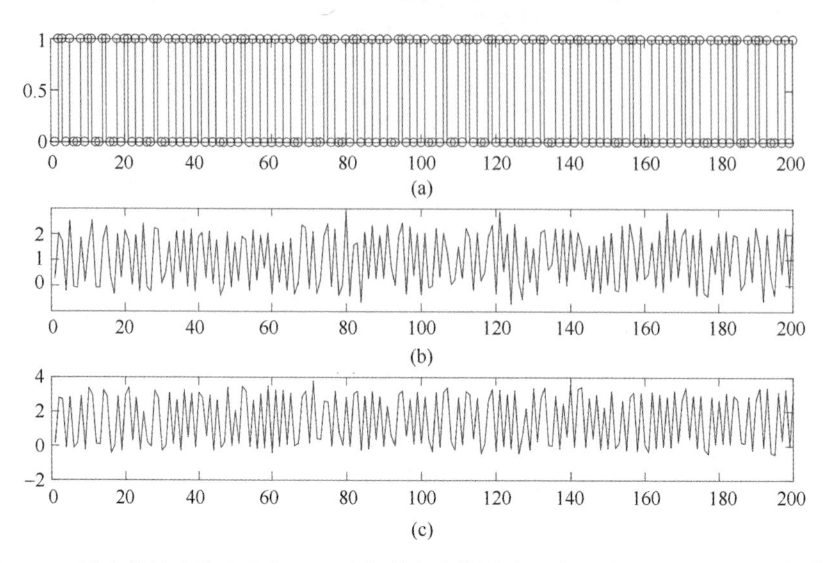

图 2-20　具有单抽头脉冲响应 2+3j 和加性复高斯噪声（方差为 0.1）的平坦已知信道

（a）典型发送样本；（b）接收样本的实部；（c）接收样本的虚部。

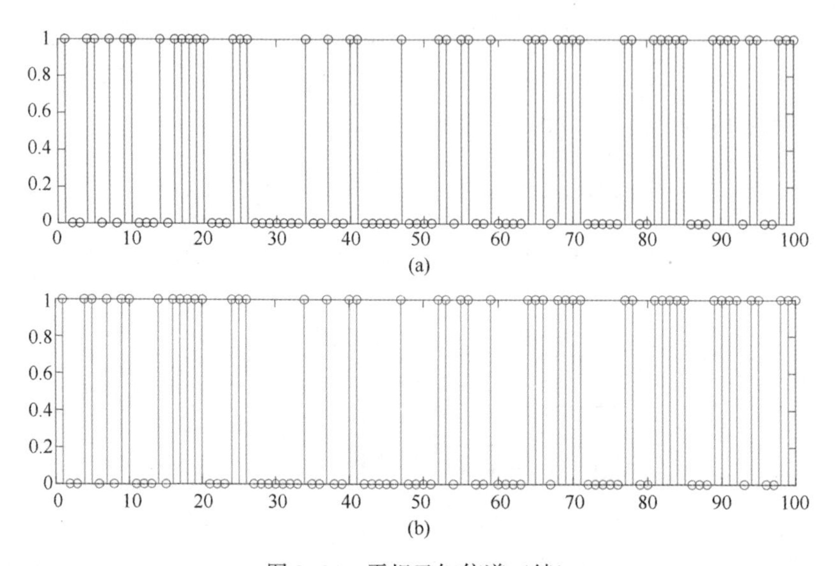

图 2-21　平坦已知信道（续）

（a）发送数据；（b）相应的检测数据。

$$P(G>H)=P(G>R_0^2+S_0^2) \tag{2.107}$$

$$=\int_{R_0}\int_{R_1} \mathrm{e}^{-\frac{r_0^2+s_0^2}{N_0W}} f_{R_0}(r_0) f_{S_0}(s_0)\,\mathrm{d}r_0\mathrm{d}s_0 \tag{2.108}$$

$$=\int_{R_0}\int_{R_1} \mathrm{e}^{-\frac{r_0^2+s_0^2}{N_0W}} \frac{1}{\pi N_0 W}\mathrm{e}^{\frac{-(r_0-am^{\mathrm{re}})^2}{N_0W}}\mathrm{e}^{\frac{-(s_0-am^{\mathrm{im}})^2}{N_0W}}\mathrm{d}r_0\mathrm{d}s_0 \tag{2.109}$$

$$=\frac{1}{2}\mathrm{e}^{-\frac{|m|^2a^2}{2WN_0}} \tag{2.110}$$

平坦已知信道程序如下：

```
%已知通道系数平坦信道(单抽头)
co-efficient
DATA=round(rand(1,10000));
TX=[];
a=1;
%设复基带信号的带宽为 W/2
W=2;
N0=0.1;
N0W=(N0/2)*W;
for i=1:1:length(DATA)
if(DATA(i)==0)
        TX=[TX a 0];
else
        TX=[TX 0 a];
end
end
g=sqrt(N0W)*randn(1,20000)+j*sqrt(N0W)*randn(1,20000); %方差为 0.01 的高斯噪声
r=2*ones(1,20000)+j*3*ones(1,20000); %脉冲响应为 r 的平坦已知单抽头信道
RX=r.*TX+g;
figure
subplot(3,1,1)
stem(TX(1:1:200))
title('典型发送样本')
subplot(3,1,2)
plot(real(RX(1:1:200)))
title('接收样本的实部')
subplot(3,1,3)
plot(imag(RX(1:1:200)))
```

```
title('接收样本的虚部')
DETDATA=[];%检测
for i=1:2:200
    temp=[RX(i) RX(i+1)];
    O=abs(temp(1))-abs(temp(2));
if(O>0)
        DETDATA=[DETDATA 0];
else
        DETDATA=[DETDATA 1];
end
end
figure
subplot(2,1,1)
stem(DATA(1:1:100))
title('发送数据')
subplot(2,1,2)
stem(DETDATA,'r')
title('相应的检测数据')
```

第3章 无线通信信号检测与估计理论

3.1 二进制信号传输检测原理

假设用随机变量 X 来描述特定时刻发射的信号，随机变量 X 的值为 $+A$ 或 $-A$，概率分别为 $P(X=+A)=p$，$P(X=-A)=1-p$。发射信号受随机变量为 W 的加性噪声干扰，相应的接收信号为随机变量 $Y=X+W$。检测理论是将随机变量 Y 分布于 R_0 和 R_1 两个区域，若接收到的随机变量 $Y=y$ 位于 R_0 区域，则判定发射信号 $X=-A$（检测到发射信号为 $-A$）。类似地，若接收到的随机变量 $Y=y$ 的值属于 R_1 区域，则判定发射信号为 $X=+A$。因此，检测理论涉及判别 R_0 和 R_1 区域的问题，需要注意 R_0 与 R_1 是互斥的，$R_0 \cup R_1$ 构成了随机变量 Y 的样本空间。

令随机变量 Y 的样本空间取整条实线 $\Re$ 的值。在这种情况下，随机变量 $Y=y$ 的概率是没有定义的，但对于任意值 a，$P(-\infty<Y\leqslant a)$ 形式的概率都有定义，这称为博雷尔（Borel）集，完全博雷尔集（全概率为1）构成 $\Re$ 的子集，这个子集称为域，域中的每个事件都有发生概率，考虑到这些概率，将区域划分为 R_0 和 R_1 是检测理论的主要任务，这就是决策规则。区域的确定要使得与决策规则相关联的代价最小化，与决策规则相关的贝叶斯（Bayes）代价详见3.1.1节。

3.1.1 贝叶斯法

设 c_{ij} 为与决策规则相关的代价，当实际传输 j 时，将传输信号定义为 i（注：i 和 j 取0或1，这是信号 $+A$ 和 $-A$ 的逻辑表示）。在传输0和1时，条件贝叶斯代价分别表示为 B_0、B_1，计算方法如下。

假设当实际发射 j 时，接收到的信号为 i 的概率表示为 $P(i/j)$。

$$B_0=c_{00}P(0/0)+c_{10}P(1/0) \tag{3.1}$$

$$B_1=c_{01}P(0/1)+c_{11}P(1/1) \tag{3.2}$$

平均贝叶斯代价计算为

$$C_B=pB_0+(1-p)B_1 \tag{3.3}$$

注意，p 是发射信号 0 的先验概率。我们希望得到的平均贝叶斯代价最小的决策规则，这就是贝叶斯法。

3.1.2 极小极大法

在贝叶斯方法中，一旦确定决策规则，条件代价 B_0 和 B_1 也随之确定。此外，还需要先验概率 p 和 $1-p$ 来获得贝叶斯决策规则。对于特定的先验概率 $p=p_1$(确定)形成的贝叶斯决策规则，对应的贝叶斯代价可计算为 $C_B(p_1)=p_1B_0+(1-p_1)B_1$。需要注意的是，一旦得到决策规则，$B_0=k_1$ 和 $B_1=k_2$ 的值将确定，由 k_1 和 k_2 的值可得到贝叶斯代价的另一个表达式，即

$$C_B=p_1k_1+(1-p_1)k_2 \tag{3.4}$$

在实际情况中，如果先验概率 p_1 从假设值偏离到 $0\leqslant p\leqslant 1$ 的任意值，式（3.4）中的 Bayes 代价为 p 的函数，即

$$C_B=pk_1+(1-p)k_2 \tag{3.5}$$

式中：p 为变量；C_B 为直线方程。

贝叶斯法（为假设先验概率而设计）并不是偏离先验概率的最优决策规则。因此，需要一个适用于任意先验概率的决策规则，即不依赖于先验概率的决策规则，这种方法就是极小极大法。为了解释这一方法，绘制最小贝叶斯代价（为任意先验概率 p 设计）与相应的先验概率 p 之间的图，表示为 $C_B(p)$，下面对 $C_B(p)$ 特性进行研究。

（1）图 $C_B(p)$ 总是凸的。考虑为特定先验概率 p_1 制定的贝叶斯法则（详见图 3-1（a））相应的贝叶斯代价为式（3.4）。式（3.5）为在这一点的切线，这条线上的点是当先验概率从 p_1 偏离到任意先验概率 p 时得到的实际代价。由图 3-1（a）可看出，当先验概率偏离到 p_2 时，得到的实际代价小于先验概率 p_2 时得到的贝叶斯代价（可得到使用先验概率 p_2 表述的贝叶斯法则的贝叶斯代价）。这与贝叶斯代价的定义相矛盾（贝叶斯代价是特定先验概率下获得的最小代价，因此实际代价不能小于贝叶斯代价），这意味着图形不能是凹形的，而应该是凸形的。

（2）式（3.5）所描述的直线是曲线 $C_B(p)$ 在 $p=p_1$ 对应点处的切线。假设式（3.5）所描述的直线与凹曲线相交于先验概率 $p=p_2$ 对应的另一点，且中间存在先验概率点（图 3-1（b）），使得贝叶斯代价大于实际代价。这再次与贝叶斯代价的定义相矛盾，因此所描述的直线应该是切线，如式（3.5）所示。

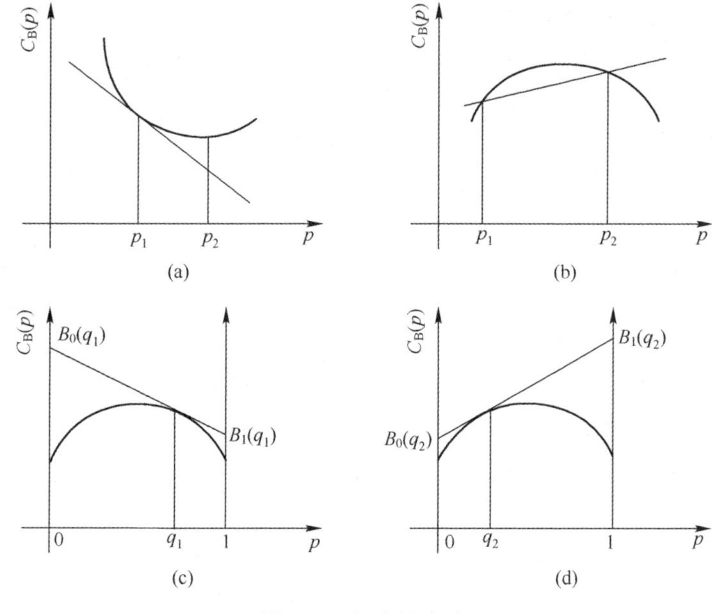

图 3-1　极小极大法

（3）在式（3.3）中，当 $p=0$ 时，对应的贝叶斯代价（B_1）为发送 1 时的条件贝叶斯代价，同样，条件贝叶斯代价（B_0）为 $p=1$ 时的贝叶斯代价。如果对先验概率 q_1 制定贝叶斯法则（图 3-1（c）），则条件贝叶斯代价 $B_1(q_1)$（当先验概率从 q_1 偏离到 0 时）大于条件贝叶斯代价 B_0（q_1）（当先验概率从 q_1 偏离到 1 时）。如果选择另一个先验概率 q_2，这有助于最小化条件贝叶斯代价 B_0（q_2），那么条件贝叶斯代价 B_1（q_2）就会增加（图 3-1（d））。要选择最优先验概率，以此得到使两个条件代价最大值最小化的贝叶斯法则。由图 3-1（c）和图 3-1（d），可看出，最佳先验概率对应于最大贝叶斯代价的概率。此时，条件代价 B_1 和 B_0 相等。

先验概率设置为两个条件代价的最小值和最大值，因此称为极小极大法，也恰好是根据不同先验概率下的最小代价（贝叶斯代价）的最大值所对应的特定先验概率制定的贝叶斯法则。

3.1.3　内曼-皮尔逊法

在雷达应用中，识别特定目标是否存在可看作是探测理论问题。目标存在表示为逻辑 1，目标不存在表示为逻辑 0。典型的错误包括当目标实际上不存在时，判断为目标存在；以及当目标实际上存在时，判断为目标不存在。用概率来衡量分别称为虚警概率 p_{FA} 和漏警概率 p_M。在这些类型的应用程序中，通常希望确定出虚警概率的最大范围，这就引出了内曼-皮尔逊（Neyman-Pearson）法。内曼-皮尔逊问题可表述为：在 $p_{FA} \leqslant \alpha$ 的约束条件下，使检测概率 $p_D = 1 - p_M$ 最大化的优化问题。内曼-皮尔逊问题的解决方法是随机决策虚警概率 $p_{FA} = \alpha$ 的规则 $\delta(y)$，如果观察变量 y 满足 $p(y/1) > \beta p(y/0)$（其中 β 为非零正常数），则决策以概率 1 支持逻辑 1（目标存在）。

类似地，如果观察变量 y 满足 $p(y/1) = \beta p(y/0)$，则支持逻辑 1 决策（随机变量 y 满足 $p(y/1) = \beta p(y/0)$ 概率为 $u(y)$，对于 N 次观测结果，则有 $N \times u(y)$ 支持逻辑 1，剩余次数 $N - N \times u(y)$ 则支持逻辑 0（目标不存在），其中 $u(y)$ 是观测变量 y 的函数。

最后，如果观察变量 y 满足 $p(y/1) < \beta p(y/0)$，则决策以概率 0 支持逻辑 1（以概率 1 支持逻辑 0，即目标不存在）。这在数学上表示为式（3.6）~式（3.8）。决策规则 $\delta(y)$ 给出了选择逻辑 1 作为随机变量 y 的函数的决策概率。

$$\delta(y) = 1, \quad p(y/1) > \beta p(y/0) \tag{3.6}$$

$$\delta(y) = u(y), \quad p(y/1) = \beta p(y/0) \tag{3.7}$$

$$\delta(y) = 0, \quad p(y/1) < \beta p(y/0) \tag{3.8}$$

（1）式（3.6）~式（3.8）中随机决策规则 P_{FA} 和 PD 的计算。

虚警概率 P_{FA} 是当逻辑 0 为真时（目标不存在），支持逻辑 1（目标存在）的概率。在式（3.6）~式（3.8）中，有三个不相交的区域，为

① R_1：$p(y/1) > \beta p(y/0)$

② R_2：$p(y/1) = \beta p(y/0)$

③ R_3：$p(y/1) < \beta p(y/0)$

如果随机变量 y 分别属于区域 R_1、R_2 和 R_3，则该决策以概率 1、$u(y)$ 和 0 分别支持逻辑 1。还需注意，三个区域 R_1、R_2 和 R_3 构成分区集。设随机变量 y 在发送 0 时属于 R_i 区域的概率表示为 $P_0(R_i)$。因此，虚警概率的计算方式为：当发送 0 时 y 在区域 R_1 的概率乘以决策支持 1 的概率，加上当发送 0 时 y 在区域 R_2 的概率乘以决策支持 2 的概率，最后再加上发送 0 时 y 在区域 R_3 的概率乘以决策支持 3 的概率，即

$1 \times P_0(R_1) + u(y) \times P_0(R_2) + 0 \times P_0(R_3) = P_0(R_1) + u(y) \times P_0(R_2)$，等价于

$$p_{FA}(\delta) = \int_{-\infty}^{\infty} \delta(y) p(y/0) \mathrm{d}y \tag{3.9}$$

同理，检测概率为

$$1 \times P_1(R_1) + u(y) \times P_1(R_2) + 0 \times P_1(R_3) = P_1(R_1) + u(y) \times P_1(R_2)$$

从而

$$p_D(\delta) = \int_{-\infty}^{\infty} \delta(y) p(y/1) \mathrm{d}y \tag{3.10}$$

(2) 对内曼–皮尔逊解决方案的注解。

① 考虑式（3.6）~式（3.8）的$\delta_1(y)$形式的随机决策规则下，虚警概率$p_{FA}(\delta_1)<\alpha$，相应的检测概率为$p_D(\delta_1)$，将随机决策规则$\delta(y)$的虚警概率和检测概率分别表示为$p_{FA}(\delta)=\alpha$和$p_D(\delta)$。对于区域R_1和R_3来说，有$\delta(y)-\delta_1(y)=0$，可得

$$\begin{cases}\int_{R_1}(\delta(y)-\delta_1(y))(p(y/1)-\beta p(y/0))\mathrm{d}y=0\\ \int_{R_3}(\delta(y)-\delta_1(y))(p(y/1)-\beta p(y/0))\mathrm{d}y=0\end{cases}$$

对于区域R_2，有$p(y/1)-\beta p(y/0)=0$，因此可得

$$\int_{R_2}(\delta(y)-\delta_1(y))(p(y/1)-\beta p(y/0))\mathrm{d}y=0$$

区域R_1、R_2、R_3构成了分区集，即

$$\int_{-\infty}^{\infty}(\delta(y)-\delta_1(y))(p(y/1)-\beta p(y/0))\mathrm{d}y=0 \tag{3.11}$$

由式（3.9）和式（3.10），可得$(p_D(\delta)-p_D(\delta_1))=\beta(p_{FA}(\delta)-p_{FA}(\delta_1))$，考虑到$p_{FA}(\delta_1)\leqslant\alpha$，因此

$$p_{FA}(\delta)-p_{FA}(\delta_1)\geqslant 0 \tag{3.12}$$

$$\Rightarrow(p_D(\delta)-p_D(\delta_1))\geqslant 0 \tag{3.13}$$

$$\Rightarrow p_D(\delta)\geqslant p_D(\delta_1) \tag{3.14}$$

由式（3.14），可知使用内曼–皮尔逊随机决策规则（见式（3.6）~式（3.8））的最大检测概率只有在$p_{FA}=\alpha$时才能得到，而不是$p_{FA}<\alpha$。

② 将式（3.10）改写为$P_{FA}=P_0(R_1)+u(y)P_0(R_2)$，可得

$$u(y)=u=\frac{P_{FA}-P_0(R_1)}{P_0(R_2)} \tag{3.15}$$

式（3.15）说明存在式（3.6）~式（3.8）形式的内曼–皮尔逊规则，取$u(y)$的值为常数u（利用式（3.15）计算）。因此，内曼–皮尔逊规则如下

$$\delta(y)=1,\quad p(y/1)>\beta p(y/0) \tag{3.16}$$

$$\delta(y)=u,\quad p(y/1)=\beta p(y/0) \tag{3.17}$$

$$\delta(y)=0,\quad p(y/1)<\beta p(y/0) \tag{3.18}$$

③ 考虑到检测概率为$p_D(\delta_2)=p_D(\delta)$、$p_{FA}(\delta_2)=p_{FA}(\delta)$的另一个内曼–皮尔逊规则$\delta_2(y)$，则

$$p_D(\delta)-p_D(\delta_2)=\int_{-\infty}^{\infty}(\delta(y)-\delta_2(y))p(y/1)\mathrm{d}y=0 \tag{3.19}$$

$$p_{\mathrm{FA}}(\delta) - p_{\mathrm{FA}}(\delta_2) = \int_{-\infty}^{\infty} (\delta(y) - \delta_2(y)) p(y/0) \mathrm{d}y = 0 \tag{3.20}$$

根据式（3.19）和式（3.20），可得以下表达式（参考3.1.3节（1））：

$$\begin{aligned}
&\int_{-\infty}^{\infty} (\delta(y) - \delta_2(y))(p(y/1) - \beta p(y/0)) \mathrm{d}y = 0 \\
&= \int_{R_1} (\delta(y) - \delta_2(y))(p(y/1) - \beta p(y/0)) \mathrm{d}y \\
&+ \int_{R_2} (\delta(y) - \delta_2(y))(p(y/1) - \beta p(y/0)) \mathrm{d}y \\
&+ \int_{R_3} (\delta(y) - \delta_2(y))(p(y/1) - \beta p(y/0)) \mathrm{d}y
\end{aligned}$$

对于区域 R_2，$p(y/1)-\beta p(y/0)=0$，可得

$$\int_{R_2} (\delta(y) - \delta_2(y))(p(y/1) - \beta p(y/0)) \mathrm{d}y = 0 \tag{3.21}$$

在区域 R_2 中，$p(y/1)-\beta p(y/0)$ 为正值、$\delta(y)=1$、$\delta_2(y)$ 可能取值为1或0或比1小的任意常数。在这些情况下，$\delta(y)-\delta_2(y)$ 为正数，所以 $\int_{R_1}(\delta(y) - \delta_2(y))(p(y/1) - \beta p(y/0))\mathrm{d}y$ 也为正数。同样，对于区域 R_3，$\int_{R_3}(\delta(y) - \delta_2(y))(p(y/1) - \beta p(y/0))\mathrm{d}y$ 的值也为正数，概括如下

$$\int_{R_1} (\delta(y) - \delta_2(y))(p(y/1) - \beta p(y/0)) \mathrm{d}y = 0 \tag{3.22}$$

$$\int_{R_3} (\delta(y) - \delta_2(y))(p(y/1) - \beta p(y/0)) \mathrm{d}y = 0 \tag{3.23}$$

从式（3.22）中，可得在区域 R_1 中 $\delta(y)=\delta_2(y)=1$。同理，由式（3.23），可得在区域 R_3 中 $\delta(y)=\delta_2(y)=0$。由式（3.21），可得当 $p(y/1)-\beta p(y/0)=0$ 时，$\delta(y)$ 与 $\delta_2(y)$ 不等。这意味着可能存在至少一个内曼-皮尔逊规则（式（3.16）~式（3.18）所描述形式的随机规则），其概率在区域 R_2 上存在差异。

3.1.4 基于贝叶斯法、极小极大法和内曼-皮尔逊法离散信道的检测

1. 贝叶斯法

考虑二进制信道的建模如图3-2所示。假设发送端符号取0或1，其先验概率分别为 p_0 和 p_1，设 $p(i/j)$ 为发送 $x=j$ 得到 $y=i$ 的条件概率，其中 i 和 j 取1或0。在本模型中，可能的检测规则如下。

（1）规则 1（R_1）：$R_1=1$（当接收符号 $y=1$ 时，判断发送的符号为 1），意味着当接收到符号 $y=0$ 时，判断发送的符号为 0；

（2）规则 2（R_2）：$R_1=0$（当接收符号 $y=0$ 时，判断发送的符号为 1），意味着当接收到符号 $y=1$ 时，判断发送的符号为 0；

（3）规则 3（R_3）：$R_1=0$（当接收符号 $y=0,1$ 时，判断发送的符号为 1），意味着不管接收符号是什么，所传输的符号都判断为 0；

（4）规则 4（R_4）：$R_1=1$（当接收符号 $y=0,1$ 时，判断发送的符号为 1），意味着不管接收符号是什么，所传输的符号都判断为 1。

与规则相关的贝叶斯代价总结如下。

（1）R_1：$p_0 \times p(1/0)+p_1 \times p(0/1)$；

（2）R_2：$p_0 \times p(0/0)+p_1 \times p(1/1)$；

（3）R_3：$p_0 \times p(\{\}/0)+p_1 \times p(\{1,0\}/1)=p_0 \times 0+p_1 \times 1=p_1=1-p_0$；

（4）R_4：$p_0 \times p(1,0/0)+p_1 \times p(/1)=p_0 \times 1+p_1 \times 0=p_0$。

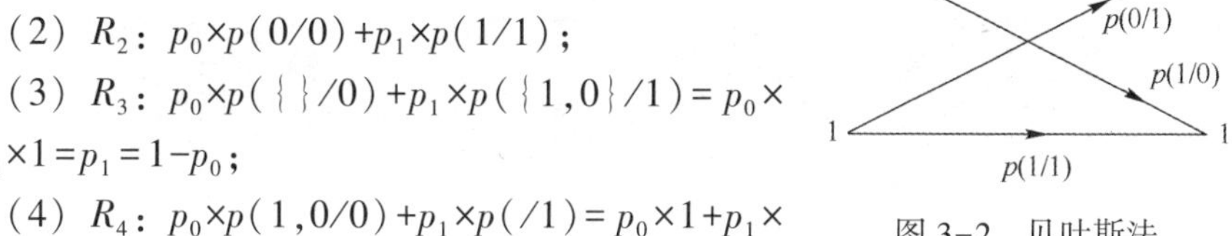

图 3-2　贝叶斯法

对于典型的先验概率值和信道矩阵（条件概率），计算四种规则下的贝叶斯代价，选择贝叶斯代价最小的规则。$p(0,0)$ 和 $p(1,1)$ 下各种组合所选择的决策规则如图 3-3 和图 3-4 所示。

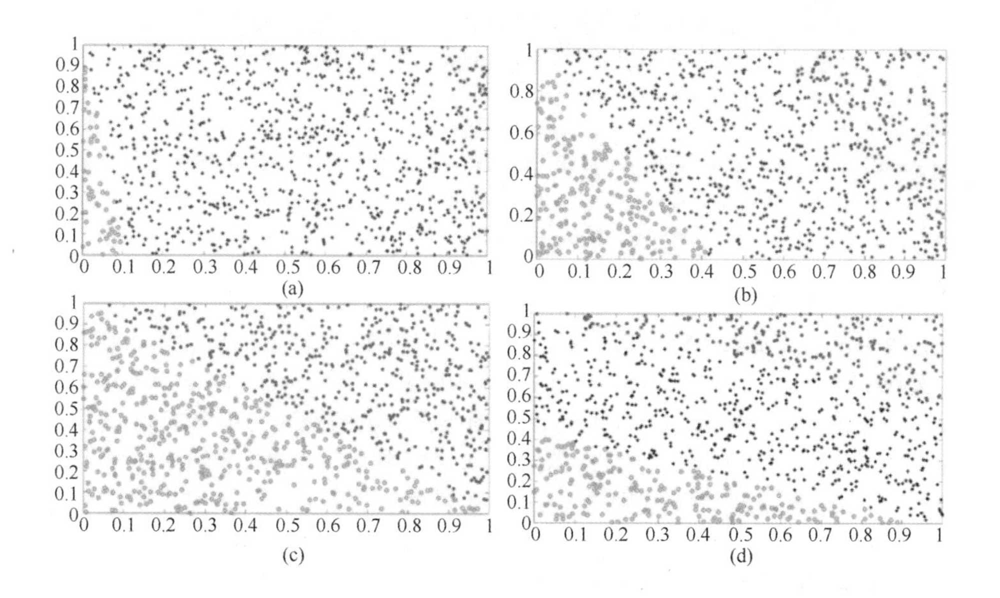

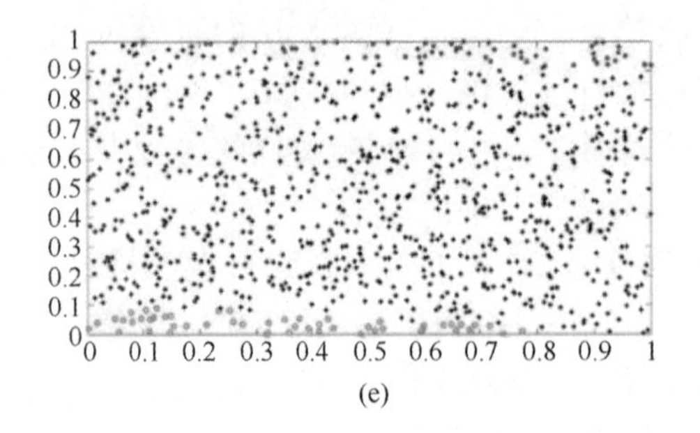

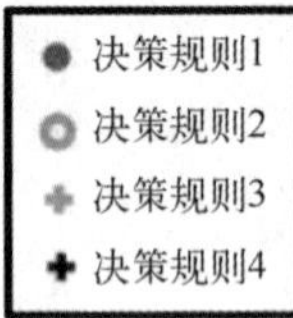

图 3-3　贝叶斯法则

（a）$p_0=0.9$；（b）$p_0=0.7$；（c）$p_0=0.5$；（d）$p_0=0.3$；（e）$p_0=0.1$。

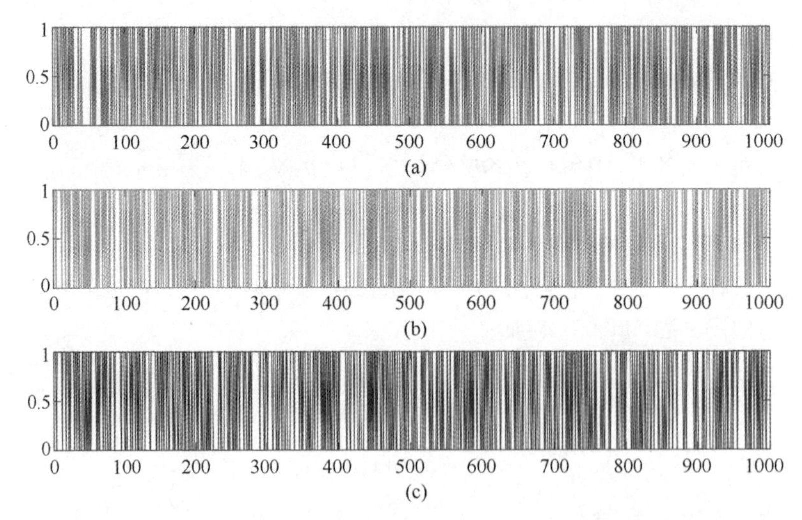

图 3-4　（a）发射数据；（b）接收数据；（c）使用贝叶斯法检测到的数据。

（图中检测概率和虚警概率分别为 0.8260 和 0.14，$p(0,0)=0.2589$，$p(1,1)=0.0678$，贝叶斯法则为 2 时，先验概率为 $p_0=0.5$）

2. 极小极大法

极小极大法是利用最大贝叶斯代价下的先验概率来计算的贝叶斯法则。为了实现上述方法，我们画出了先验概率和相应贝叶斯代价的关系图，各种信道矩阵的选择如图 3-5 所示。在所有的子图中，蓝色的线为与决策规则 R_1 相关的贝叶斯代价，紫色的线为于与决策规则 R_2 相关的贝叶斯代价。从图 3-5（a）、（b）中可看出，p_L 为决策规则 R_4 与规则 R_1 相关联的贝叶斯代价交点对应的 p_0 的值。同样，从图 3-5（c）、（d）中可看出，p_L 与 p_0 的值相同，对应于与规则 R_4 和规则 R_2 相关联的贝叶斯代价的交点。图 3-5（a）和（b）中 p_L 计算方式为

$$p_L \times p(1/0)+(1-p_L)\times p(0/1)=p_L \tag{3.24}$$

$$\Rightarrow p_{\mathrm{L}}(1-p(1/0)+p(0/1))=p(0/1) \tag{3.25}$$

$$\Rightarrow p_{\mathrm{L}}=\frac{p(0/1)}{(1-p(1/0)+p(0/1))} \tag{3.26}$$

同理，图 3-5（c）、（d）中 p_{L}计算方式为

$$p_{\mathrm{L}}\times p(0/0)+(1-p_0)\times p(1/1)=p_{\mathrm{L}} \tag{3.27}$$

$$\Rightarrow p_{\mathrm{L}}(1-p(0/0)+p(1/1))=p(1/1) \tag{3.28}$$

$$\Rightarrow p_{\mathrm{L}}=\frac{p(1/1)}{(1-p(0/0)+p(1/1))} \tag{3.29}$$

从图中可看出，p_{L}的值一般计算方法如下

$$p_{\mathrm{L}}=\min\left(\frac{p(0/1)}{(1-p(1/0)+p(0/1))},\frac{p(1/1)}{(1-p(0/0)+p(1/1))}\right) \tag{3.30}$$

同理，p_{H}一般计算方法如下

$$p_{\mathrm{H}}=\max\left(\frac{p(0/1)}{(1-p(1/0)+p(0/1))},\frac{p(1/1)}{(1-p(0/0)+p(1/1))}\right) \tag{3.31}$$

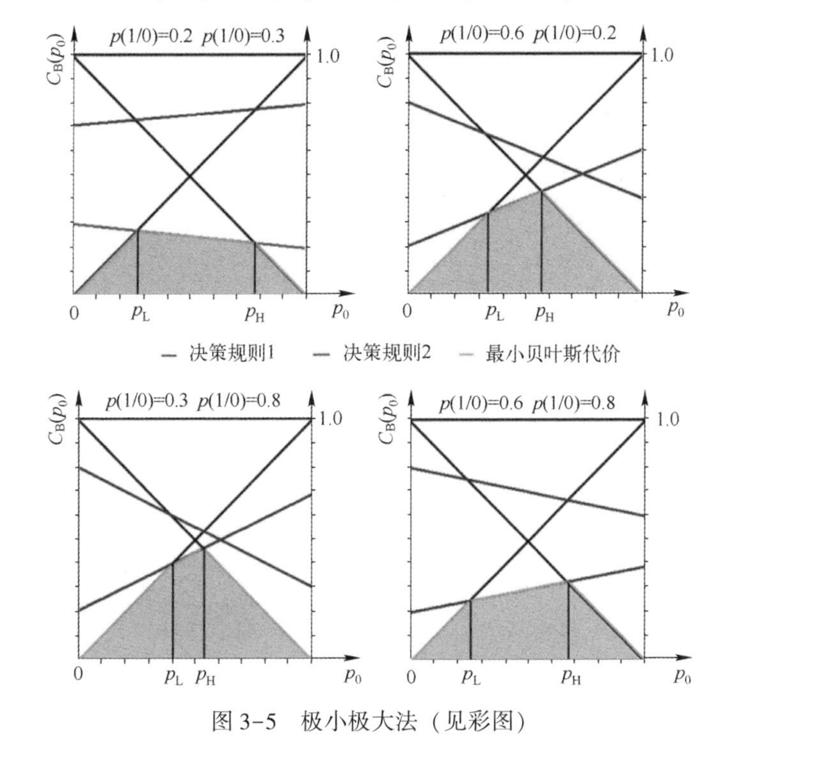

图 3-5　极小极大法（见彩图）

根据 3.1.2 节，极小极大法则是针对各种先验概率所得到的最小代价（贝叶斯代价）的最大值所对应先验概率的贝叶斯法则，由图 3-5 可知，极小极

大法则对应于先验概率 p_L 或 p_H。特别地，在图 3-5（a）中，极小极大法则对应于先验概率 p_L；在图 3-5（b）中，极小极大法则对应于先验概率 p_H。同样，对于图 3-5（c）和图 3-5（d），极小极大法则对应先验概率 p_H。先验概率 p_L 和 p_H 对应的贝叶斯法则为随机决策规则，如表 3-1 所列。根据表 3-1，我们知道对于任意信道转移概率，如果先验概率 $p_0<p_L$，则选择规则 R_4；如果先验概率 $p_0>p_H$，则选择规则 R_3。还可以发现如果先验概率 p_0 在 $p_L<p_0<p_H$ 的范围内，则根据信道转移概率的值去选择规则 R_1 或 R_2。假设转移概率 $p(1/0)=0.2$ 和 $p(1/0)=0.3$ 的典型贝叶斯代价与先验概率如图 3-6 所示。在本例中，在区域 1 中遵循规则 R_3，在区域 2 中遵循规则 R_1，在区域 3 中遵循规则 R_4。当 $p_0=p_L$ 时（对应于最大代价），决策规则 R_3 的选择概率为 ρ，而决策规则 R_1 的选择概率为 $1-\rho$。这意味着，在接收到的 100 个符号中，随机选择 $100\times\rho$ 个符号将服从规则 R_1，而其余的符号服从规则 R_3。ρ 可通过条件代价 $p_0=p_L$ 来计算。

$$B_0(p_L)=\rho B_0(p_L^-)+(1-\rho)B_0(p_L^+) \tag{3.32}$$

$$B_1(p_L)=\rho B_1(p_L^-)+(1-\rho)B_1(p_L^+) \tag{3.33}$$

令式（3.32）和式（3.33）相等，可得

$$B_0(p_L)=B_1(p_L) \tag{3.34}$$

$$\Rightarrow \rho B_0(p_L^-)+(1-\rho)B_0(p_L^+)=\rho B_1(p_L^-)+(1-\rho)B_1(p_L^+) \tag{3.35}$$

$$\Rightarrow \rho(B_0(p_L^-)-B_0(p_L^+)-B_1(p_L^-)+B_1(p_L^+))=B_1(p_L^+)+B_0(p_L^+) \tag{3.36}$$

$$\Rightarrow \rho=\frac{B_1(p_L^+)-B_0(p_L^+)}{(B_0(p_L^-)-B_0(p_L^+)-B_1(p_L^-)+B_1(p_L^+))}\text{①} \tag{3.37}$$

$$\rho=\frac{B_1(p_L^+)-B_0(p_L^+)}{(B_1(p_L^+)-B_0(p_L^+))-(B_1(p_L^-)-B_0(p_L^-))}\text{②} \tag{3.38}$$

表 3-1　决策规则的选择

子图序号	p_0	决策规则的选择
1，2，3，4	$p_0<p_L$	R_4
1，2，3，4	$p_0>p_H$	R_4
1	$p_L<p_0<p_H$	R_1
2	$p_L<p_0<p_H$	R_1

① 原书公式有误，译者修正。

② 原书公式有误，译者修正。

（续）

子图序号	p_0	决策规则的选择
3	$p_L<p_0<p_H$	R_2
4	$p_L<p_0<p_H$	R_2

图 3-6 中给出了 $B_0(p_L^-)$、$B_0(p_L^+)$、$B_1(p_L^-)$ 和 $B_1(p_L^+)$ 的值，图 3-7 为极小极大法的示意图。

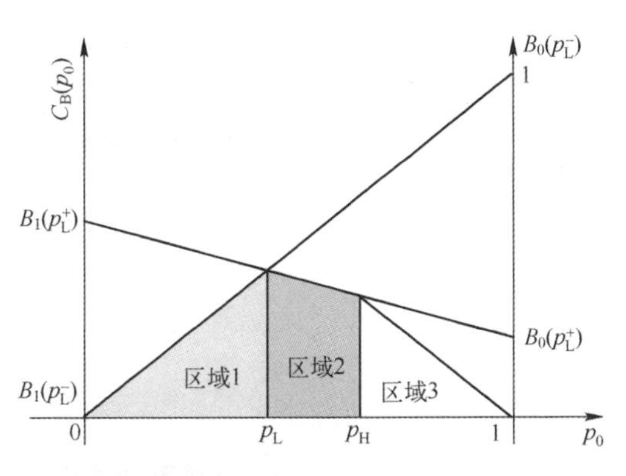

图 3-6　随机化规则说明

3. 内曼-皮尔逊法

内曼-皮尔逊决策法则是一种使虚警概率小于 α 的检测概率最大化的方法。内曼-皮尔逊问题的解决方案是随机决策（详见 3.1.3 节），其形式如式（3.6）~式（3.8），式中虚警概率 $p_{FA}=\alpha$。在离散二进制信道下，内曼-皮尔逊法存在以下四种可能的组合。

（1）情况 1。

$$\delta(y)=1,\quad y=1 \tag{3.39}$$

$$\delta(y)=\gamma,\quad y=0 \tag{3.40}$$

这种情况下，虚警概率和检测概率计算方法如下

$$1\times p(1/0)+\gamma\times p(0/0)=\alpha \tag{3.41}$$

$$\Rightarrow\gamma=\frac{\alpha-p(1/0)}{p(0/0)} \tag{3.42}$$

检测概率为 $1\times p(1/1)+\gamma\times p(0/1)$，情况 1 仅当 $p(1/0)\leqslant\alpha$ 时有效。

（2）情况 2。

$$\delta(y)=\gamma,\quad y=1 \tag{3.43}$$

$$\delta(y)=0,\quad y=0 \tag{3.44}$$

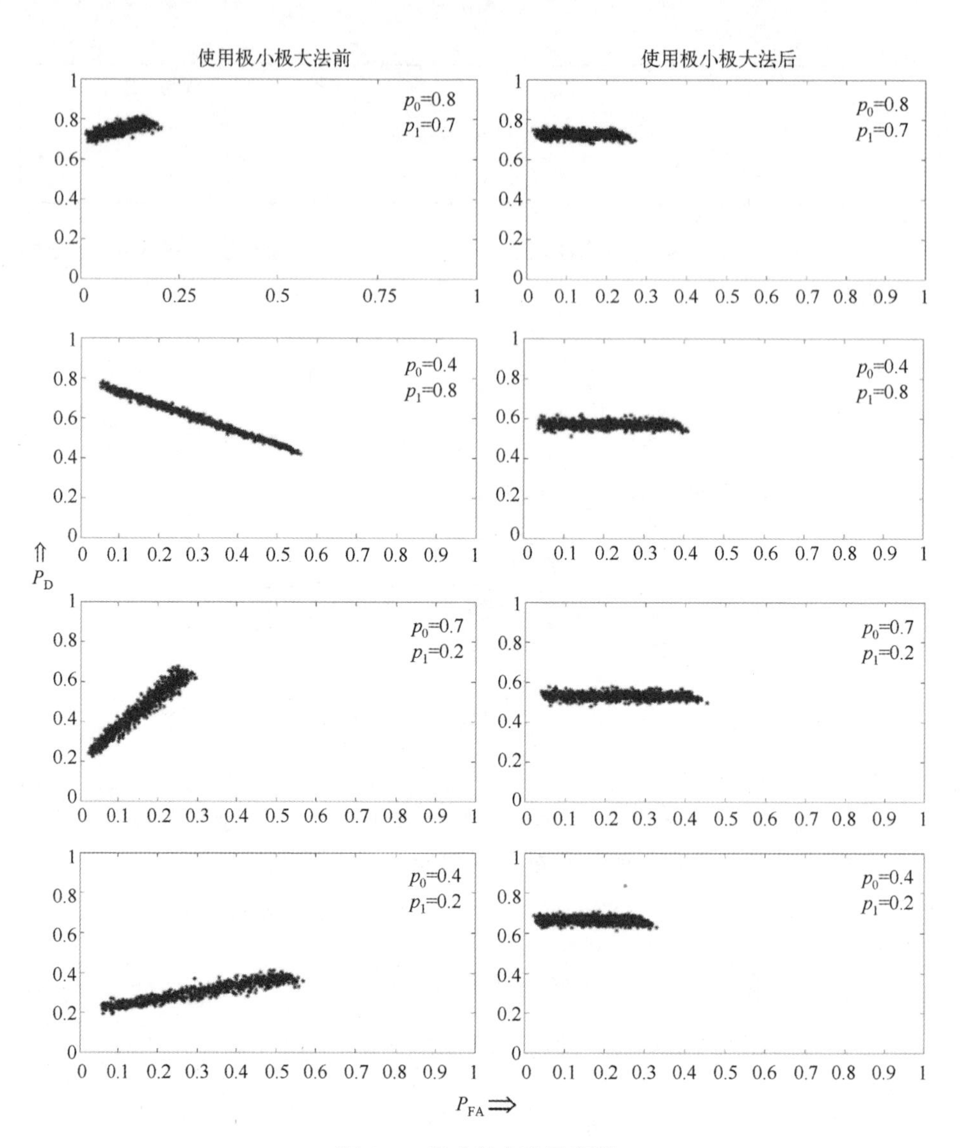

图 3-7　极小极大法示意图

这种情况下，虚警概率和检测概率计算方法如下

$$\gamma \times p(1/0) + 0 \times p(0/0) = \alpha \tag{3.45}$$

$$\Rightarrow \gamma = \frac{\alpha}{p(1/0)} \tag{3.46}$$

检测概率为 $\gamma \times p(1/1) + 0 \times p(0/1)$，情况 2 仅当 $p(1/0) \geqslant \alpha$ 有效。

(3) 情况 3。

$$\delta(y)=1,\quad y=0 \tag{3.47}$$

$$\delta(y)=\gamma,\quad y=1 \tag{3.48}$$

此时，虚警概率和检测概率计算方法如下

$$1\times p(0/0)+\gamma\times p(1/0)=\alpha \tag{3.49}$$

$$\Rightarrow\gamma=\frac{\alpha-p(0/0)}{p(1/0)} \tag{3.50}$$

检测概率为 $1\times p(0/0)+\gamma\times p(1/0)$，情况 3 仅当 $p(0/0)\leqslant\alpha$ 时有效。

(4) 情况 4。

$$\delta(y)=\gamma,\quad y=0 \tag{3.51}$$

$$\delta(y)=0,\quad y=1 \tag{3.52}$$

这种情况下，虚警概率和检测概率计算方法如下

$$\gamma\times p(0/0)+0\times p(1/0)=\alpha \tag{3.53}$$

$$\Rightarrow\gamma=\frac{\alpha}{p(0/0)} \tag{3.54}$$

检测概率为 $\gamma\times p(0/0)+0\times p(1/0)$，情况 4 仅当 $p(0/0)\geqslant\alpha$ 时有效。

基于信道转移概率的取值，选择内曼-皮尔逊规则可能使检测概率最大化。图 3-8 给出了内曼-皮尔逊二进制信道模型的示意图。

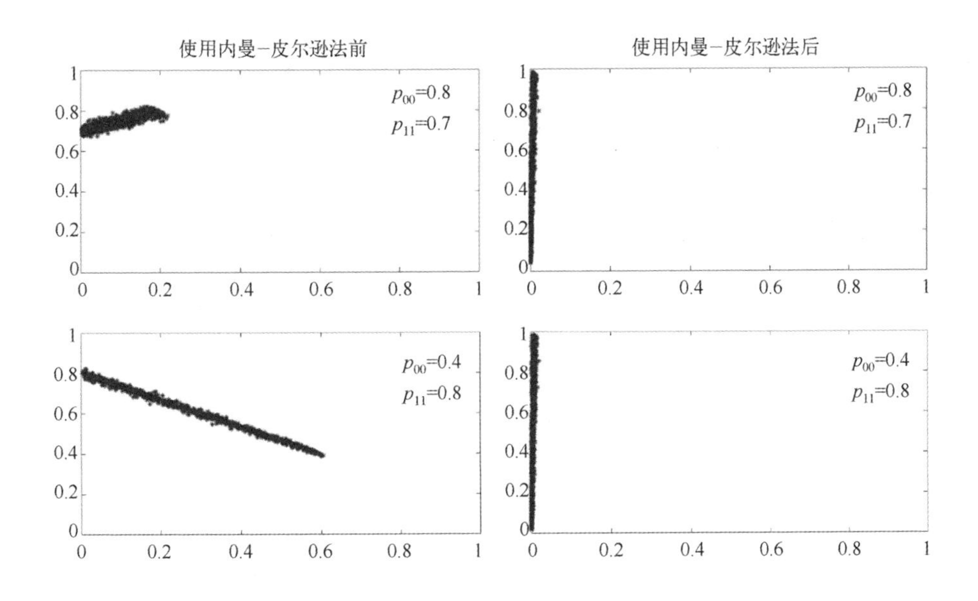

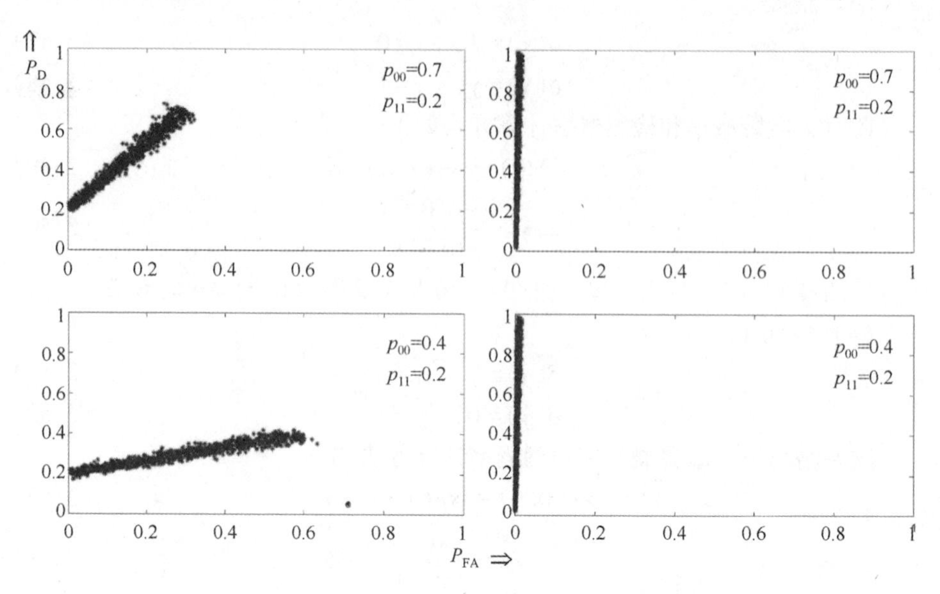

图 3-8 虚警概率为 0.01 时的内曼-皮尔逊规则

相关程序如下：

```
%二进制通道检测
function [datatx,datarx,datadetected,bayesruleselected,pl,ph,val_pl,val_ph,...
    pd,gamma,pd_obtained_beforedetection,pfa_obtained_beforedetection,...
    pd_obtained_afterdetection,pfa_obtained_afterdetection]...
    =binarychanneldetection(x,y,z,len,p0,pfa)
datatx=[];
temp=round(rand(1,len));
for i=1:1:len
    r=rand;
    u=[p0 1];
    test=u-r;
if(test(1)>0)
        datatx=[datatx 0];
else
        datatx=[datatx 1];
end
end
%x->向量 [p(0/0) p(1/1)]
```

```
%y=[c01 c10];
%z->1:贝叶斯法.
%z->2:极小极大法.
%z->3:内曼-皮尔逊法需要虚警概率pfa.
%p0->先验概率
%datatx->发送数据
%datarx->接收数据
%选择贝叶斯法
%pl-极小极大法中使用的低水平概率
%ph-极小极大法中使用的高水平概率
%val_pl-贝叶斯代价为pl
%val_ph-贝叶斯代价为ph
%pd-计算了四种选择内曼-皮尔逊法的检测概率
%gamma-内曼-皮尔逊法中四种选择的概率
%pd_obtained-在仿真中实际获得的检测概率
%pfa_obtained-仿真中实际得到的虚警概率
p00=x(1);
p10=1-x(1);
p11=x(2);
p01=1-x(2);
datarx=[];
for i=1:1:length(datatx)
if(datatx(i)==0)
        r=rand;
        u=[p00 1];
        test=u-r;
if(test(1)>0)
            datarx=[datarx 0];
else
            datarx=[datarx 1];
end
else
        r=rand;
        u=[p01 1];
        test=u-r;
if(test(1)>0)
            datarx=[datarx 0];
```

```
else
            datarx=[datarx 1];
end
end
end
switch(z)
case 1
        pl=[];ph=[];val_pl=[];val_ph=[];pd=[];gamma=[];
        r1cost=y(2)*p0*p10+y(1)*(1-p0)*p01;
        r2cost=y(2)*p0*p00+y(1)*(1-p0)*p11;
        r3cost=1-p0;
        r4cost=p0;
        [u,v]=min([r1cost r2cost r3cost r4cost]);
        bayesruleselected=v;
switch(v)
case 1
                datadetected=datarx;
case 2
                datadetected=[];
for i=1:1:length(datarx)
if(datarx(i)==0)
                        datadetected=[datadetected 1];
else
                        datadetected=[datadetected 0];
end
end
case 3
                datadetected=zeros(1,length(datarx));
case 4
                datadetected=ones(1,length(datarx));
end
case 2
%极小极大法
        pd=[];gamma=[];
        bayesruleselected=[];
        pl=min((p11/(1-p00+p11)),(p01/(1-p10+p01)));
        ph=max((p11/(1-p00+p11)),(p01/(1-p10+p01)));
```

```
        r1costpl=y(2) * pl * p10+y(1) * (1-pl) * p01;
        r2costpl=y(2) * pl * p00+y(1) * (1-pl) * p11;
        r3costpl=1-pl;
        r4costpl=pl;
        [val_pl bayes_pl]=min([r1costpl r2costpl r3costpl r4costpl]);
        r1costph=y(2) * ph * p10+y(1) * (1-ph) * p01;
        r2costph=y(2) * ph * p00+y(1) * (1-ph) * p11;
        r3costph=1-ph;
        r4costph=ph;
        [val_ph bayes_ph]=min([r1costph r2costph r3costph r4costph]);
        [minimaxval minimaxpos]=max([val_pl val_ph]);
%对应 p0 在 pl 和 ph 之间的贝叶斯法则
        pchoose=(pl+ph)/2;
        r1costpchoose=y(2) * pchoose * p10+y(1) * (1-pchoose) * p01;
        r2costpchoose=y(2) * pchoose * p00+y(1) * (1-pchoose) * p11;
        r3costpchoose=1-pchoose;
        r4costpchoose=pchoose;
        [val_pchoose bayes_pchoose]=min([r1costpchoose r2costpchoose...
            r3costpchoose r4costpchoose]);
if((ph==pl))
            minimaxpos=3;
end
switch(minimaxpos)
case 1
%区域 1 和区域 2 之间的随机决策规则
%在概率为 rho 的规则 4 和概率为 1-rho 的变量 bayes_p 选择之间的随机决策规则
                temp=(val_pl-val_ph+eps)/(ph-pl+eps);
                rho=temp/(temp+1)
                datadetected=[];
for w=1:1:len
                    t1=[rho 1];
                    u=t1-rand;
if(u(1)>0)
                        datadetected=[datadetected 1];
else
switch(bayes_pchoose)
case 1
```

```
                                        datadetected=[datadetected datarx(w)];
case 2
if(datarx(w)= =0)
                                           datadetected=[datadetected 1];
else
                                           datadetected=[datadetected 0];
end
end
end
end
case 2
%区域 2 和区域 3 之间的随机决策规则
%在概率为 rho 的规则 3 和概率为 1-rho 的变量 bayes_p 选择之间的随机决策规则
                temp=(val_ph-val_pl+eps)/(ph-pl+eps);
                rho=1/(1+temp);
                datadetected=[];
for w=1:1:len
                   t1=[rho 1];
                   u=t1-rand;
if(u(1)>0)
switch(bayes_pchoose)
case 1
                                        datadetected=[datadetected datarx(w)];
case 2
if(datarx(w)= =0)
                                           datadetected=[datadetected 1];
else
                                           datadetected=[datadetected 0];
end
end
else
                                 datadetected=[datadetected 0];
end
end
case 3
                datadetected=[];
for w=1:1:len
```

```
                t1=[0.5 1];
                u=t1-rand;
if(u(1)>0)
                    datadetected=[datadetected 1];
else
                    datadetected=[datadetected 0];
end
end
end
case 3
%内曼-皮尔逊法
        pl=[];ph=[];val_pl=[];val_ph=[];pd=[];
%当接收到的信号为1时,将其判定为有利于1的概率为1。当接收到的信号为0时,用概率gamma(1)将其判定为1。
        gamma(1)=(pfa-p10)/p00;
        pd(1)=p11+gamma(1)*p01;
%当接收到的信号为1时,用概率gamma(2)将其判定为优于1。当接收到的信号为0时,将其判定为1,概率为0。
        gamma(2)=pfa/p10;
        pd(2)=gamma(2)*p11;
%当接收到的信号为0时,将其判定为有利于1的概率为1。当接收到的信号为1时,用概率gamma(3)将其判定为优于1。
        gamma(3)=(pfa-p00)/p10;
        pd(3)=p00+gamma(3)*p10;
%当接收到的信号为0时,用概率gamma(4)将其判定为1。当接收到的信号为1时,将其判定为1,概率为0。
        gamma(4)=pfa/p00;
        pd(4)=gamma(4)*p00+0*p10;
        validpd=[];
for w=1:1:4
if(gamma(w)>=0)
            validpd=[validpd pd(w)];
else
            validpd=[validpd -1];
end
end
        [p,q]=max(validpd);
```

```
switch(q)
case 1
        datadetected=[];
for c=1:1:length(datarx)
if(datarx(c)==1)
            datadetected=[datadetected 1];
else
            t1=[gamma(1) 1];
            u=t1-rand;
if(u(1)>0)
              datadetected=[datadetected 1];
else
              datadetected=[datadetected 0];
end
end
end
case 2
        datadetected=[];
for c=1:1:length(datarx)
if(datarx(c)==0)
            datadetected=[datadetected 0];
else
            t1=[gamma(2) 1];
            u=t1-rand;
if(u(1)>0)
              datadetected=[datadetected 1];
else
              datadetected=[datadetected 0];
end
end
end
case 3
        datadetected=[];
for c=1:1:length(datarx)
if(datarx(c)==0)
            datadetected=[datadetected 1];
else
```

```
                    t1=[gamma(3) 1];
                    u=t1-rand;
if(u(1)>0)
                        datadetected=[datadetected 1];
else
                        datadetected=[datadetected 0];
end
end
end
case 4
                datadetected=[];
for c=1:1:length(datarx)
if(datarx(c)==1)
                    datadetected=[datadetected 0];
else
                    t1=[gamma(4) 1];
                    u=t1-rand;
if(u(1)>0)
                        datadetected=[datadetected 1];
else
                        datadetected=[datadetected 0];
end
end
end
end
        bayesruleselected=[];
        pl=[];ph=[];bayes_ph=[];bayes_pl=[];
end
pd_obtained_afterdetection=(length(find((datadetected-datatx)==0))...
    /length(datatx));
pd_obtained_beforedetection=(length(find((datarx-datatx)==0))...
    /length(datatx));
pfa_obtained_afterdetection=(length(find((datadetected-datatx)==1))...
    /length(datatx));
pfa_obtained_beforedetection=(length(find((datarx-datatx)==1))...
    /length(datatx));
figure(1)
```

```
subplot(3,1,1)
plot(datatx,'r')
subplot(3,1,2)
plot(datarx,'g')
subplot(3,1,3)
plot(datadetected,'b')
bayes.m
close all
y=[1 1];
z=1;
len=1000;
p0=0.5;
pfa=[];
CLUSTER1=[];
CLUSTER2=[];
CLUSTER3=[];
CLUSTER4=[];
for j=1:1:1000
    x=[rand rand];
    [datatx,datarx,datadetected,bayesruleselected,pl,ph,val_pl,val_ph,...
        pd,gamma,pd_obtained,pfa_obtained]...
        =binarychanneldetection(x,y,z,len,p0,pfa)
    v=bayesruleselected;
if(v==1)
        CLUSTER1=[CLUSTER1;x];
elseif(v==2)
        CLUSTER2=[CLUSTER2;x];
elseif(v==3)
        CLUSTER3=[CLUSTER3;x];
else
        CLUSTER4=[CLUSTER4;x];
end
end
p0=0.9;
[CLUSTER1, CLUSTER2, CLUSTER3, CLUSTER4] = bayes(p0);
figure(10)
if(isempty(CLUSTER1)==0)
```

```
    plot(CLUSTER1(:,1),CLUSTER1(:,2),'r*')
end
hold on
if(isempty(CLUSTER2)==0)
    plot(CLUSTER2(:,1),CLUSTER2(:,2),'go')
end
if(isempty(CLUSTER3)==0)
    plot(CLUSTER3(:,1),CLUSTER3(:,2),'b+')
end
if(isempty(CLUSTER4)==0)
    plot(CLUSTER4(:,1),CLUSTER4(:,2),'k+')
end
p0=0.7;
[CLUSTER1, CLUSTER2, CLUSTER3, CLUSTER4]= bayes(p0);
figure(11)
if(isempty(CLUSTER1)==0)
    plot(CLUSTER1(:,1),CLUSTER1(:,2),'r*')
end
hold on
if(isempty(CLUSTER2)==0)
    plot(CLUSTER2(:,1),CLUSTER2(:,2),'go')
end
if(isempty(CLUSTER3)==0)
    plot(CLUSTER3(:,1),CLUSTER3(:,2),'b+')
end
if(isempty(CLUSTER4)==0)
    plot(CLUSTER4(:,1),CLUSTER4(:,2),'k+')
end

p0=0.5;
[CLUSTER1, CLUSTER2, CLUSTER3, CLUSTER4]= bayes(p0);
[CLUSTER1, CLUSTER2, CLUSTER3, CLUSTER4]= bayes(p0);
figure(12)
if(isempty(CLUSTER1)==0)
    plot(CLUSTER1(:,1),CLUSTER1(:,2),'r*')
end
hold on
```

```
if(isempty(CLUSTER2)==0)
    plot(CLUSTER2(:,1),CLUSTER2(:,2),'go')
end
if(isempty(CLUSTER3)==0)
    plot(CLUSTER3(:,1),CLUSTER3(:,2),'b+')
end
if(isempty(CLUSTER4)==0)
    plot(CLUSTER4(:,1),CLUSTER4(:,2),'k+')
end
p0=0.3;
[CLUSTER1, CLUSTER2, CLUSTER3, CLUSTER4]= bayes(p0);
figure(13)
if(isempty(CLUSTER1)==0)
    plot(CLUSTER1(:,1),CLUSTER1(:,2),'r*')
end
hold on
if(isempty(CLUSTER2)==0)
    plot(CLUSTER2(:,1),CLUSTER2(:,2),'go')
end
if(isempty(CLUSTER3)==0)
    plot(CLUSTER3(:,1),CLUSTER3(:,2),'b+')
end
if(isempty(CLUSTER4)==0)
    plot(CLUSTER4(:,1),CLUSTER4(:,2),'k+')
end
p0=0.1;
[CLUSTER1, CLUSTER2, CLUSTER3, CLUSTER4]= bayes(p0);
figure(14)
if(isempty(CLUSTER1)==0)
    plot(CLUSTER1(:,1),CLUSTER1(:,2),'r*')
end
hold on
if(isempty(CLUSTER2)==0)
    plot(CLUSTER2(:,1),CLUSTER2(:,2),'go')
end
if(isempty(CLUSTER3)==0)
    plot(CLUSTER3(:,1),CLUSTER3(:,2),'b+')
```

```
end
if(isempty(CLUSTER4)==0)
    plot(CLUSTER4(:,1),CLUSTER4(:,2),'k+')
end
%minimax.m
close all
y=[1 1];
z=2;
len=1000;
priorprob{1}=[0.8 0.7];
priorprob{2}=[0.4 0.8];
priorprob{3}=[0.7 0.2];
priorprob{4}=[0.4 0.2];
pfa=[];
for i=1:1:4
    x=priorprob{i};
    pdcol_before=[];
    pfacol_before=[];
    pdcol_after=[];
    pfacol_after=[];
for p0=[0.1:1/1000:0.9]
        [datatx,datarx,datadetected,bayesruleselected,pl,ph,val_pl,val_ph,...
            pd,gamma,pd_obtained_beforedetection,pfa_obtained_beforedetection,...
            pd_obtained_afterdetection,pfa_obtained_afterdetection]...
            =binarychanneldetection(x,y,z,len,p0,pfa);
        pdcol_before=[pdcol_before pd_obtained_beforedetection];
        pfacol_before=[pfacol_before pfa_obtained_beforedetection];
        pdcol_after=[pdcol_after pd_obtained_afterdetection];
        pfacol_after=[pfacol_after pfa_obtained_afterdetection];
end
    pdcol_beforefinal{i}=pdcol_before;
    pfacol_beforefinal{i}=pfacol_before;
    pdcol_afterfinal{i}=pdcol_after;
    pfacol_afterfinal{i}=pfacol_after;
end
for i=1:1:4
    figure(2*(i-1)+2)
```

```
    plot(pfacol_beforefinal{i},pdcol_beforefinal{i},'*')
    figure(2*(i-1)+3)
    plot(pfacol_afterfinal{i},pdcol_afterfinal{i},'*')
end
close all
%neymanpearson.m
y=[1 1];
z=3;
pfa=0.01;
len=1000;
pdcolbeforedetection1=[];
pfacolbeforedetection1=[];
pdcolafterdetection1=[];
pfacolafterdetection1=[];
x=[0.8 0.7];
for p0=0.01:1/1000:0.99
    [datatx,datarx,datadetected,bayesruleselected,pl,ph,val_pl,val_ph,...
        pd,gamma,pd_obtained_beforedetection,pfa_obtained_beforedetec-
tion,...
        pd_obtained_afterdetection,pfa_obtained_afterdetection]...
        =binarychanneldetection(x,y,z,len,p0,pfa);
    pdcolbeforedetection1=[pdcolbeforedetection1 pd_obtained_beforedetection];
    pfacolbeforedetection1=[pfacolbeforedetection1 pfa_obtained_beforedetection];
    pdcolafterdetection1=[pdcolafterdetection1 pd_obtained_afterdetection];
    pfacolafterdetection1=[pfacolafterdetection1 pfa_obtained_afterdetection];
end
figure
plot(pfacolbeforedetection1,pdcolbeforedetection1,'*')
figure
plot(pfacolafterdetection1,pdcolafterdetection1,'*')
pdcolbeforedetection2=[];
pfacolbeforedetection2=[];
pdcolafterdetection2=[];
pfacolafterdetection2=[];
x=[0.4 0.8];
for p0=0.01:1/1000:0.99
    [datatx,datarx,datadetected,bayesruleselected,pl,ph,val_pl,val_ph,...
```

```
        pd,gamma,pd_obtained_beforedetection,pfa_obtained_beforedetection,...
        pd_obtained_afterdetection,pfa_obtained_afterdetection]...
        =binarychanneldetection(x,y,z,len,p0,pfa);
    pdcolbeforedetection2=[pdcolbeforedetection2 pd_obtained_beforedetection];
    pfacolbeforedetection2=[pfacolbeforedetection2 pfa_obtained_beforedetection];
    pdcolafterdetection2=[pdcolafterdetection2 pd_obtained_afterdetection];
    pfacolafterdetection2=[pfacolafterdetection2 pfa_obtained_afterdetection];
end
figure
plot(pfacolbeforedetection2,pdcolbeforedetection2,'*')
figure
plot(pfacolafterdetection2,pdcolafterdetection2,'*')
pdcolbeforedetection3=[];
pfacolbeforedetection3=[];
pdcolafterdetection3=[];
pfacolafterdetection3=[];
x=[0.7 0.2];
for p0=0.01:1/1000:0.99
    [datatx,datarx,datadetected,bayesruleselected,pl,ph,val_pl,val_ph,...
        pd,gamma,pd_obtained_beforedetection,pfa_obtained_beforedetection,...
        pd_obtained_afterdetection,pfa_obtained_afterdetection]...
        =binarychanneldetection(x,y,z,len,p0,pfa);
    pdcolbeforedetection3=[pdcolbeforedetection3 pd_obtained_beforedetection];
    pfacolbeforedetection3=[pfacolbeforedetection3 pfa_obtained_beforedetection];
    pdcolafterdetection3=[pdcolafterdetection3 pd_obtained_afterdetection];
    pfacolafterdetection3=[pfacolafterdetection3 pfa_obtained_afterdetection];
end
figure
plot(pfacolbeforedetection3,pdcolbeforedetection3,'*')
figure
plot(pfacolafterdetection3,pdcolafterdetection3,'*')
pdcolbeforedetection4=[];
pfacolbeforedetection4=[];
pdcolafterdetection4=[];
pfacolafterdetection4=[];
x=[0.4 0.2];
for p0=0.01:1/1000:0.99
```

```
    [datatx,datarx,datadetected,bayesruleselected,pl,ph,val_pl,val_ph,...
        pd,gamma,pd_obtained_beforedetection,pfa_obtained_beforedetection,...
        pd_obtained_afterdetection,pfa_obtained_afterdetection]...
        =binarychanneldetection(x,y,z,len,p0,pfa);
    pdcolbeforedetection4=[pdcolbeforedetection4 pd_obtained_beforedetection];
    pfacolbeforedetection4=[pfacolbeforedetection4 pfa_obtained_beforedetection];
    pdcolafterdetection4=[pdcolafterdetection4 pd_obtained_afterdetection];
    pfacolafterdetection4=[pfacolafterdetection4 pfa_obtained_afterdetection];
end
figure
plot(pfacolbeforedetection4,pdcolbeforedetection4,'*')
figure
plot(pfacolafterdetection4,pdcolafterdetection4,'*')
```

3.1.5 基于 3.1.4 节三种方法加性高斯噪声信道的检测

令离散随机变量 X 的二进制序列概率 $p(X=0)=p_0$、$p(X=1)=1-p_0$，加性噪声为均值为 0、方差为 σ^2 的连续随机高斯分布模型，即

$$f_N(x)=\frac{1}{\sqrt{2\pi\sigma^2}}\mathrm{e}^{-\frac{x^2}{2\sigma^2}} \tag{3.55}$$

则，接收序列为连续随机变量 $Y=X+N$，在 $X=0$、$X=1$ 条件下，随机变量 Y 的条件密度函数可由下式计算得到

$$\begin{aligned} F_{Y/X=0}(y)&=p(Y\leqslant y/X=0)\\ &=p(X+N\leqslant y/X=1)=p(N\leqslant y-0)\\ &=F_N(y-0)\\ &\Rightarrow f_{Y/X=0}(y)=f_N(y-0)\\ &\Rightarrow f_{Y/X=0}(y)=\frac{1}{\sqrt{2\pi\sigma^2}}\mathrm{e}^{-\frac{(y-0)^2}{2\sigma^2}}\mathrm{d}y \end{aligned} \tag{3.56}$$

同理，$f_{Y/X=1}(y)$ 可表示为

$$f_{Y/X=1}(y)=\frac{1}{\sqrt{2\pi\sigma^2}}\mathrm{e}^{-\frac{(y-1)^2}{2\sigma^2}}\mathrm{d}y \tag{3.57}$$

1. 贝叶斯法

在这种情况下，随机变量 Y 的样本空间为 $-\infty$ 到 ∞ 范围内所有实数的集合。利用贝叶斯法则确定区域 R_1 和 R_0，使总的平均贝叶斯代价最小化（详见 3.1.1 节），由式（3.1）、式（3.2）计算条件贝叶斯代价如下

$$B_0 = c_{00}P(Y \in R_0/X=0) + c_{10}P(Y \in R_1/X=0) \tag{3.58}$$

$$B_1 = c_{01}P(Y \in R_0/X=1) + c_{11}P(Y \in R_1/X=1) \tag{3.59}$$

总的平均贝叶斯代价计算为

$$\begin{aligned}
C_{\mathrm{B}} &= p \times B_0 + (1-p) \times B_1 \\
C_{\mathrm{B}} &= p \times c_{00}P(Y \in R_0/X=0) + p \times c_{10}P(Y \in R_1/X=0) \\
&\quad + (1-p) \times c_{01}P(Y \in R_0/X=1) + (1-p) \times c_{11}P(Y \in R_1/X=1) \\
C_{\mathrm{B}} &= p \times c_{00}(1-P(Y \in R_1/X=0)) + p \times c_{10}P(Y \in R_1/X=0) \\
&\quad + (1-p) \times c_{01}(1-P(Y \in R_1/X=1)) + (1-p) \times c_{11}P(Y \in R_1/X=1)
\end{aligned} \tag{3.60}$$

$$\begin{aligned}
C_{\mathrm{B}} &= p \times c_{00} + (1-p) \times c_{01} + (p \times c_{10}P(Y \in R_1/X=0) \\
&\quad - p \times c_{00}P(Y \in R_1/X=0) + (1-p) \times c_{11}P(Y \in R_1/X=1) \\
&\quad - (1-p) \times c_{01}P(Y \in R_1/X=1))
\end{aligned}$$

需要注意的是，p 是发射信号 0 的先验概率，即 $X=0$。在式（3.60）中，$p \times c_{00} + (1-p) \times c_{01}$ 为正值，且独立于区域 R_0 和 R_1。因此，我们需要最小化下面的函数来得到区域 R_1。

$$\begin{aligned}
g(R_1) &= (p \times c_{10}P(Y \in R_1/X=0) - p \times c_{00}P(Y \in R_1/X=0) \\
&\qquad + (1-p) \times c_{11}P(Y \in R_1/X=1) - (1-p) \times c_{01}P(Y \in R_1/X=1)) \\
g(R_1) &= p \times (c_{10}-c_{00})P(Y \in R_1/X=0) - (1-p) \times (c_{01}-c_{11})P(Y \in R_1/X=1)
\end{aligned}$$

为了使 C_{B} 最小，要求 $g(R_1) \leqslant 0$，则有

$$\frac{p \times (c_{10} - c_{00})}{\sqrt{2\pi\sigma^2}} \int_{R_1} \mathrm{e}^{-\frac{(y-0)^2}{2\sigma^2}} \mathrm{d}y - \frac{(1-p) \times (c_{01} - c_{11})}{\sqrt{2\pi\sigma^2}} \int_{R_1} \mathrm{e}^{-\frac{(y-1)^2}{2\sigma^2}} \mathrm{d}y \leqslant 0$$

$$\Rightarrow p \times (c_{10} - c_{00}) \frac{1}{\sqrt{2\pi\sigma^2}} \mathrm{e}^{-\frac{(y-0)^2}{2\sigma^2}} - (1-p) \times (c_{01} - c_{11}) \frac{1}{\sqrt{2\pi\sigma^2}} \mathrm{e}^{-\frac{(y-1)^2}{2\sigma^2}} \leqslant 0$$

$$\Rightarrow \frac{\mathrm{e}^{-\frac{(y-0)^2}{2\sigma^2}}}{\mathrm{e}^{-\frac{(y-1)^2}{2\sigma^2}}} \leqslant \frac{(1-p) \times (c_{01} - c_{11})}{p \times (c_{10} - c_{00})}$$

$$\Rightarrow \mathrm{e}^{\frac{-(y-0)^2 + (y-1)^2}{2\sigma^2}} \leqslant \frac{(1-p) \times (c_{01} - c_{11})}{p \times (c_{10} - c_{00})}$$

$$\Rightarrow \mathrm{e}^{\frac{2 \times y \times 0 - 2 \times y \times 1 - 0^2 + 1^2}{2\sigma^2}} \leqslant \frac{(1-p) \times (c_{01} - c_{11})}{p \times (c_{10} - c_{00})} \tag{3.61}$$

式（3.61）两边同时取 e 为底的对数 log，可得

$$\frac{2 \times y \times 0 - 2 \times y \times 1 - 0^2 + 1^2}{2\sigma^2} \leqslant \ln\left(\frac{(1-p) \times (c_{01} - c_{11})}{p \times (c_{10} - c_{00})}\right)$$

$$\Rightarrow 2\times y\times(0-1)+(1^2-0^2)\leqslant 2\sigma^2\ln\left(\frac{(1-p)\times(c_{01}-c_{11})}{p\times(c_{10}-c_{00})}\right)$$

$$\Rightarrow 2\times y\times(1-0)+(0^2-1^2)\geqslant 2\sigma^2\ln\left(\frac{p\times(c_{10}-c_{00})}{(1-p)\times(c_{01}-c_{11})}\right)$$

$$\Rightarrow y\geqslant th_{贝叶斯}=\frac{\sigma^2\ln\left(\frac{p\times(c_{10}-c_{00})}{(1-p)\times(c_{01}-c_{11})}\right)}{(1-0)}+\frac{(0+1)}{2}$$

图3-9给出了贝叶斯法则与加性高斯噪声信道模型的图解。

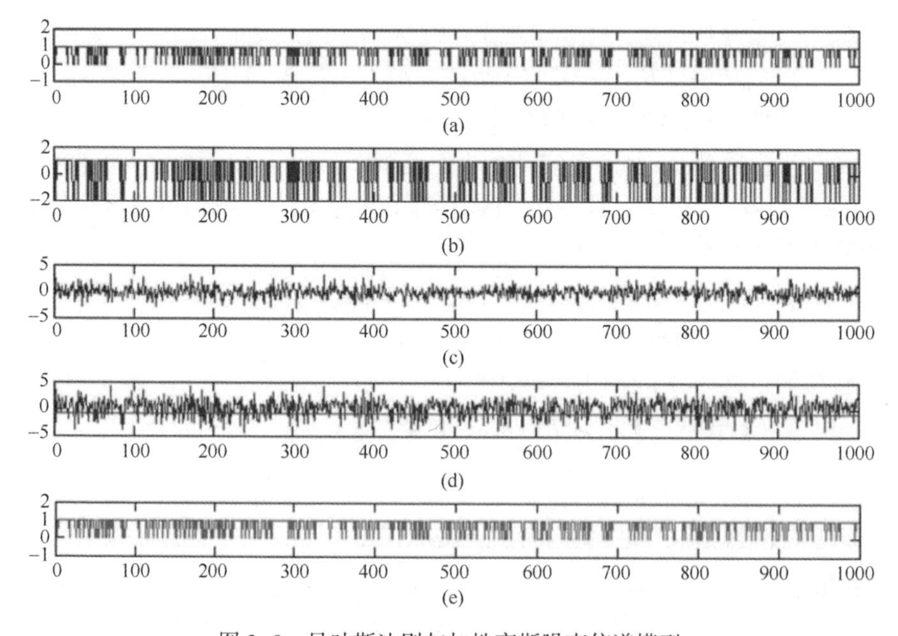

图3-9　贝叶斯法则与加性高斯噪声信道模型

（a）先验概率 $p_0=0.2$ 的二进制数据序列；（b）数据表示；（c）标准偏差为1的高斯噪声；（d）采用贝叶斯法对接收信号和阈值进行分析；（e）检测概率为0.9520的被检测二进制序列。

2. 极小极大法

由3.1.2节，我们了解到极小极大法则是条件代价相等的贝叶斯法则。由式（3.58）与式（3.59），令条件代价相等，得

$$c_{00}\int_{-\infty}^{th_{极小极大}}f_{Y/X=0}(y)\,\mathrm{d}y+c_{10}\int_{th_{极小极大}}^{\infty}f_{Y/X=0}(y)\,\mathrm{d}y$$

$$=c_{01}\int_{-\infty}^{th_{极小极大}}f_{Y/X=1}(y)\,\mathrm{d}y+c_{11}\int_{th_{极小极大}}^{\infty}f_{Y/X=1}(y)\,\mathrm{d}y$$

为让代价相等，令 $c_{00}=c_{11}=0$，$c_{10}=c_{01}=1$，虚警概率和漏警概率相等，得到极小极大值。图 3-10 给出了带加性高斯噪声信道模型的极小极大法则的图例。

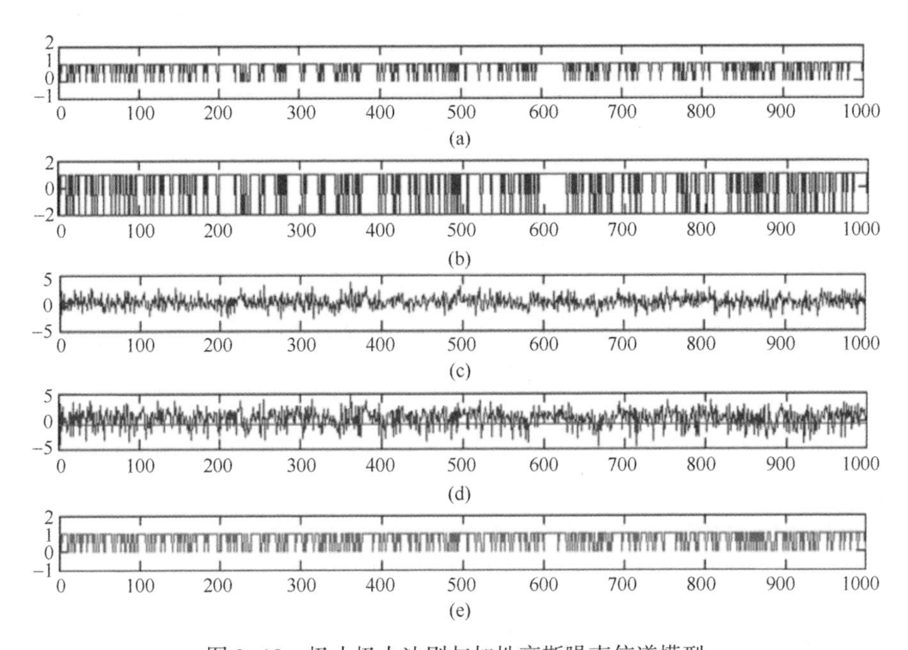

图 3-10　极小极大法则与加性高斯噪声信道模型

（a）先验概率 $p_0=0.2$ 的二进制数据序列；（b）数据表示；（c）标准偏差为 1 的高斯噪声；（d）采用极小极大法对接收信号和阈值进行分析；（e）检测概率为 0.929 的被检测二进制序列。

3. 内曼-皮尔逊法则

内曼-皮尔逊法则是让检测概率最大化，这样虚警概率小于指定值 P_{FA}。根据 3.1.3 节，虚警概率为 P_{FA} 下求解内曼-皮尔逊规则

$$\text{若 } p(y/1)>\beta p(y/0),\quad \delta(y)=1 \tag{3.62}$$

$$\text{若 } p(y/1)=\beta p(y/0),\quad \delta(y)=u(y) \tag{3.63}$$

$$\text{若 } p(y/1)<\beta p(y/0),\quad \delta(y)=0 \tag{3.64}$$

令 $u(y)=1$，内曼-皮尔逊法则可表示为

$$\delta(y)=1,\quad y\geqslant th_{\text{内曼-皮尔逊}} \tag{3.65}$$

$$\delta(y)=0,\quad \text{其他情况} \tag{3.66}$$

因此，对指定的虚警概率 P_{FA}，利用等式 $\int_{th_{\text{内曼-皮尔逊}}}^{\infty} f_{Y/X=0}(y)\,\mathrm{d}y=P_{\mathrm{FA}}$，可得

到 $th_{内曼-皮尔逊}$。图 3-11 为带加性高斯噪声模型的内曼-皮尔逊规则的图解。

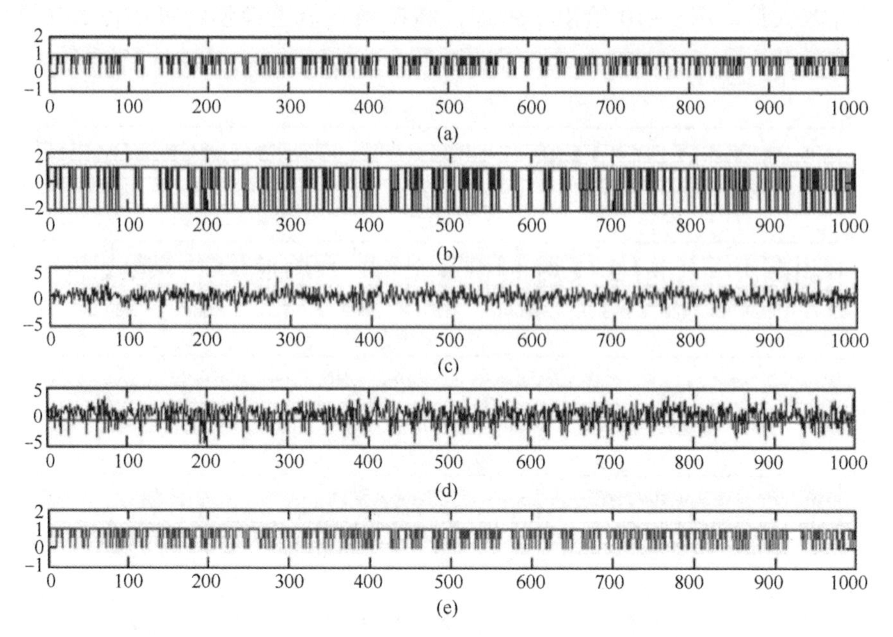

图 3-11　虚警概率为 0.1 时内曼-皮尔逊法与加性高斯噪声信道模型

（a）先验概率 $p_0=0.2$ 的二进制数据序列；（b）数据表示；（c）标准偏差为 1 的高斯噪声；（d）采用内曼-皮尔逊法对接收信号和阈值进行分析；（e）检测概率为 0.95 的被检测二进制序列。

相关程序如下：

```
%高斯通道检测
function [ pd_expected,pf_expected,pd_obtained,pf_obtained ] =...
    gaussianchanneldetection( x,y,len,p0,sigma,pfa,level0,level1)
%1 表示为+5,0 表示为-5. 它加入均值为零、方差为 var 的高斯噪声
%P0 是发射机中 0 的先验概率
%x->[ c01 c10];
%y->1:贝叶斯法
%y->2:极小极大法
%y->3:内曼-皮尔逊法
%p0->先验概率
%sigma->高斯噪声的标准差
%level0 ->表示数据 0 的振幅
%level1 ->表示数据 1 的振幅
%pfa->内曼-皮尔逊法下,虚警概率的期望,以使检测概率最大化。
```

```
%我们假设每个二进制数据都有一个样本具有对映表示和所需的先验概率p0的二进制序列
data=[ ]; tx=[ ];
for i=1:1:len
    temp=[p0 1];
    r=temp-rand;
    [val,pos]=find(r>=0);
switch pos(1)
case 1
            data=[data 0];
            tx=[tx level0];
case 2
            data=[data 1];
            tx=[tx level1];
end
end
%加入方差为 var 的高斯噪声
noise=randn(1,len) * sigma;
rx=tx+noise;
switch y
case 1
%贝叶斯法
        threshold=((2 * sigma^2) * log(p0 * x(2)/(1-p0) * x(1))-level0^2+level1^
2)/...
            (2 * (level1-level0));
        detected=[ ];
for i=1:1:len
if(rx(i)>=threshold)
                detected=[detected 1];
else
                detected=[detected 0];
end
end
        pd_obtained=(length(find((data-detected)==0))/len);
        pf_obtained=(length(find((data-detected)==-1))/len);
        subplot(5,1,1)
        plot(data)
```

```
            subplot(5,1,2)
            plot(tx)
            subplot(5,1,3)
            plot(noise)
            subplot(5,1,4)
            plot(rx)
            hold on
            plot(ones(1,len) * threshold,'r')
            subplot(5,1,5)
            plot(detected,'r')
            u1=(threshold-level0)/(sqrt(2) * sigma);
            u2=(threshold-level1)/(sqrt(2) * sigma);
            pf_expected=1-(1/2)-(1/2) * erf(u1);
            pd_expected=1-(1/2)-(1/2) * erf(u2);
case 2
%极小极大法
%将误报概率(第一部分)与漏报概率(第二部分)相等,得到阈值。
            %在这种情况下,假定统一代价
%比如, x=[1 1];erf(alpha) 是计算积分的误差函数
%2/sqrt(pi)exp(-t^2) alpha 超过限制 0
            mini=100;
for thresholdrange=-10:0.001:10;
                u1=(thresholdrange-level0)/(sqrt(2) * sigma);
                u2=(thresholdrange-level1)/(sqrt(2) * sigma);
                part1=1-(1/2)-(1/2) * erf(u1);
                part2=(1/2)+(1/2) * erf(u2);
if(abs(part1-part2)<=mini)
                    threshold=thresholdrange;
                    mini=abs(part1-part2);
end
end
            detected=[];
for i=1:1:len
if(rx(i)>=threshold)
                    detected=[detected 1];
else
                    detected=[detected 0];
```

```
end
end
        pd_obtained=(length(find((data-detected)==0))/len);
        pf_obtained=(length(find((data-detected)==-1))/len);
        subplot(5,1,1)
        plot(data)
        subplot(5,1,2)
        plot(tx)
        subplot(5,1,3)
        plot(noise)
        subplot(5,1,4)
        plot(rx)
        hold on
        plot(ones(1,len) * threshold,'r')
        subplot(5,1,5)
        plot(detected,'r')
        u1=(threshold-level0)/(sqrt(2) * sigma);
        u2=(threshold-level1)/(sqrt(2) * sigma);
        pf_expected=1-(1/2)-(1/2) * erf(u1);
        pd_expected=1-(1/2)-(1/2) * erf(u2);
case 3
%内曼-皮尔逊法
%该阈值通过最大检测概率得到,使虚警概率小于PFA。
%解决方法是得到虚警概率等于PFA的阈值。
        mini=100;
        threshold=0;
for thresholdrange=-10:0.001:10;
            u1=(thresholdrange-level0)/(sqrt(2) * sigma);
            part1=1-(1/2)-(1/2) * erf(u1);
if(abs(part1-pfa)<=mini)
                threshold=thresholdrange;
                mini=abs(part1-pfa);
end
end
        detected=[];
for i=1:1:len
```

```
if(rx(i)>=threshold)
                detected=[detected 1];
else
                detected=[detected 0];
end
end
        pd_obtained=(length(find((data-detected)==0))/len);
        pf_obtained=(length(find((data-detected)==-1))/len);
        subplot(5,1,1)
        plot(data)
        subplot(5,1,2)
        plot(tx)
        subplot(5,1,3)
        plot(noise)
        subplot(5,1,4)
        plot(rx)
        hold on
        plot(ones(1,len)*threshold,'r')
        subplot(5,1,5)
        plot(detected,'r')
        u1=(threshold-level0)/(sqrt(2)*sigma);
        u2=(threshold-level1)/(sqrt(2)*sigma);
        pf_expected=1-(1/2)-(1/2)*erf(u1);
        pd_expected=1-(1/2)-(1/2)*erf(u2);
end
```

3.2 估计理论

3.2.1 最小均方误差估计

当发射信号随机向量 $\boldsymbol{X}$ 传输过程中发生失真，从而得到接收信号随机向量 $\boldsymbol{Y}$。根据观测矢量 $\boldsymbol{Y}$，我们将信号矢量 $\boldsymbol{X}$ 估计为$\hat{\boldsymbol{X}}$。与估计相关的代价表示为 $J=C(\boldsymbol{X},\hat{\boldsymbol{X}}(\boldsymbol{Y}))$。我们想要使得代价的期望最小化，即 $E_{XY}(C(\boldsymbol{X},\hat{\boldsymbol{X}}(\boldsymbol{Y})))$ 最小化。

$$E_{XY}(C(\boldsymbol{X},\hat{\boldsymbol{X}}(\boldsymbol{Y})))=E_Y(E_X(C(\boldsymbol{X},\hat{\boldsymbol{X}}(\boldsymbol{Y}))/\boldsymbol{Y}=y)) \tag{3.67}$$

对于任意的 $\boldsymbol{Y}=y$，可以通过最小化 $E_X(\boldsymbol{X},\hat{\boldsymbol{X}}(\boldsymbol{Y}))/\boldsymbol{Y}=y$ 使得代价函数 J 最小化。令代价函数 $C(\boldsymbol{X},\hat{\boldsymbol{X}}(\boldsymbol{Y}))=(\boldsymbol{X}-\hat{\boldsymbol{X}}(\boldsymbol{Y}))^{\mathrm{T}}(\boldsymbol{X}-\hat{\boldsymbol{X}}(\boldsymbol{Y}))$，可得

$$E_X(C(\boldsymbol{X},\hat{\boldsymbol{X}}(\boldsymbol{Y}))/\boldsymbol{Y}=y)=E_X((\boldsymbol{X}-\hat{\boldsymbol{X}}(\boldsymbol{Y}))^{\mathrm{T}}(\boldsymbol{X}-\hat{\boldsymbol{X}}(\boldsymbol{Y}))/\boldsymbol{Y}=y) \tag{3.68}$$

求式（3.68）对向量 $\hat{\boldsymbol{X}}(\boldsymbol{Y})$ 的微分①，并令其等于 0，可得

$$\hat{\boldsymbol{X}}(\boldsymbol{Y})=E_X(\boldsymbol{X}/\boldsymbol{Y}=y) \tag{3.69}$$

这种估计称为最小均方误差估计（Minimum Mean Square Estimation，MMSE），估计的求解方法是条件平均估计。

3.2.2 最小平均绝对误差估计

至此，选取最小平均绝对误差估计的代价函数为

$$C(\boldsymbol{X},\hat{\boldsymbol{X}}(\boldsymbol{Y}))=|\boldsymbol{X}-\hat{\boldsymbol{X}}(\boldsymbol{Y})| \tag{3.70}$$

通过求 $\hat{\boldsymbol{X}}(\boldsymbol{Y})$ 的最优值，使得 $E(|\boldsymbol{X}-\hat{\boldsymbol{X}}(\boldsymbol{Y})|/\boldsymbol{Y}=y)$ 的值最小

$$\int_{-\infty}^{\hat{\boldsymbol{X}}(\boldsymbol{Y})}-(\boldsymbol{X}-\hat{\boldsymbol{X}}(\boldsymbol{Y}))f_{\boldsymbol{X}/\boldsymbol{Y}=y}(x)\,\mathrm{d}x+\int_{\hat{\boldsymbol{X}}(\boldsymbol{Y})}^{\infty}(\boldsymbol{X}-\hat{\boldsymbol{X}}(\boldsymbol{Y}))f_{\boldsymbol{X}/\boldsymbol{Y}=y}(x)\,\mathrm{d}x \tag{3.71}$$

求式（3.71）对向量 $\hat{\boldsymbol{X}}(\boldsymbol{Y})$ 的微分，并令其等于 0，得

$$\int_{-\infty}^{\hat{\boldsymbol{X}}(\boldsymbol{Y})}f_{\boldsymbol{X}/\boldsymbol{Y}=y}(x)\,\mathrm{d}x-\int_{\hat{\boldsymbol{X}}(\boldsymbol{Y})}^{\infty}f_{\boldsymbol{X}/\boldsymbol{Y}=y}(x)\,\mathrm{d}x=0 \tag{3.72}$$

$$\Rightarrow\int_{-\infty}^{\hat{\boldsymbol{X}}(\boldsymbol{Y})}f_{\boldsymbol{X}/\boldsymbol{Y}=y}(x)\,\mathrm{d}x=\int_{\hat{\boldsymbol{X}}(\boldsymbol{Y})}^{\infty}f_{\boldsymbol{X}/\boldsymbol{Y}=y}(x)\,\mathrm{d}x \tag{3.73}$$

从式（3.73）可以看出，最小平均绝对误差估计（Minimum Mean Absolute Estimation，MMAE）是条件模态估计。

3.2.3 最大后验概率估计

至此，选取最大后验概率估计的代价函数为

$$C(\boldsymbol{X},\hat{\boldsymbol{X}}(\boldsymbol{Y}))=\begin{cases}\dfrac{1}{\Delta}, & 若\,|\boldsymbol{X}-\hat{\boldsymbol{X}}(\boldsymbol{Y})|=\dfrac{1}{\Delta}\left[1-p\left(|\boldsymbol{X}-\hat{\boldsymbol{X}}(y)|\leqslant\dfrac{\Delta}{2}/\boldsymbol{Y}=y\right)\right]\geqslant\dfrac{\Delta}{2}\\ 0, & 其他情况\end{cases}$$

$$\Rightarrow E_X(C(\boldsymbol{X},\hat{\boldsymbol{X}}(\boldsymbol{Y}))/\boldsymbol{Y}=y)=\frac{1}{\Delta}p\left(|\boldsymbol{X}-\hat{\boldsymbol{X}}(\boldsymbol{Y})|\geqslant\frac{\Delta}{2}/\boldsymbol{Y}=y\right)$$

---

① 原书有误，译者修正。

$$=\frac{1}{\Delta}-\frac{1}{\Delta}p\left(-\frac{\Delta}{2}\leqslant(\boldsymbol{X}-\hat{\boldsymbol{X}}(\boldsymbol{Y}))\leqslant\frac{\Delta}{2}/\boldsymbol{Y}=y\right)$$

$$=\frac{1}{\Delta}-\frac{1}{\Delta}p\left(\hat{\boldsymbol{X}}(\boldsymbol{Y})-\frac{\Delta}{2}\leqslant\boldsymbol{X}\leqslant\hat{\boldsymbol{X}}(\boldsymbol{Y})+\frac{\Delta}{2}/\boldsymbol{Y}=y\right)$$

$$=\frac{1}{\Delta}-\frac{1}{\Delta}\left[F_{\boldsymbol{X}/\boldsymbol{Y}=y}\left(\hat{\boldsymbol{X}}(\boldsymbol{Y})+\frac{\Delta}{2}\right)-F_{\boldsymbol{X}/\boldsymbol{Y}=y}\left(\hat{\boldsymbol{X}}(\boldsymbol{Y})-\frac{\Delta}{2}\right)\right] \tag{3.74}$$

最小化式（3.74）等价于进行最大化

$$\frac{1}{\Delta}\left(F_{\boldsymbol{X}/\boldsymbol{Y}=y}\left(\frac{\Delta}{2}+\hat{\boldsymbol{X}}(\boldsymbol{Y})\right)-F_{\boldsymbol{X}/\boldsymbol{Y}=y}\left(\hat{\boldsymbol{X}}(\boldsymbol{Y})-\frac{\Delta}{2}\right)\right) \tag{3.75}$$

令式（3.75）中的$\Delta\to0$，可得

$$\hat{\boldsymbol{X}}(\boldsymbol{y})=\arg\max_{x} f_{\boldsymbol{X}/\boldsymbol{Y}=y}(x) \tag{3.76}$$

综上，$\hat{\boldsymbol{X}}(\boldsymbol{Y})$是通过最大化后验概率密度函数得到的。因此，这种估计称为最大后验估计（Maximum a Posterior，MAP）。由于估计涉及到识别 $\boldsymbol{X}$ 在条件密度函数$f_{\boldsymbol{X}/\boldsymbol{Y}=y}(x)$的峰值，所以也称为条件模态估计。

3.2.4 对数似然估计

第 3.2.3 节所述的最大后验概率估计方法中，后验概率密度函数$f_{\boldsymbol{X}/\boldsymbol{Y}=y}(x)$的计算为

$$\frac{f_{\boldsymbol{Y}/\boldsymbol{X}}(y)f_{\boldsymbol{X}}(x)}{f_{\boldsymbol{Y}}(y)} \tag{3.77}$$

依据式（2.94）可得，对于特定的$\boldsymbol{Y}=y$，$f_{\boldsymbol{Y}}(y)$是确定的。因此，在 $\boldsymbol{Y}=\boldsymbol{y}$ 的条件下，通过最大化式（2.94）得到 $\boldsymbol{X}$ 的最优值，等价于最大化$f_{\boldsymbol{Y}/\boldsymbol{X}}(y)f_{\boldsymbol{X}}(x)$。如果先验概率未知，则假设$f_{\boldsymbol{X}}(x)$为均匀分布，且通常为常数。在这种情况下，最大化式（2.94）等价于最大化$f_{\boldsymbol{Y}/\boldsymbol{X}}(y)$。由于对数函数单调递增，因此，最大化$f_{\boldsymbol{Y}/\boldsymbol{X}}(y)$等价于最大化$\log(f_{\boldsymbol{Y}/\boldsymbol{X}}(y))$，使对数似然函数$\log(f_{\boldsymbol{Y}/\boldsymbol{X}}(y))$最大化的估计称为对数似然估计。

3.2.5 维纳滤波器

基于发射机发送的大量符号，根据检测理论，我们期望，在接收端识别出一个有效符号。然而根据估计理论，我们希望从失真信号中得到原始信号。发射信号用随机过程 X_t 描述，接收信号用随机过程 Y_t 描述，假设 X_t 是广义平稳随机过程。通过信道传输时，信道建模为加性高斯白噪声，因此，接收信号也

被建模为 W. S. S. 随机过程（见图 3-12（a））。发射信号用维纳滤波器失真接收信号估计，接收到的失真信号为维纳滤波器的输入，维纳滤波器的输出为估计的发射信号（见图 3-12（b））。维纳滤波器可选择作为有限长冲激响应（Finite Impulse Response，FIR）滤波器或无限长冲激响应（Infinite Impulse Response，IIR）因果滤波器。

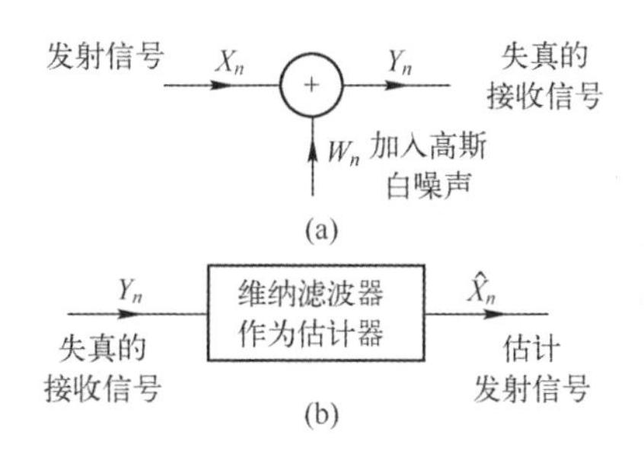

图 3-12　（a）加性白噪声信道模型；（b）维纳滤波器作为估计器。

1. FIR 维纳滤波器

假设离散随机过程 X_n 和 Y_n 是通过对连续随机过程进行采样得到的（满足采样定理）。随机过程 X_n 和 Y_n 可以用收集特定时刻对应随机过程的结果而得到的随机变量来描述。因此，随机变量 Y_n 和 X_n 的关系为 $Y_n=X_n+W_n$。在这种情况下，Y_n 和 X_n 是从相应的随机过程中获得的随机变量。随机变量（由随机过程得到）$\hat{X}_n$与随机变量 Y_n 的关系如下

$$\hat{X}_n = \sum_{k=0}^{k=N-1} h(k)Y_{n-k} \tag{3.78}$$

式中：$h(k)$为 FIR 维纳滤波器系数。

最小均方误差估计方法求出使 $J=E((X_n-\hat{X}_n)^2)$最小的系数。假设过滤系数、随机变量 Y_n 和 X_n 都是实数，通过对目标函数 J 进行微分得到

$$J = E\left(\left(X_n - \sum_{k=0}^{k=N-1} h(k)Y_{n-k}\right)^2\right) \tag{3.79}$$

对式（3.79）的滤波系数 $h(p)$进行微分，并使其等于 0，得到

$$2E\left(\left(X_n - \sum_{k=0}^{k=N-1} h(k)Y_{n-k}\right)Y_{n-p}\right) = 0 \tag{3.80}$$

$$\Rightarrow E(X_nY_{n-p}) = \sum_{k=0}^{k=N-1} h(k)E(Y_{n-k}Y_{n-p}) \tag{3.81}$$

$$\Rightarrow r_{XY}(p)=\sum_{k=0}^{k=N-1}h(k)r_Y(p-k) \tag{3.82}$$

矩阵 $\boldsymbol{R}_y$ 表示为

$$\boldsymbol{R}_y=\begin{pmatrix} r_Y(0) & r_Y(-1) & r_Y(-2) & r_Y(-3) & r_Y(-4) & \cdots & r_Y(1-N) \\ r_Y(1) & r_Y(0) & r_Y(-1) & r_Y(-2) & r_Y(-3) & \cdots & r_Y(2-N) \\ \cdots & \cdots & \cdots & \cdots & \cdots & \cdots & \cdots \\ r_Y(N-2) & r_Y(N-3) & r_Y(N-4) & r_Y(N-5) & r_Y(N-6) & \cdots & r_Y(-1) \\ r_Y(N-1) & r_Y(N-2) & r_Y(N-3) & r_Y(N-4) & r_Y(N-5) & \cdots & r_Y(0) \end{pmatrix}$$

向量 $\boldsymbol{r}^{\mathrm{T}}$ 和 $\boldsymbol{h}^{\mathrm{T}}$ 表示为

$$\boldsymbol{r}^{\mathrm{T}}=(r_{XY}(0) \quad r_{XY}(1) \quad \cdots \quad r_{XY}(N-1))$$

$$\boldsymbol{h}^{\mathrm{T}}=(h_{XY}(0) \quad h_{XY}(1) \quad \cdots \quad h_{XY}(N-1))$$

利用 $\boldsymbol{r}$、$\boldsymbol{h}$ 和 $\boldsymbol{R}_y$，式（2.70）可表示为

$$\boldsymbol{r}=\boldsymbol{R}_y\boldsymbol{h} \tag{3.83}$$

求解式（3.83），得到 FIR 维纳滤波器系数。$r_{XY}(p)$ 和 $r_Y(p)$ 的计算方法为

$$\begin{aligned} r_{XY}(p)&=E(X_nX_{n-p})=E(X_n(X_{n-p}+W_{n-p})) \\ &=E(X_nX_{n-p})+E(X_nW_{n-P})=r_X(p)+r_{XW}(p) \end{aligned}$$

假设随机变量 X_n 和 W_n 与 $E(W_n)=0$ 不相关，则

$$E(X_nW_{n-p})=0 \tag{3.84}$$

同理

$$\begin{aligned} r_Y(p)&=E(Y_nY_{n-p})=E((X_n+W_n)(X_{n-p}+W_{n-p})) \\ &=r_X(p)+r_{XW}(p)+r_{WX}(p)+r_W(p) \end{aligned} \tag{3.85}$$

将式（2.72）中的 $r_{WX}=r_{XW}=0$ 代入式（3.85），可得 $r_Y=r_X+r_W$。图 3-13 中的加性噪声为高斯白噪声。

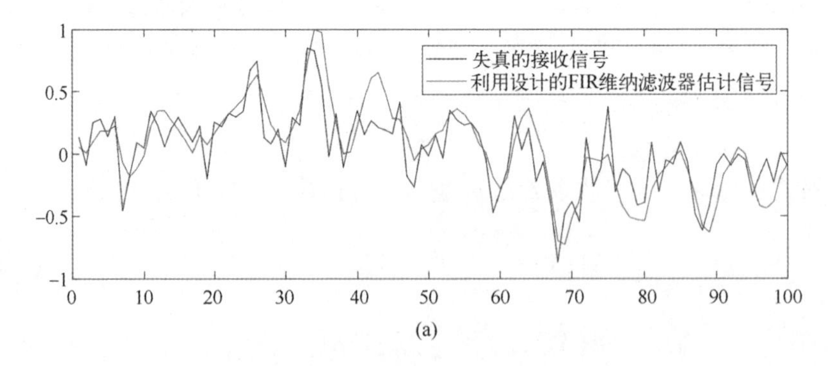

(a)

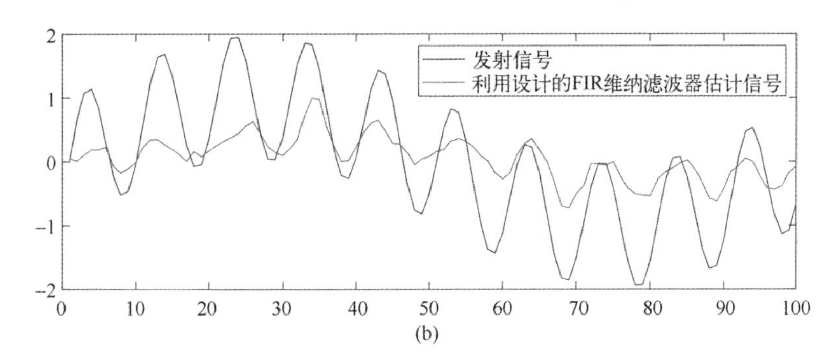

图 3-13　基于 FIR 维纳滤波器估计（见彩图）
（a）利用设计的 FIR 维纳滤波器估计失真的接收信号；
（b）利用设计的 FIR 维纳滤波器估计发射信号。

维纳滤波器函数如下：

```
%wienerFIR.m
y=sin(2*pi*100*(0:1:20000)*(1/1000))'+sin(2*pi*10*(0:1:20000)*(1/
1000))';
noise=0.8*randn(1,21000);
ref_tx=y(1:1:10000)';
ref_rx=y(1:1:10000)'+noise(1:1:10000);
transmittedsignal=y(1:1:10000)';
receivedsignal=y(1:1:10000)'+noise(1:1:10000);
%假设随机过程 X_t 为 W.S.S 且遍历
%集合自相关的计算过程如下
rx=[];
for i=0:1:10000
    data1=[zeros(1,i) ref_tx];
    data2=[ref_tx zeros(1,i)];
    rx=[rx sum(data1.*data2)/10000];
end
ry=rx+[0.64 zeros(1,length(rx)-1)];
%矩阵 R_y 的构造
Ry=[ry(1) ry(2) ry(3) ry(4) ry(5) ry(6) ry(7) ry(8) ry(9) ry(10) ry(11);...
    ry(2) ry(1) ry(2) ry(3) ry(4) ry(5) ry(6) ry(7) ry(8) ry(9) ry(10);...
    ry(3) ry(2) ry(1) ry(2) ry(3) ry(4) ry(5) ry(6) ry(7) ry(8) ry(9);...
    ry(4) ry(3) ry(2) ry(1) ry(2) ry(3) ry(4) ry(5) ry(6) ry(7) ry(8);...
    ry(5) ry(4) ry(3) ry(2) ry(1) ry(2) ry(3) ry(4) ry(5) ry(6) ry(7);...
    ry(6) ry(5) ry(4) ry(3) ry(2) ry(1) ry(2) ry(3) ry(4) ry(5) ry(6);...
```

```
    ry(7) ry(6) ry(5) ry(4) ry(3) ry(2) ry(1) ry(2) ry(3) ry(4) ry(5);...
    ry(8) ry(7) ry(6) ry(5) ry(4) ry(3) ry(2) ry(1) ry(2) ry(3) ry(4);...
    ry(9) ry(8) ry(7) ry(6) ry(5) ry(4) ry(3) ry(2) ry(1) ry(2) ry(3);...
    ry(10) ry(9) ry(8) ry(7) ry(6) ry(5) ry(4) ry(3) ry(2) ry(1) ry(2);...
    ry(11) ry(10) ry(9) ry(8) ry(7) ry(6) ry(5) ry(4) ry(3) ry(2) ry(1);];
%向量 r 的表达式
r=[rx(1:1:11)];
%得到的滤波系数
h=inv(Ry)*r';
%滤波后的信号
filteredsignal=conv(receivedsignal,h);
filteredsignal=filteredsignal/max(filteredsignal);
receivedsignal=receivedsignal/max(receivedsignal);
filteredsignal=filteredsignal/max(filteredsignal);
figure
subplot(2,1,1)
plot(receivedsignal(1:1:100),'b')
hold on
plot(filteredsignal(1:1:100),'r')
subplot(2,1,2)
plot([transmittedsignal(1:1:100)],'b')
hold on
plot(filteredsignal(1:1:100),'r')
```

2. IIR 维纳滤波器

采用如下所述的方法可得到因果 IIR 滤波器。将传输的信号视为随机过程，在整个输入随机过程中，获得的随机变量表示为 X_n。随机变量 X_n 的结果是使用自回归模型（Autoregressive model，AR）生成，即 $X_n = U_n + a_0X_{n-1} + a_1X_{n-2}+a_3X_{n-3}\cdots a_nX_{n-N+1}$，其中 N 为模型的阶数。U_n 是在方差为 σ_U^2 的白色随机过程上得到的随机变量，在输入随机过程 X_n 中加入随机过程 W_n 所描述的方差为 σ_V^2 白噪声，得到随机过程 Y_n。随机过程 Y_n 在 Z 域的谱密度表示为 $S_Y(Z)$。利用谱分解，$S_Y(Z)$ 可表示为 $S_Y(Z)=\sigma_R^2G(Z)G(1/Z)$（见图 3-14），其中 $G(Z)$ 是因果滤波器，则因果 IIR 维纳滤波器为 $P(Z)=1/G(Z)$ 和 $[Q(Z)]_+$，即

$$W_{\mathrm{IIR}}(Z)=P(Z)[Q(Z)]_+ \tag{3.86}$$

式中：$[Q(Z)]_+$ 通过最小化 $E(D_n^2)$ 得到。

$$E((X_n - \hat{X}_n)^2) = E\left(\left(X_n - \sum_{k=-\infty}^{k=\infty} q_k R_{n-k}\right)^2\right) \tag{3.87}$$

将式（3.87）两边对 q_i 求微分，并令其等于 0，可得

$$r_{XR}(i) = \sum_{k=-\infty}^{k=\infty} q_k r_R(i-k) \tag{3.88}$$

对式（3.88）进行 Z 变换得到

$$S_{XR}(Z) = Q(Z) S_R(Z) \tag{3.89}$$

$$\Rightarrow Q(Z) = \frac{S_{XR}(Z)}{S_R(Z)} \tag{3.90}$$

$$\Rightarrow Q(Z) = \frac{S_{XR}(Z)}{\sigma_R^2} \tag{3.91}$$

$S_{XR}(Z)$可通过对 $r_{XR}(m)$做 Z 变换得到

$$r_{XR}(m) = E(X_{n+m} R_n) \tag{3.92}$$

$$\Rightarrow r_{XR}(m) = E\left(X_{n+m} \sum_{l=-\infty}^{l=\infty} p_l Y_{n-l}\right) \tag{3.93}$$

$$\Rightarrow r_{XR}(m) = \sum_{l=-\infty}^{l=\infty} p_l r_{XY}(l+m) \tag{3.94}$$

$$\Rightarrow S_{XR}(Z) = S_{XY}(Z) P(Z^{-1}) = \frac{S_{XY}(Z)}{G(Z^{-1})} \tag{3.95}$$

因此，维纳滤波器的传递函数为

$$W_{\mathrm{IIR}}(Z) = \frac{1}{\sigma_R^2 G(Z)} \left[\frac{S_{XY}(Z)}{G(Z^{-1})}\right]_+ \tag{3.96}$$

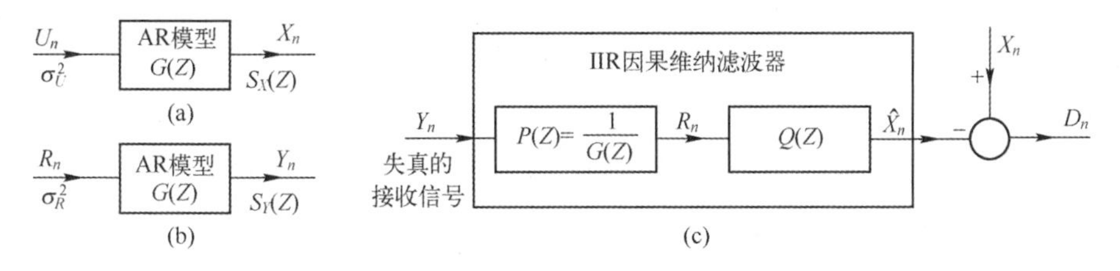

图 3-14　基于因果 IIR 维纳滤波估计

图 3-15～图 3-17 为 IIR 维纳滤波器的示意图，因果 IIR 维纳滤波器的计算步骤如下：

（1）发射信号 X_n 采用自回归模型建模；

（2）接收信号 Y_n 建模为 $Y_n = X_n + W_n$，其中，W_n 为白噪声，图中使用了高斯白噪声；

（3）谱密度 $S_Y(Z)$ 表示为 $\sigma_i^2 G(Z)G(1/Z)$，其中 $G(Z)$ 是使用谱分解的因果稳定滤波器；

（4）获得 $S_{XY}(Z)$，如果 X_n、W_n 与 $E(W_n)=0$ 不相关，则 $S_{XY}(Z)=S_X(Z)$；

（5）最后，利用式（3.96）计算因果维纳滤波器的传递函数。

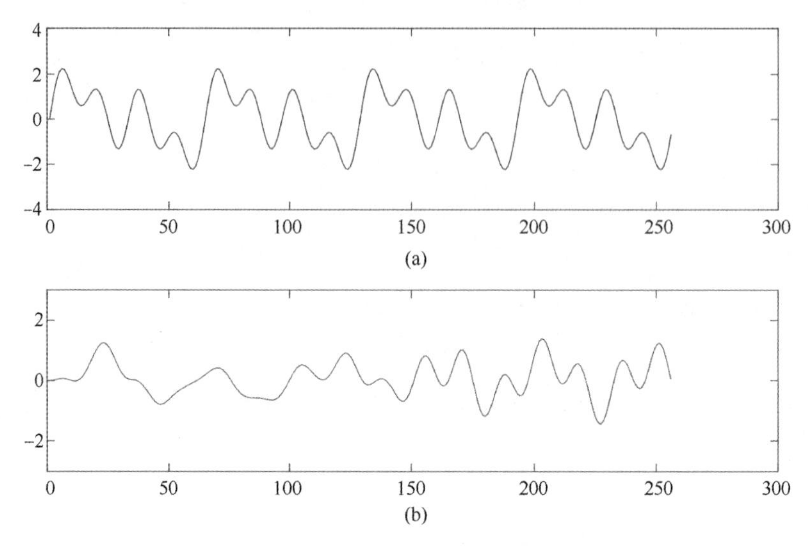

图 3-15　传输消息信号的 AR 模型

（a）发送信号；（b）使用 AR 系数建模的发送信号。

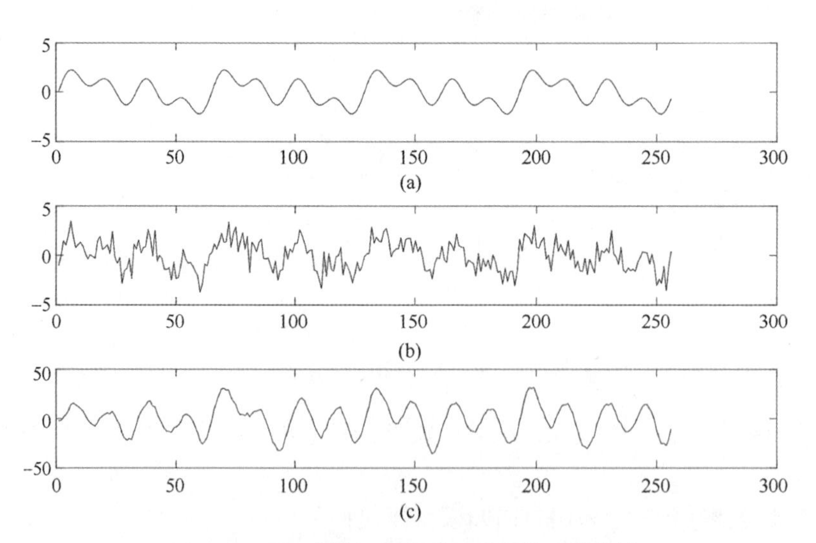

图 3-16　基于因果 IIR 维纳滤波器的时域估计

（a）发送信号；（b）附加噪声的发送信号；（c）利用设计 IIR 维纳滤波器的滤波信号。

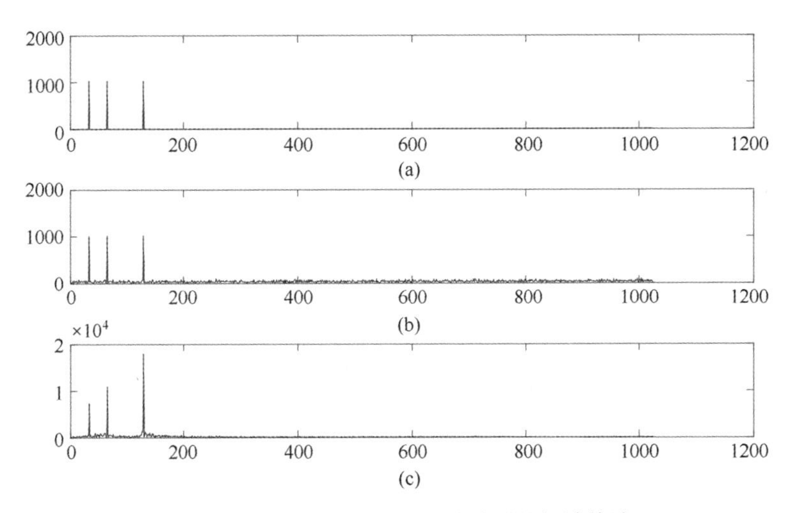

图 3-17　基于因果 IIR 维纳滤波器的频域估计

(a) 发送信号频谱；(b) 附加噪声的发送信号频谱；

(c) 利用设计 IIR 维纳滤波器的滤波信号频谱。

IIR 维纳滤波器的函数如下：

```
%输入信号采用二阶自回归(AR)模型建模的 IIR 维纳滤波器
order=4;
txsignal=sin(2*pi*16*(0:1:2047)*(1/1024))'+sin(2*pi*32*(0:1:2047)*(1/
1024))'+...
    sin(2*pi*64*(0:1:2047)*(1/1024))';
z=ar(txsignal(33:1:64),order);
%有限的预测误差
U=fpe(z);
[p]=polydata(z)
generatedsignal=filter(1,p,randn(1,256)*sqrt(U));
figure
subplot(2,1,1)
plot(txsignal(257:1:512))
subplot(2,1,2)
plot(generatedsignal,'r')
rxsignal=txsignal'+randn(1,length(txsignal))*0.9;%信号加入高斯噪声(方差 0.81)
%设计了 IIR 维纳滤波器,用于从 rx 信号中估计 tx 信号
SX_NUM_COEF=U*[1 zeros(1,order-1)];
SX_DEN_COEF=conv(p,p(length(p):-1:1));
L=length(conv(p,p(length(p):-1:1)));
```

```
temp=zeros(1,L);
temp(L-order+1)=1;
SY_NUM_COEF=U*temp+0.81*conv(p,p(length(p):-1:1));
SY_DEN_COEF=conv(p,p(length(p):-1:1));
SIGMARSQUARE=SY_NUM_COEF(1)/SY_DEN_COEF(1);
SY_NUM_COEF_MOD=SY_NUM_COEF/SY_NUM_COEF(1);
SY_DEN_COEF_MOD=SY_DEN_COEF/SY_DEN_COEF(1);
SYNUMR=roots(SY_NUM_COEF_MOD);
[P1,Q1]=find(abs(SYNUMR)<1);
GZ_NUM_COEF=poly(SYNUMR(P1));
SYDENR=roots(SY_DEN_COEF_MOD);
[P2,Q2]=find(abs(SYDENR)<1);
GZ_DEN_COEF=poly(SYDENR(P2));
G_ZINV_NUM_COEF=prod(SYNUMR(P1))/prod(SYDENR(P2))...
    *poly(1./SYDENR(P1));
G_ZINV_DEN_COEF=poly(1./SYDENR(P2));
SXTOG_INV_NUM_COEF=conv(SX_NUM_COEF,G_ZINV_DEN_COEF);
SXTOG_INV_DEN_COEF=conv(SX_DEN_COEF,G_ZINV_NUM_COEF);
%计算 SXTOG_INV 的因果部分
[R,P,K]=residue(SXTOG_INV_NUM_COEF,SXTOG_INV_DEN_COEF);
[XPOS,YPOS]=find(abs(P)<1);
[B,A]=residue(R(XPOS),P(XPOS),[])
%最后的传递函数
transferfunction_num=conv(GZ_DEN_COEF,[real(B) 0]);
transferfunction_den=SIGMARSQUARE*conv(GZ_NUM_COEF,real(A));
%使用设计的过滤器
b=transferfunction_num;
a=transferfunction_den;
estimatedsignal=filter(b,a,rxsignal);
figure
subplot(3,1,1)
plot(txsignal(1:1:256))
subplot(3,1,2)
plot(rxsignal(1:1:256))
subplot(3,1,3)
plot(real(estimatedsignal(1:1:256)))
figure
```

```
subplot(3,1,1)
temp1=fft(txsignal);
plot(abs(temp1(1:1:1024)))
subplot(3,1,2)
temp2=fft(rxsignal);
plot(abs(temp2(1:1:1024)))
subplot(3,1,3)
temp3=fft(real(estimatedsignal));
plot(abs(temp3(1:1:1024)))
```

3.2.6　卡尔曼滤波器

时变平坦信道在 k 时刻的滤波系数可以表示为 $h(k)$，与 $h(k-1)$ 的关系如下

$$h(k)=ah(k-1)+v(k) \tag{3.97}$$

式中：a 为常数；$v(k)$ 是方差为 σ_v^2 的加性高斯噪声。

时变信道系数被视为离散随机过程，$h(-1)$ 视为-1 时刻整个随机过程采样得到的随机变量。随机变量 $h(-1)$ 是均值为 μ、方差为 σ^2 的高斯分布。因此，随机变量 $h(0)$ 是均值为 $a\mu$、方差为 $a^2\sigma^2+\sigma_w^2$ 的高斯分布。通过信道发送已知导频序列 $[x(0)\quad x(1)\quad x(2)\quad \cdots\quad x(k)]$，得到相应的输出序列 $[y(0)\quad y(1)\quad y(2)\quad \cdots\quad y(k)]$，它们之间的关系如式（3.98）所示。

$$y(k)=h(k)x(k)+w(k) \tag{3.98}$$

式中：$w(k)$ 是方差为 σ_w^2 的加性高斯噪声。

对于给定序列，$\hat{h}(k)$ 表示为 $h(k)$ 的估计结果。假设参数 a、μ、σ^2、σ_v^2 和 σ_w^2，输入序列 $[x(0)\quad x(1)\quad x(2)\quad \cdots]$ 和相应的响应输出序列 $[y(0)\quad y(1)\quad y(2)\quad \cdots]$ 均为已知。当 $k=1,2,\cdots$ 时，对 $h(k)$ 进行连续估计。设观测输出序列 $[y(0)\quad y(1)\quad y(2)\quad \cdots\quad y(k-1)]$ 估计的滤波系数 $h(k)$ 为 $\hat{h}(k/k-1)$，类似地，观测输出序列 $[y(0)\quad y(1)\quad y(2)\quad \cdots\quad y(k)]$ 估计滤波系数 $h(k)$ 则可表示为 $\hat{h}(k)$。值得注意的是，估计量 $\hat{h}(k/k-1)$ 和 $\hat{h}(k)$ 是随机变量，两个估计量的均值均为 $h(k)$，相应估计量的方差分别表示为 $p(k/k-1)$ 和 $p(k)$。设 $G(k)$ 为卡尔曼增益，对跟踪滤波系数 h 所涉及的步骤总结如下（见图 3-18、图 3-19）：

（1）初始化 $p(0)$、$\hat{h}(0)$ 和 $k=1$；

（2）计算 $p(k/(k-1))=a^2p(k-1)+\sigma_w^2$；

（3）$G(k)=(x(k)p(k/(k-1))/(x^2(k)p(k/(k-1))+\sigma_v^2))$；

(4) $\hat{h}(k/k-1)=a\hat{h}(k-1)$;

(5) $h(k)=G(k)(y(k)-x(k))h(k/(k-1))$;

(6) $p(k)=(1-x(k)G(k))p(k/(k-1))$;

(7) $k=k+1$，返回步骤（2）。

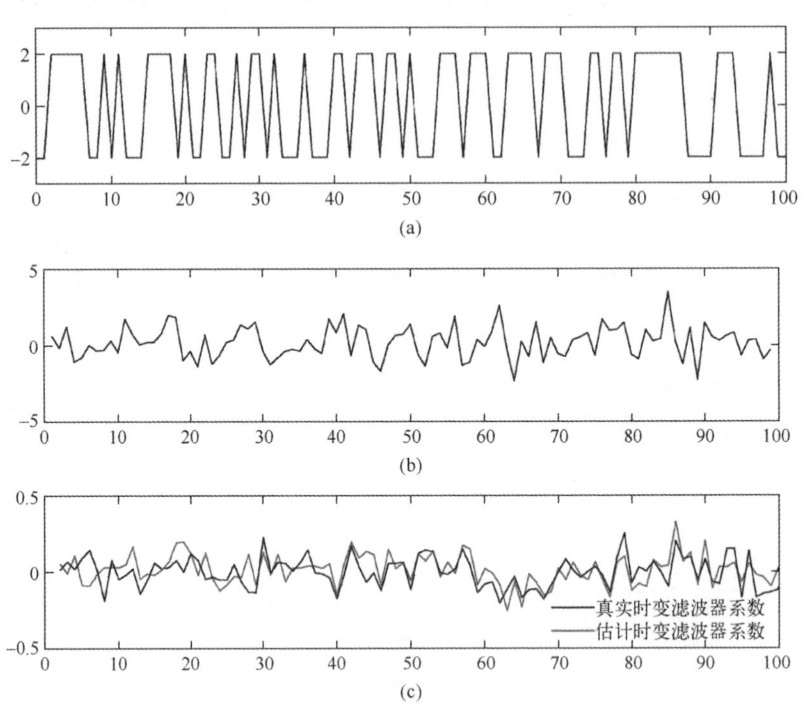

图 3-18　发送消息信号的 AR 模型

（a）输入信号；（b）相应的输出信号；（c）时变滤波器系数。

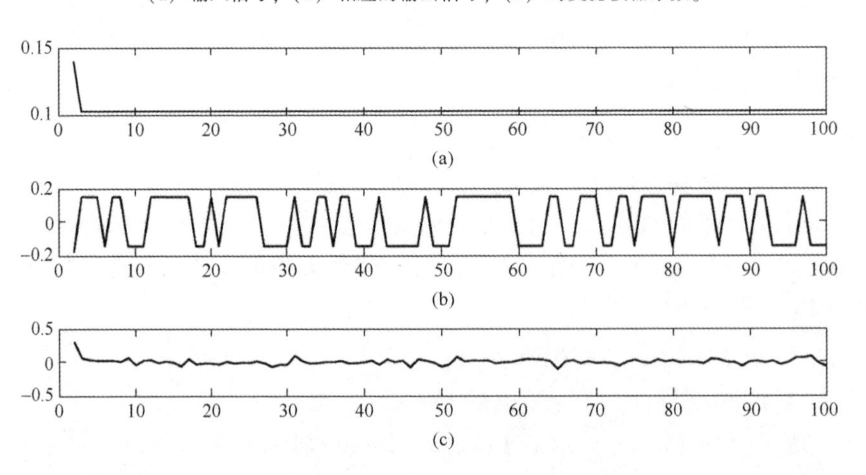

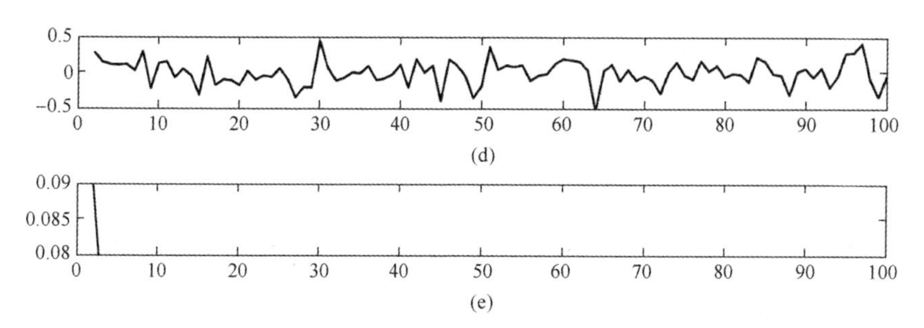

图 3-19　发送消息信号的 AR 模型

(a) 给定 $y(1)y(2)\cdots y(n-1)$ 的 $h(n)$ 估计方差；(b) 给定 $y(1)y(2)\cdots y(n)$ 更新 $h(n)$ 估计的卡尔曼增益；(c) 给定 $y(1)y(2)\cdots y(n-1)$ 的 $h(n)$ 估计值；(d) 给定 $y(1)y(2)\cdots y(n-1)y(n)$ 的 $h(n)$ 估计值；(e) 给定 $y(1)y(2)\cdots y(n)$ 的 $h(n)$ 估计方差。

卡尔曼滤波器程序如下：

```
%kalmanfilter.m
%生成时变信道系数(实)
mu=1;
a=0.2;
sigma2=1;
sigmaw2=0.1;
sigmav2=1;
h=sqrt(sigmaw2+(a^2)*sigma2)*randn(1)+a*mu;
LEN=100;
for i=2:1:LEN
    h(i)=a*h(i-1)+randn(1)*sqrt(sigmaw2);
end
%a,sigmaw2 和 sigmav2 已知
%我们希望根据导频输入信号及其对应的输出追踪时变的信道系数及其对应的输出
x=(round(rand(1,LEN))*2-1)*2;
y=[];
for i=1:1:LEN
    y=[y h(i)*x(i)+sqrt(sigmav2)*randn(1)];
end
%初始化
p_n(1)=1; hcapn(1)=1.5;
for k=2:1:LEN
    p_n_n_1(k)=(a^2)*p_n(k-1)+sigmaw2;
    kalman(k)=x(k)*p_n_n_1(k)/((x(k)^2)*p_n_n_1(k)+sigmav2);
```

```
        hcapn_n_1(k)= a * hcapn(k-1);
        residual(k)= y(k)-x(k) * hcapn_n_1(k);
        hcapn(k)= kalman(k) * residual(k)+hcapn_n_1(k);
        p_n(k)= (1-x(k) * kalman(k)) * p_n_n_1(k);
end
figure
subplot(3,1,1)
plot(x(2:1:end))
title('输入序列')
subplot(3,1,2)
plot(y(2:1:end))
title('相应的输出序列')
subplot(3,1,3)
plot(2:1:LEN,h(2:1:end)/sqrt(sum(h(2:1:end).^2)))
hold on
plot(2:1:LEN,hcapn(2:1:end)/sqrt(sum(hcapn(2:1:end).^2)),'r')
title('实际的和估计的时变滤波器系数')
figure
subplot(5,1,1)
plot(2:1:LEN,p_n_n_1(2:1:end))
title('给定 y(1) y(1)…y(n-1) h(n)的估计方差');
subplot(5,1,2)
plot(2:1:LEN,kalman(2:1:end))
title('给定 y(1)…y(n)更新 h(n)的卡尔曼增益')
subplot(5,1,3)
plot(2:1:LEN,hcapn_n_1(2:1:end))
title('给定 y(1)…y(n-1)下,h(n)的估计值');
subplot(5,1,4)
plot(2:1:LEN,residual(2:1:end))
title('给定 y(1)…y(n)更新 h(n)估计的残差')
subplot(5,1,4)
plot(2:1:LEN,hcapn(2:1:end))
title('给定 y(1)... y(n-1) y(n)下,h(n)的估计值');
subplot(5,1,5)
plot(2:1:LEN,p_n(2:1:end))
title('给定 y(1)... y(n)的 h(n)估计方差');
```

第 4 章　多输入多输出，正交频分复用

4.1　多输入多输出

假设发射端有 M 个发射天线，接收端有 N 个接收天线，则定义为多输入多输出（Multiple Input Multiple Output，MIMO）。假设第 i 个发射天线和第 j 个接收天线之间的信道链路为平坦衰落信道，表示为 h_{ij}。设发射端第 i 根天线的发射样本表示为随机变量 x_i，接收端第 j 根天线的接收样本表示为随机变量 Y_j。设随机向量 $\boldsymbol{x}$、$\boldsymbol{y}$ 和信道矩阵 $\boldsymbol{H}$ 定义如下

$$\boldsymbol{x} = | x_3 |, \quad \boldsymbol{y} = | y_3 |, \quad \boldsymbol{H} = | h_{13} \quad h_{23} \quad \cdots \quad h_{M3} |$$

随机变量 $\boldsymbol{x}$、$\boldsymbol{y}$、$\boldsymbol{H}$ 和噪声随机向量 $\boldsymbol{n}$ 的关系为

$$\boldsymbol{y} = \boldsymbol{Hx} + \boldsymbol{n} \tag{4.1}$$

随机变量 $\boldsymbol{x}$ 的结果传输包括两个阶段：

（1）利用已知导频传输估计信道矩阵 $\boldsymbol{H}$；

（2）用已知估计信道矩阵估计发射信号 $\boldsymbol{x}$。

4.1.1　迫零估计

（1）已知信道矩阵 $\boldsymbol{H}$ 条件估计发射矢量 $\boldsymbol{x}$ 的破零估计器。

迫零估计涉及求解线性方程 $\boldsymbol{y} = \boldsymbol{Hx}$，且 $\boldsymbol{y}$ 不在矩阵 $\boldsymbol{H}$ 的列空间中。将矩阵 $\boldsymbol{H}$ 的列向量表示为 $\boldsymbol{h}_1$、$\boldsymbol{h}_2$、…、$\boldsymbol{h}_M$，设$\hat{\boldsymbol{y}}$是向量 $\boldsymbol{y}$ 在矩阵 $\boldsymbol{H}$ 列空间上的投影，表示为$\hat{\boldsymbol{y}} = \alpha_1 \boldsymbol{h}_1 + \alpha_2 \boldsymbol{h}_2 + \alpha_3 \boldsymbol{h}_3 + \cdots + \alpha_M \boldsymbol{h}_M$。若误差向量 $\boldsymbol{e} = \boldsymbol{y} - \hat{\boldsymbol{y}}$正交于 $\boldsymbol{H}$ 的列空间，则$\| \boldsymbol{y} - \hat{\boldsymbol{y}} \|^2$ 可达到最小值。因此，向量 $\boldsymbol{\alpha} = [\alpha_1 \ \alpha_2 \ \alpha_3 \cdots \ \alpha_M]^{\mathrm{T}}$ 满足

$$\hat{\boldsymbol{y}} = \boldsymbol{H\alpha}$$

当 $\boldsymbol{y} - \hat{\boldsymbol{y}}$正交于矩阵 $\boldsymbol{H}$ 的列空间，则

$$(\boldsymbol{y} - \hat{\boldsymbol{y}})^{\mathrm{T}} \boldsymbol{h}_i = \boldsymbol{0} \tag{4.2}$$

$$\Rightarrow (\boldsymbol{y} - \boldsymbol{H\alpha})^{\mathrm{T}} \boldsymbol{h}_i = \boldsymbol{0} \tag{4.3}$$

结合式（4.3），对于任意的 $i = 1, 2, \cdots, M$，可得

$$(\boldsymbol{y} - \boldsymbol{H\alpha})^{\mathrm{T}} [\boldsymbol{h}_1 \quad \boldsymbol{h}_2 \quad \cdots \quad \boldsymbol{h}_M] = \boldsymbol{0}^{\mathrm{T}} \tag{4.4}$$

$$\Rightarrow(\boldsymbol{y}-\boldsymbol{H}\boldsymbol{\alpha})^{\mathrm{T}}\boldsymbol{H}=\boldsymbol{0}^{\mathrm{T}} \tag{4.5}$$

$$\Rightarrow\boldsymbol{H}^{\mathrm{T}}(\boldsymbol{y}-\boldsymbol{H}\boldsymbol{\alpha})=\boldsymbol{0} \tag{4.6}$$

$$\Rightarrow\boldsymbol{H}^{\mathrm{T}}\boldsymbol{y}=\boldsymbol{H}^{\mathrm{T}}\boldsymbol{H}\boldsymbol{\alpha} \tag{4.7}$$

$$\Rightarrow\boldsymbol{\alpha}=(\boldsymbol{H}^{\mathrm{T}}\boldsymbol{H})^{-1}\boldsymbol{H}^{\mathrm{T}}\boldsymbol{y} \tag{4.8}$$

因此，向量 $\boldsymbol{y}$ 在矩阵 $\boldsymbol{H}$ 的列空间的投影为

$$\hat{\boldsymbol{y}}=\boldsymbol{H}\boldsymbol{\alpha} \tag{4.9}$$

$$\hat{\boldsymbol{y}}=\boldsymbol{H}(\boldsymbol{H}^{\mathrm{T}}\boldsymbol{H})^{-1}\boldsymbol{H}^{\mathrm{T}}\boldsymbol{y} \tag{4.10}$$

式中：$\boldsymbol{H}(\boldsymbol{H}^{\mathrm{T}}\boldsymbol{H})^{-1}\boldsymbol{H}^{\mathrm{T}}$ 定义为投影矩阵，该投影矩阵将向量 $\boldsymbol{y}$ 投影到矩阵 $\boldsymbol{H}$ 的列空间中，从而使误差向量最小化。因此，可得 $\boldsymbol{x}$ 的估计值

$$\hat{\boldsymbol{x}}=(\boldsymbol{H}^{\mathrm{T}}\boldsymbol{H})^{-1}\boldsymbol{H}^{\mathrm{T}}\boldsymbol{y} \tag{4.11}$$

在复杂数据传输的情况下，转置实际上被厄密转置所取代。

(2) 已知导频传输矩阵 $\boldsymbol{P}$ 条件估计信道矩阵 $\boldsymbol{H}$ 的迫零估计器。

设导频符号向量为 $\boldsymbol{p}_i$，$i=1,2,\cdots,N$，接收到的符号向量表示为 $\boldsymbol{y}_1$、$\boldsymbol{y}_2$、$\cdots$、$\boldsymbol{y}_N$，令 $\boldsymbol{y}^{\mathrm{T}}=[\boldsymbol{y}_1^{\mathrm{T}}\quad \boldsymbol{y}_2^{\mathrm{T}}\quad \cdots\quad \boldsymbol{y}_N^{\mathrm{T}}]$①，$\boldsymbol{n}$ 为加性随机噪声向量。设矩阵 $\boldsymbol{H}$ 第 i 行向量为 $\boldsymbol{g}_i$，y_{ij}是向量 $\boldsymbol{y}_i$ 的第 j 个元素，则 $\boldsymbol{g}^{\mathrm{T}}=[\boldsymbol{g}_1^{\mathrm{T}}\quad \boldsymbol{g}_2^{\mathrm{T}}\quad \cdots\quad \boldsymbol{g}_N^{\mathrm{T}}]^{\mathrm{T}}$。

$$\boldsymbol{y}=\begin{bmatrix} \boldsymbol{p}_1^{\mathrm{T}} & 0 & \cdots & 0 \\ 0 & \boldsymbol{p}_1^{\mathrm{T}} & \cdots & 0 \\ \cdots & \cdots & \cdots & \cdots \\ 0 & 0 & \cdots & \boldsymbol{p}_1^{\mathrm{T}} \\ \boldsymbol{p}_2^{\mathrm{T}} & 0 & \cdots & 0 \\ 0 & \boldsymbol{p}_2^{\mathrm{T}} & \cdots & 0 \\ \cdots & \cdots & \cdots & \cdots \\ 0 & 0 & \cdots & \boldsymbol{p}_2^{\mathrm{T}} \\ \cdots & \cdots & \cdots & \cdots \\ \boldsymbol{p}_N^{\mathrm{T}} & 0 & \cdots & 0 \\ 0 & \boldsymbol{p}_N^{\mathrm{T}} & \cdots & 0 \\ \cdots & \cdots & \cdots & \cdots \\ 0 & 0 & \cdots & \boldsymbol{p}_N^{\mathrm{T}} \end{bmatrix}\boldsymbol{g}$$

上式可表示为 $\boldsymbol{y}=\boldsymbol{P}\boldsymbol{g}$，矩阵 $\boldsymbol{P}$、$\boldsymbol{g}$ 和 $\boldsymbol{y}$ 的大小分别为 $N^2\times MN$、$MN\times 1$、$N^2\times 1$。为了得到信道系数向量 $\boldsymbol{g}$ 的估计值，当 $N^2\geqslant NM$ 时选择矩阵 $\boldsymbol{P}$，例如 $N\geqslant M$

① 原书有误，译者修正。

时。这意味着选择的导频符号个数大于或等于发射机天线个数 M。利用投影方法，得到信道系数向量的估计如下。在复杂数据传输的情况下也可以得到，转置被厄密转置所取代。

$$\hat{\boldsymbol{g}}=(\boldsymbol{P}^{\mathrm{T}}\boldsymbol{P})^{-1}\boldsymbol{P}^{\mathrm{T}}\boldsymbol{y} \tag{4.12}$$

4.1.2　线性最小均方估计

基于观测 $\boldsymbol{y}$ 估计 $\boldsymbol{x}$ 时，二者之间的关系如式（4.13）所示。

$$\boldsymbol{y}=\boldsymbol{Hx}+\boldsymbol{n} \tag{4.13}$$

设后验密度函数 $f_{x/y}(\boldsymbol{x})$ 用似然函数 $f_{y/x}(\boldsymbol{y})$ 表示，先验密度函数 $f_{x}(\boldsymbol{x})$ 用贝叶斯关系表示，则

$$f_{\frac{x}{y}}(\boldsymbol{x})=\frac{f_{\frac{y}{x}}(\boldsymbol{y})f_{\boldsymbol{x}}(\boldsymbol{x})}{f_{\boldsymbol{y}}(\boldsymbol{y})} \tag{4.14}$$

假设噪声向量是均值为零、协方差矩阵为 $\boldsymbol{I}/\beta$ 的多元高斯密度函数，在这种情况下，似然函数 $f_{y/x}(\boldsymbol{y})$ 为遵循平均向量 $\boldsymbol{Hx}$ 和协方差矩阵 $\boldsymbol{I}/\beta$ 的高斯密度函数。假设先验密度函数 $f_{\boldsymbol{x}}(\boldsymbol{x})$ 是遵循均值为零协方差矩阵为 $\boldsymbol{I}/\alpha$ 的多元高斯密度函数，此时，密度函数 $f_{x/y}(\boldsymbol{x})$ 遵循高斯分布，其均值向量和协方差矩阵为

$$\boldsymbol{m}_{x/y}=\boldsymbol{C}_{x/y}(\beta\boldsymbol{H}^{\mathrm{T}}\boldsymbol{y}) \tag{4.15}$$

$$\boldsymbol{C}_{x/y}=(\alpha\boldsymbol{I}+\beta\boldsymbol{H}^{\mathrm{T}}\boldsymbol{H})^{-1} \tag{4.16}$$

$$\Rightarrow\boldsymbol{m}_{x/y}=(\alpha\boldsymbol{I}+\beta\boldsymbol{H}^{\mathrm{T}}\boldsymbol{H})^{-1}(\beta\boldsymbol{H}^{\mathrm{T}}\boldsymbol{y}) \tag{4.17}$$

$$\Rightarrow\boldsymbol{m}_{x/y}=\left(\boldsymbol{H}^{\mathrm{T}}\boldsymbol{H}+\frac{\alpha}{\beta}\boldsymbol{I}\right)^{-1}\boldsymbol{H}^{\mathrm{T}}\boldsymbol{y} \tag{4.18}$$

已知后验密度函数 $f_{x/y}(\boldsymbol{x})$ 的条件均值为线性最小均方误差估计，因此，给定观测 $\boldsymbol{y}$ 对 $\boldsymbol{x}$ 的估计如式（4.19）所示。

$$\left(\boldsymbol{H}^{\mathrm{T}}\boldsymbol{H}+\frac{\alpha}{\beta}\boldsymbol{I}\right)^{-1}\boldsymbol{H}^{\mathrm{T}}\boldsymbol{y} \tag{4.19}$$

此外，如果后验密度函数服从高斯分布函数，则最小平均绝对误差估计、最大后验密度估计的结果也等于式（4.19）。采用导频传输估计信道矩阵 $\boldsymbol{g}$ 时，得到线性最小均分估计（Linear Minimum Mean Square Estimation，LMMSE），即

$$\left(\boldsymbol{P}^{\mathrm{T}}\boldsymbol{P}+\frac{\alpha}{\beta}\boldsymbol{I}\right)^{-1}\boldsymbol{P}^{\mathrm{T}}\boldsymbol{y} \tag{4.20}$$

式中：$\boldsymbol{P}$ 为导频矩阵（详见第 4.1.1 节）。

需要强调的是，在已知信道系数估计 $\boldsymbol{x}$ 的情况下，假设先验密度函数

$f_x(\boldsymbol{x})$是高斯密度函数。同样，在给定导频符号估计信道系数时，假设先验密度函数$f_g(\boldsymbol{g})$为高斯密度函数。

由式（4.19），用 1/SNR 表示 α/β。因此，式（4.19）可表示为

$$\left(\boldsymbol{H}^{\mathrm{T}}\boldsymbol{H}+\frac{1}{\mathrm{SNR}}\boldsymbol{I}\right)^{-1}\boldsymbol{H}^{\mathrm{T}}\boldsymbol{y} \tag{4.21}$$

令式（4.21）中的 SNR→∞[①]，可得迫零估计为

$$(\boldsymbol{H}^{\mathrm{T}}\boldsymbol{H})^{-1}\boldsymbol{H}^{\mathrm{T}}\boldsymbol{y} \tag{4.22}$$

同样，令式（4.21）中的 SNR 趋于 0，则可得

$$\left(\frac{(\boldsymbol{H}^{\mathrm{T}}\boldsymbol{H})\mathrm{SNR}+\boldsymbol{I}}{\mathrm{SNR}}\right)^{-1}\boldsymbol{H}^{\mathrm{T}}\boldsymbol{y} \tag{4.23}$$

$$\Rightarrow\left(\frac{1}{\mathrm{SNR}}\boldsymbol{I}\right)^{-1}\boldsymbol{H}^{\mathrm{T}}\boldsymbol{y} \tag{4.24}$$

$$\Rightarrow\mathrm{SNR}(\boldsymbol{H}^{\mathrm{T}}\boldsymbol{y}) \tag{4.25}$$

这种估计称为匹配滤波器估计。在传输复杂数据的情况下，转置实际上被厄密转置所取代。图 4-1 为各种检测技术在不同 SNR 下的性能对比。结果表明，匹配滤波器在较低信噪比下的性能较好，而在较高信噪比下的迫零性能较好。

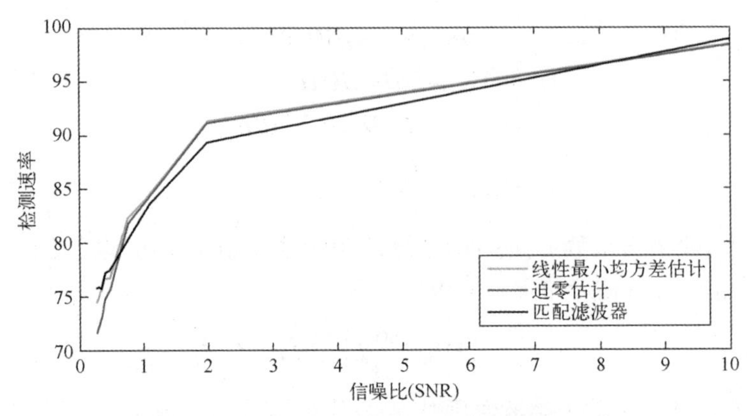

图 4-1　不同估计方法检测 MIMO 信号

多输入多输出程序如下：

```
%MIMO 检测说明%迫零检测%匹配滤波器检测%线性最小均方估计%低噪声
H=randn(2,3);
POS_MMSE=[];
```

① 原书公式有误，译者修正。

```
POS_ZF=[ ];
POS_MF=[ ];
noisevar=0.1:0.4:4;
SNRlist=1./noisevar;
for v=0.1:0.4:4
    SNR=1/v;
    LMMSE=[ ];
    MF=[ ];
    ZF=[ ];
    DATA=[ ];
for i=1:1:2000
        X=(1/sqrt(2))*(round(rand(3,1))*2-1)+j*(round(rand(3,1))*2-1);
        DATA=[DATA detect(X)];
        Y=H*X+sqrt(v/2)*(randn(2,1)+j*randn(2,1));
        temp1=pinv((H'*H+(1/SNR)*eye(3)))*H'*Y;
        LMMSE=[LMMSE detect(temp1)];
        temp2=SNR*H'*Y;
        MF=[MF detect(temp2)];
        temp3=pinv((H'*H))*H'*Y;
        ZF=[ZF detect(temp3)];
end
    POS_MMSE=[POS_MMSE 100*length(find((DATA-LMMSE)==0))/length(DA-
TA)];
    POS_ZF=[POS_ZF 100*length(find((DATA-ZF)==0))/length(DATA)];
    POS_MF=[POS_MF 100*length(find((DATA-MF)==0))/length(DATA)];
end
figure
plot(SNRlist,POS_MMSE,'r')
hold on
plot(SNRlist,POS_ZF,'b')
plot(SNRlist,POS_MF,'k')
function [res]=detect(x)%detect.m
if(real(x)>0)
    a=1;
else
    a=-1;
end
```

```
if(imag(x)>0)
    b=1;
else
    b=-1;
end
res=a+j * b;
end
```

4.2 接收机分集技术

在空间分集技术中，使用多天线而不是单天线接收来自基站传输的输入信号（见图 4-2）。假设发射机和接收机之间的信道链路 i 是平坦的，且已知信道系数 $\boldsymbol{h}_i$。令信道矩阵表示为 $\overline{\boldsymbol{C}}=[\boldsymbol{h}_1\quad \boldsymbol{h}_2\quad \boldsymbol{h}_3\quad \boldsymbol{h}_4\quad \boldsymbol{h}_5]^{\mathrm{T}}$，$n$ 时刻的输出信号向量 $\overline{\boldsymbol{Y}}=[\boldsymbol{y}_1\quad \boldsymbol{y}_2\quad \boldsymbol{y}_3\quad \boldsymbol{y}_4\quad \boldsymbol{y}_5]^{\mathrm{T}}$ 与 n 时刻的输入 $\boldsymbol{X}$ 相关，即 $\overline{\boldsymbol{Y}}=\overline{\boldsymbol{C}}\boldsymbol{X}+\overline{\boldsymbol{N}}$，$\overline{\boldsymbol{N}}$ 是不相关的高斯随机向量，即可得到发射变量 $\boldsymbol{X}$ 的迫零估计为

$$\hat{\boldsymbol{X}}^{\text{分集}}=(\boldsymbol{C}^{\mathrm{H}}\boldsymbol{C})^{-1}\boldsymbol{C}^{\mathrm{H}}\boldsymbol{Y}=\frac{\boldsymbol{h}_1^*\boldsymbol{y}_1+\boldsymbol{h}_2^*\boldsymbol{y}_2+\boldsymbol{h}_3^*\boldsymbol{y}_3+\boldsymbol{h}_4^*\boldsymbol{y}_4+\boldsymbol{h}_5^*\boldsymbol{y}_5}{(|\boldsymbol{h}_1|^2+|\boldsymbol{h}_2|^2+|\boldsymbol{h}_3|^2+|\boldsymbol{h}_4|^2+|\boldsymbol{h}_5|^2)}$$

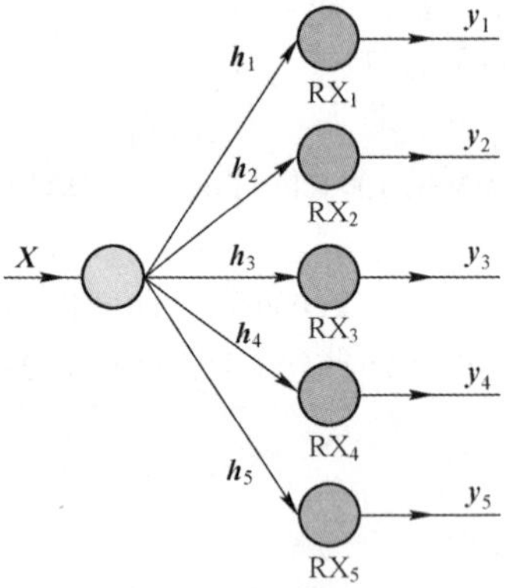

图 4-2　空间分集

假设接收信号 Y_1 的迫零估计为 $\hat{\boldsymbol{X}}^{\text{未分集}}=\boldsymbol{Y}_1/\boldsymbol{h}_1$，估计信号的信噪比（SNR）计算方法为

$$\hat{\boldsymbol{X}}^{\text{分集}}=\frac{(|\boldsymbol{h}_1|^2+|\boldsymbol{h}_2|^2+|\boldsymbol{h}_3|^2+|\boldsymbol{h}_4|^2+|\boldsymbol{h}_5|^2)x}{(|\boldsymbol{h}_1|^2+|\boldsymbol{h}_2|^2+|\boldsymbol{h}_3|^2+|\boldsymbol{h}_4|^2+|\boldsymbol{h}_5|^2)}+\frac{\boldsymbol{h}_1^*\boldsymbol{n}_1+\boldsymbol{h}_2^*\boldsymbol{n}_2+\boldsymbol{h}_3^*\boldsymbol{n}_3+\boldsymbol{h}_4^*\boldsymbol{n}_4+\boldsymbol{h}_5^*\boldsymbol{n}_5}{\boldsymbol{h}_1^2+\boldsymbol{h}_2^2+\boldsymbol{h}_3^2+\boldsymbol{h}_4^2+\boldsymbol{h}_5^2}$$

$$\Rightarrow \mathrm{SNR}_{\text{分集}}=\frac{(|\boldsymbol{h}_1|^2+|\boldsymbol{h}_2|^2+|\boldsymbol{h}_3|^2+|\boldsymbol{h}_4|^2+|\boldsymbol{h}_5|^2)\sigma_x^2}{(\sigma_n)^2}$$

未分集（单天线）的信噪比为

$$\mathrm{SNR}_{\text{未分集}}=\frac{(|\boldsymbol{h}_1|^2)\sigma_x^2}{(\sigma_n)^2} \tag{4.26}$$

如图 4-3 和图 4-4 所示，采用空间分集信号的信噪比大于没有空间分集信号的信噪比。估计随机变量 X 涉及最大比组合时，使用

$$(\boldsymbol{h}_1^*\boldsymbol{y}_1+\boldsymbol{h}_2^*\boldsymbol{y}_2+\boldsymbol{h}_3^*\boldsymbol{y}_3+\boldsymbol{h}_4^*\boldsymbol{y}_4+\boldsymbol{h}_5^*\boldsymbol{y}_5)/(|\boldsymbol{h}_1|^2+|\boldsymbol{h}_2|^2+|\boldsymbol{h}_3|^2+|\boldsymbol{h}_4|^2+|\boldsymbol{h}_5|^2)$$

令 $\boldsymbol{h}_i=|\boldsymbol{h}_i|\angle\boldsymbol{h}_i$，假设 $|\boldsymbol{h}_i|$ 为常数（比如 1），则随机变量 X 的估计结果为

$$(\mathrm{e}^{-\mathrm{j}\angle\boldsymbol{h}_1}\boldsymbol{y}_1+\mathrm{e}^{-\mathrm{j}\angle\boldsymbol{h}_2}\boldsymbol{y}_2+\mathrm{e}^{-\mathrm{j}\angle\boldsymbol{h}_3}\boldsymbol{y}_3+\mathrm{e}^{-\angle\boldsymbol{h}_4}\boldsymbol{y}_4+\mathrm{e}^{-\angle\boldsymbol{h}_5}\boldsymbol{y}_5)/5$$

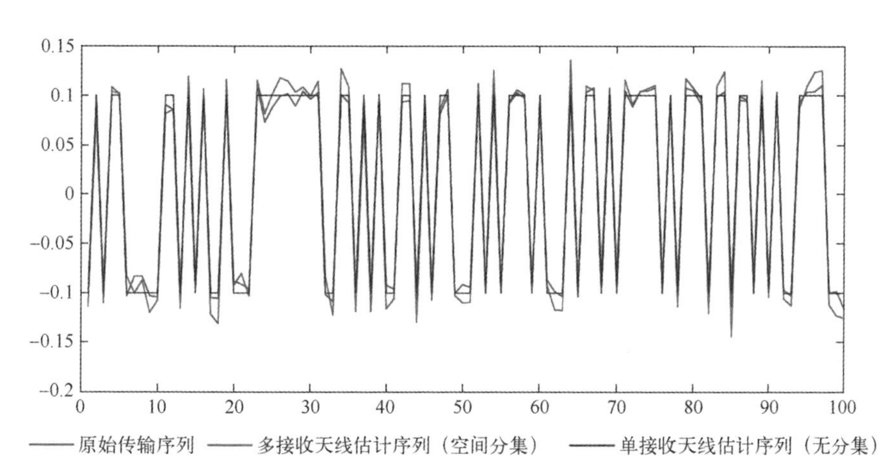

图 4-3　空间分集（图中为发射基带序列的实部和估计的实部）（见彩图）

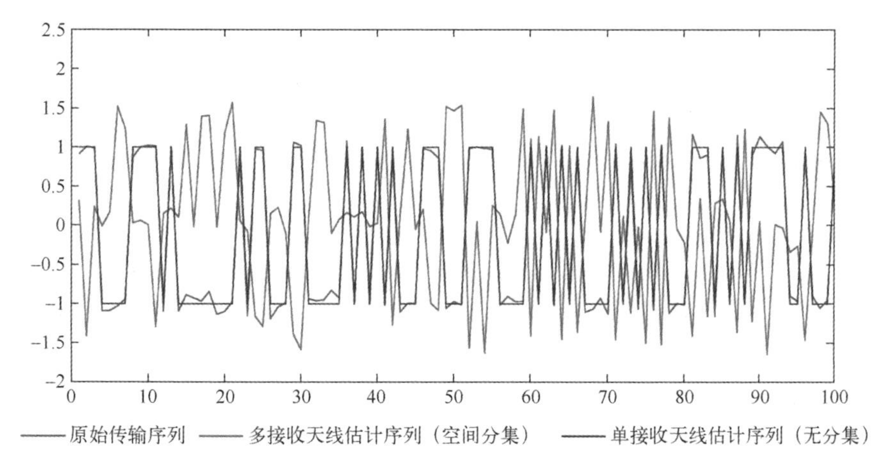

图 4-4　空间分集（图中为发射基带序列的实部和估计的虚部）（见彩图）

这就是等增益合并，该方法有助于增加两个连续信道系数估计之间的时间间隔。在第三种方法中，可以选择信噪比最大的方法估计 $\boldsymbol{Y}_i/\boldsymbol{h}_i$，这种方法称为选择组合法。

空间分集程序如下：

```
%产生导频信号
LEN=100;
x=(round(rand(1,LEN))*2-1)+j*(round(rand(1,LEN))*2-1);
for i=1:1:5
    h(i)=sqrt(0.1)*randn+j*sqrt(0.1)*randn;
end
h=transpose(h);
%接收信号
for k=1:1:length(x)
    s=[];
for i=1:1:5
        s=[s x(k)*h(i)+sqrt(0.005)*randn+j*sqrt(0.005)*randn];
end
    y{k}=s;
end
y1=transpose(cell2mat(transpose(y)));
%输入信号的估计
for k=1:1:LEN
    xest(k)=pinv(h'*h)*h'*transpose(y{k});
end
figure
plot(real(xest)/sum(real(xest)),'m')
hold on
plot(real(y1(1,:)./h(1))/sum(real(y1(1,:)./h(1))),'r')
plot(real(x)/sum(real(x)),'b')
figure
plot(imag(xest),'m')
hold on
plot(imag(y1(2,:)./h(2)'),'r')
plot(imag(x),'b')
```

4.3　分集 MISO 模型

如果发射端天线较多，接收端天线仅有 1 个，则接收到的信号为

$$\boldsymbol{y}=\boldsymbol{h}\boldsymbol{x}+\boldsymbol{n} \tag{4.27}$$

具有多根天线的接收端匹配滤波器的输出为 $\boldsymbol{h}^{\mathrm{H}}\boldsymbol{h}\boldsymbol{x}+\boldsymbol{h}^{\mathrm{H}}\boldsymbol{n}$，得到匹配滤波器输出的信噪比和信号功率为

$$E(|\boldsymbol{h}_1|^2+|\boldsymbol{h}_2|^2+\cdots+|\boldsymbol{h}_N|^2)E(\boldsymbol{x}^2) \tag{4.28}$$

$$\|\boldsymbol{h}\|^4 P \tag{4.29}$$

噪声功率为

$$E(|\boldsymbol{h}_1^{\mathrm{H}}\boldsymbol{n}_1|^2+|\boldsymbol{h}_2^{\mathrm{H}}\boldsymbol{n}_2|^2+\cdots+|\boldsymbol{h}_N^{\mathrm{H}}\boldsymbol{n}_N|^2) \tag{4.30}$$

$$\|\boldsymbol{h}\|^2\sigma^2 \tag{4.31}$$

因此，接收机部分匹配滤波后的信噪比为

$$\mathrm{SNR}=\|\boldsymbol{h}\|^2\frac{P}{\sigma^2} \tag{4.32}$$

在平坦信道响应中，假设各滤波器系数为复高斯密度函数，设 $E(|\boldsymbol{h}_i|^2)=K$，所以 $E(\mathrm{SNR})=E(\|\boldsymbol{h}\|^2P/\sigma^2)=NKP/\sigma^2$。在单发射机天线的情况下，预期信噪比为 KP/σ^2。可以看出，多天线的预期信噪比增加了 N 倍，定义为分集接收。可以看出，即使发射端天线之间有少数链路处于深衰落状态，其他链路也有助于提高检测率。

4.4　多用户大规模 MIMO

如果基站的天线数量（N）明显较大，则称为大规模 MIMO（见图 4-5）。信道状态信息（Channel State Information，CSI）是由用户向基站发送导频符号获得的，上行链路（Up Link，UL）中获得的信道状态信息用于下行链路（Down Link，DL），称为信道互易。导频符号个数等于发射天线个数，如果单个用户使用单天线，则导频符号个数等于用户个数。设基站中第 i 个用户天线与第 j 个基站天线之间的链路表示为 h_{ij}，第 i 个用户天线与基站内所有天线间的天线系数矢量表示为 $\boldsymbol{h}_i=[h_{i1}\quad h_{i2}\quad h_{i3}\quad\cdots\quad h_{iN}]^{\mathrm{T}}$，可以看出，随着基站内天线数量趋于∞，信道系数向量正交。即当 $i\neq j$ 时，$\boldsymbol{h}_i^{\mathrm{H}}\boldsymbol{h}_j=0$，这种状态定义为渐近正交，图 4-6 展示了随着基站天线数量 M 增加信道向量的正交性。

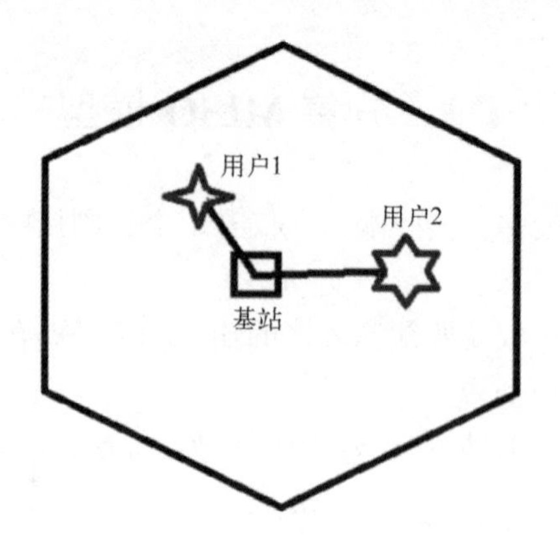

图 4-5　具有两个用户的多用户多通道大规模 MIMO

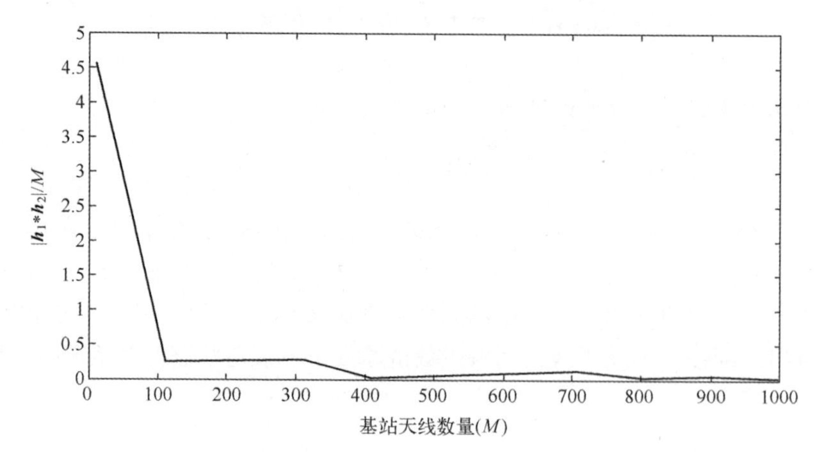

图 4-6　随 M 的增加，渐近地获得两个信道向量的正交性

大规模 MIMO（2 个用户）程序如下：

```
%假设基站的天线数为 10000
res=[];
for M=10:100:10000
    cv=[randn(1000,1)+j*randn(1000,1) randn(1000,1)+j*randn(1000,1)];
    res=[res abs((cv(:,1)'*cv(:,2))/M)];
end
figure
plot(10:100:10000,res)
title('在大规模 MIMO 中，当 M 增加时，实现信道向量的正交性(单位幅度)')
```

考虑两个用户的大规模 MIMO 场景，对应的信道向量（两个用户）分别表示为：$\boldsymbol{h}_1=[\boldsymbol{h}_{11}\quad \boldsymbol{h}_{12}\quad \boldsymbol{h}_{13}\quad \cdots\quad \boldsymbol{h}_{1N}]^{\mathrm{T}}$ 和 $\boldsymbol{h}_2=[\boldsymbol{h}_{21}\quad \boldsymbol{h}_{22}\quad \boldsymbol{h}_{23}\quad \cdots\quad \boldsymbol{h}_{2N}]^{\mathrm{T}}$。

假设基站已知信道状态信息，要传递给 2 个用户的符号表示为 X_1 和 X_2，将这两个符号与预编码器相乘，得到基站中 N 根天线（图中 $N=5$）发射的实际符号如下。

（1）天线 1：$X_1h_{11}^*+X_2*h_{21}^*$；

（2）天线 2：$X_1h_{12}^*+X_2*h_{22}^*$；

（3）天线 3：$X_1h_{13}^*+X_2*h_{23}^*$；

（4）天线 4：$X_1h_{14}^*+X_2*h_{24}^*$；

（5）天线 5：$X_1h_{15}^*+X_2*h_{25}^*$。

用户 1 所接收到的信号为

$$
\begin{aligned}
&(X_1h_{11}^*+X_2*h_{21}^*)h_{11}+(X_1h_{12}^*+X_2*h_{22}^*)h_{12}\\
&+(X_1h_{13}^*+X_2*h_{23}^*)h_{13}+(X_1h_{14}^*+X_2*h_{24}^*)h_{14}\\
&+(X_1h_{15}^*+X_2*h_{25}^*)h_{15}+\text{噪声} \qquad [1]\\
&\Rightarrow X_1(h_{11}^*h_{11}+h_{12}^*h_{12}^*+h_{13}^*h_{13}+h_{14}^*h_{14}+h_{15}^*h_{15})\\
&+X_2(h_{21}^*h_{11}+h_{22}^*h_{12}^*+h_{23}^*h_{13}+h_{24}^*h_{14}+h_{25}^*h_{15})+\text{噪声}
\end{aligned}
$$

如上所述，如果 N 很大，$h_{21}^*h_{11}+h_{22}^*h_{12}^*+h_{23}^*h_{13}+h_{24}^*h_{14}+h_{25}^*h_{15}$[2]的值趋于零。因此，用户 1 接收到的符号为

$$X_1(|h_{11}|^2+|h_{12}|^2+|h_{13}|^2+|h_{14}|^2+|h_{15}|^2)+X_2(0)+\text{噪声} \tag{4.33}$$

所以，接收到的符号是带附加噪声传输的正比例符号，这种技术称为预编码技术。如果信道向量相互正交且能够对信道状态信息 CSI 理想估计，则该方法成立。同样，得到用户 2 接收到的符号为 $X_1(0)+X_2(|h_{21}|^2+|h_{22}|^2+|h_{23}|^2+|h_{24}|^2+|h_{25}|^2)+$噪声。

在上述情况下，基站天线接收到的符号如下。

（1）天线 1：$X_1h_{11}+X_2h_{21}+n1$；

（2）天线 2：$X_1h_{12}+X_2h_{22}+n2$；

（3）天线 3：$X_1h_{13}+X_2h_{23}+n3$；

（4）天线 4：$X_1h_{14}+X_2h_{24}+n4$；

（5）天线 5：$X_1h_{15}+X_2h_{25}+n5$。

符号 X_1 是将单根天线（合成器）接收到的符号进行如下组合得到。

① 原书公式有误，译者修正。

② 原书公式有误，译者修正。

$$
\begin{aligned}
&(X_1h_{11}+X_2h_{12}+n1)h_{11}^*+(X_1h_{21}+X_2h_{22}+n2)h_{21}^*\\
&+(X_1h_{31}+X_2h_{32}+n3)h_{31}^*+(X_1h_{41}+X_2h_{42}+n4)h_{41}^*\\
&+(X_1h_{51}+X_2h_{52}+n5)h_{51}^* \quad ①\\
&\Rightarrow X_1(h_{11}^*h_{11}+h_{12}^*h_{12}^*+h_{13}^*h_{13}+h_{14}^*h_{14}+h_{15}^*h_{15})\\
&+X_2(h_{21}^*h_{11}+h_{22}^*h_{12}^*+h_{23}^*h_{13}+h_{24}^*h_{14}+h_{25}^*h_{15})+\boldsymbol{h}_1^{\mathrm{H}}\boldsymbol{n}
\end{aligned}
$$

式中：$\boldsymbol{n}$ 为噪声向量。

用户 1 接收到的符号为

$$X_1(|h_{11}|^2+|h_{12}|^2+|h_{13}|^2+|h_{14}|^2+|h_{15}|^2)+X_2(0)+\text{噪声}$$

同理，用户 2 接收到的符号为

$$X_1(0)+X_2(|h_{21}|^2+|h_{22}|^2+|h_{23}|^2+|h_{24}|^2+|h_{25}|^2)+\text{噪声}$$

与下行链路检测采用预编码技术相似，上行链路检测采用合成器并假设信道向量正交同时信道状态信息能够理想估计。图 4-7～图 4-9 显示了在不同信噪比下，增加基站天线数量对提高检测率性能的重要性。

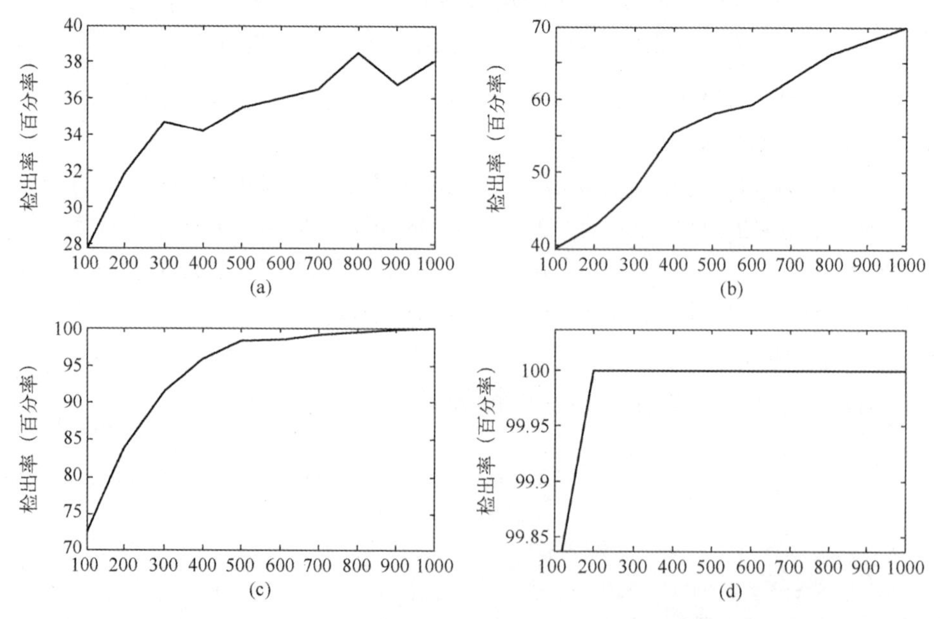

图 4-7　在不同信噪比下，利用大规模 MIMO 检测用户 1 相关符号合成器检测率性能（图中检测率随基站天线数量（M）增加而增加，检测率随信噪比增加而增加）
（a）0dB；（b）10dB；（c）20dB；（d）30dB。

① 原书公式有误，译者修正。

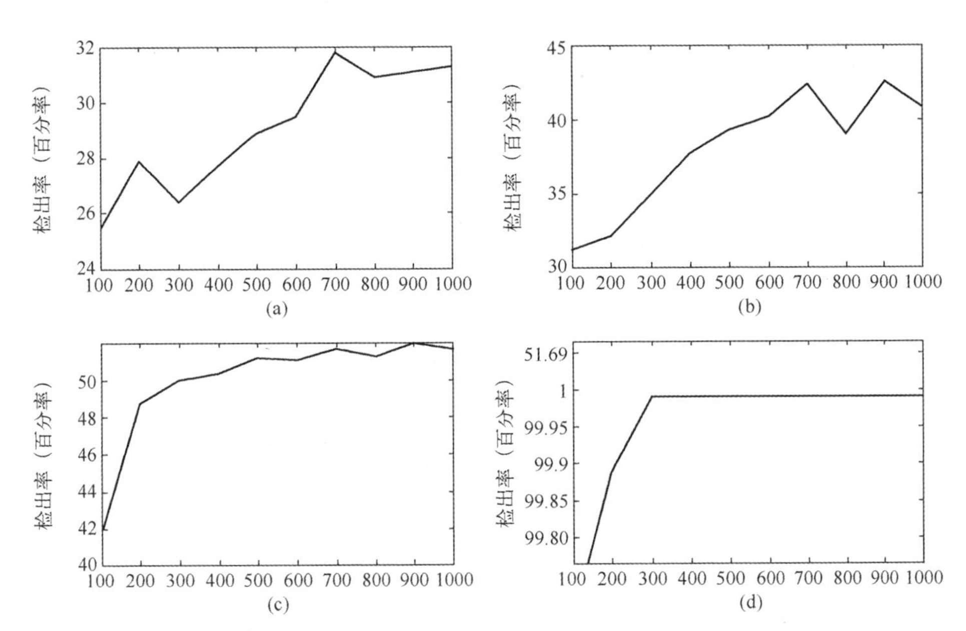

图 4-8　在不同信噪比下，利用大规模 MIMO 检测用户 2 相关符号合成器检测率性能（图中检测率随基站中天线数量（*M*）增加而增加，检测率随信噪比增加而增加）
（a）0dB；（b）10dB；（c）20dB；（d）30dB。

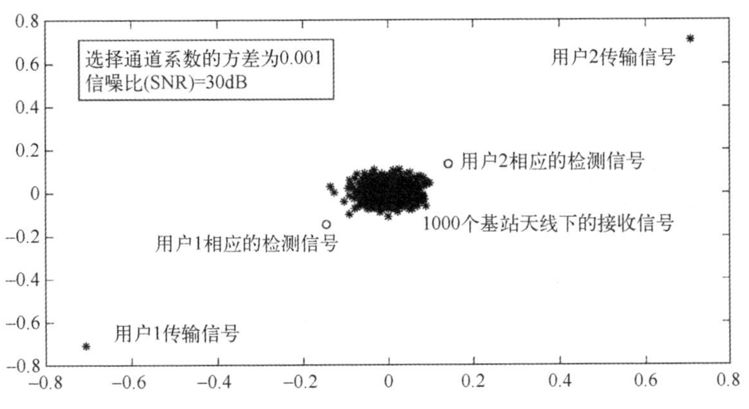

图 4-9　两个用户发送的典型符号、基站中 1000 根天线接收到的对应符号以及使用合成器检测到的对应符号

相关程序如下：

```
%数据采样(DS)
ds=1000;
S1=sign(((rand(ds,1)*2-1)))+j*sign(((rand(ds,1)*2-1)));
S2=sign(((rand(ds,1)*2-1)))+j*sign(((rand(ds,1)*2-1)));
```

```
S1=S1./sqrt(2);
S2=S2./sqrt(2);
SNRdB=0:10:30;
p=1;
for p=1:1:length(SNRdB)
    v=1/(10^(SNRdB(p)/10));
    POS=[];
for q=100:100:1000
        h1=0.01*(randn(q,1)+j*randn(q,1));
        h2=0.01*(randn(q,1)+j*randn(q,1));
        R=[];
for r=1:1:ds;
            R=[R h1*S1(r)+h2*S2(r)+sqrt(v)*(randn(q,1)+j*randn(q,1))];
end
%用合成器检测理想信道状态信息的S1
        S1_predicted=[];
for i=1:1:ds
            S1_predicted=[S1_predicted sign(real(h1'*R(:,i)))+j*sign(imag(h1'
*R(:,i)))];
end
        temp=sign(real(S1))+j*sign(imag(S1));
        POS=[POS length(find((transpose(temp)-S1_predicted)==0))/length(S1)]
end
    subplot(2,2,p)
    plot(100:100:1000,POS*100)
    xlabel('基站天线数目')
    ylabel('检测率(百分率)')
    title(num2str(SNRdB(p)))
    p=p+1;
end
%RX数据对应第一组数据
TX1=S1(1);
TX2=S2(1);
RX=R(:,1);
D1=h1'*RX;
D2=h2'*RX;
figure
```

```
plot(real(TX1),imag(TX1),'b * ');
hold on
plot(real(TX2),imag(TX2),'r * ');
plot(real(D1),imag(D1),'bo');
plot(real(D2),imag(D2),'ro');
hold on
plot(real(RX),imag(RX),'k * ')
```

4.5　上行链路大规模 MIMO 场景下各态历经性信道容量计算

计算用户 1 的信干噪比时，根据特定的信道系数 $\boldsymbol{h}_1$ 计算信干噪比，考虑随机变量 $\boldsymbol{w}^{\mathrm{H}}\boldsymbol{h}_1$，其中，向量 $\boldsymbol{h}_1$ 中的元素与 $\boldsymbol{w}^{\mathrm{H}}\boldsymbol{w}=1$（单位向量）不相关，识别出的随机变量的均值和方差为

$$E(\boldsymbol{w}^{\mathrm{H}}\boldsymbol{h}_1)=\boldsymbol{w}^{\mathrm{H}}E(\boldsymbol{h}_1)=0$$

$$E(|\boldsymbol{w}^{\mathrm{H}}\boldsymbol{h}_1|^2)=E((w_1h_{11}^*+w_2h_{12}^*+\cdots+w_Nh_{1N}^*)\times(w_1^*h_{11}+w_2^*h_{12}+\cdots+w_N^*h_{1N}))$$

$$\begin{aligned}\Rightarrow E(|\boldsymbol{w}^{\mathrm{H}}\boldsymbol{h}_1|^2)&=E(w_1h_{11}^*w_1^*h_{11})+E(w_2h_{12}^*w_2^*h_{12})\\&\quad+\cdots+E(w_Nh_{1N}^*w_N^*h_{1N})+0\\&=E(|w_1|^2|h_{11}|^2+|w_2|^2|h_{12}|^2+\cdots+|w_N|^2|h_{1N}|^2)\\&=\beta_1^2(w_1^2+w_2^2+\cdots+w_N^2)\\&\Rightarrow\|\boldsymbol{w}\|^2\beta_1\end{aligned}$$

$E(w_1h_{11}^*w_1^*h_{11})+E(w_2h_{12}^*w_2^*h_{12})+\cdots+E(w_Nh_{1N}^*w_N^*h_{1N})+0$ 中的 0 表示通道系数各元素之间的不相关分量，当 $i\neq j$ 时，$E(w_ih_{1i}^*h_{1j}w_j^*)=0$[①]。

$$\frac{E(|X_1|^2)\|\boldsymbol{h}_1\|^4}{E(|X_2|^2)E(|\boldsymbol{h}_2^{\mathrm{H}}\boldsymbol{h}_1|^2)+E(|\boldsymbol{h}_1^{\mathrm{H}}\boldsymbol{n}|^2)}$$

$$\frac{P(\|\boldsymbol{h}_1\|^4)}{PE(|\boldsymbol{h}_2^{\mathrm{H}}\boldsymbol{h}_1|^2)+E(|\boldsymbol{h}_1^{\mathrm{H}}\boldsymbol{n}|^2)}$$

$$\frac{P(\|\boldsymbol{h}_1\|^2)}{PE\left(\dfrac{|\boldsymbol{h}_2^{\mathrm{H}}\boldsymbol{h}_1|^2}{\|\boldsymbol{h}_1\|^2}\right)+E\left(\dfrac{|\boldsymbol{h}_1^{\mathrm{H}}\boldsymbol{n}|^2}{\|\boldsymbol{h}_1\|^2}\right)}$$

① 原书有误，译者修正。

$$\frac{P(\|\boldsymbol{h}_1\|^2)}{PE\left(\left|\boldsymbol{h}_2^{\mathrm{H}}\frac{\boldsymbol{h}_1}{\|\boldsymbol{h}_1\|}\right|^2\right)+E\left(\left|\boldsymbol{n}^{\mathrm{H}}\frac{\boldsymbol{h}_1}{\|\boldsymbol{h}_1\|}\right|^2\right)}$$

式中：$E(|\boldsymbol{n}|^2)=\sigma_n^2$ 为向量 $\boldsymbol{n}$ 中各个元素的方差。

设单根天线传输的总功率随 M 的增大而成比例减小，将 $P=G/M$ 代入上式，并令 $M\to\infty$，得

$$\frac{G(\|\boldsymbol{h}_1\|^2)/M}{G\beta_2/N+\sigma_n^2} \tag{4.34}$$

式中：对于任意 j，$E(|h_{2j}|^2)=\beta_2$、h_{2j}为向量 $\boldsymbol{h}_2$ 的第 j 个元素。

可以证明，当 $M\to\infty$ 时，$\|\boldsymbol{h}_1\|^2/N$ 趋于 β_1（大数定律）。

大数定律：如果 X_1、X_2、…、X_N 为相互独立且同分布的随机变量，当 $N\to\infty$ 时，$(X_1+X_2+\cdots+X_N)/N=E(X)=\mu$。

即，当 $E(|h_{11}|^2)=E(|h_{12}|^2)=\cdots=E(|h_{1M}|^2)=\beta_1$ 时，

$$\|\boldsymbol{h}_1\|^2/M=(|h_{11}|^2+|h_{12}|^2+|h_{13}|^2+|h_{14}|^2+\cdots+|h_{1M}|^2)/N$$

可以看出，单一用户的功率随着 N 的增加成比例缩小，信干噪比收敛于常数 $G\beta_1/\sigma_n^2$。

因此，在上行链路大规模 MIMO 场景（$M\to\infty$）中，典型用户（用户 1）的遍历信道容量（所有衰落状态下的平均瞬时容量）为$\log_2(1+G\beta_1/\sigma_n^2)$。图 4-10 展示了通过降低个体发射功率因子 M，使信干噪比（随 M）在完全信道状态信息下收敛。

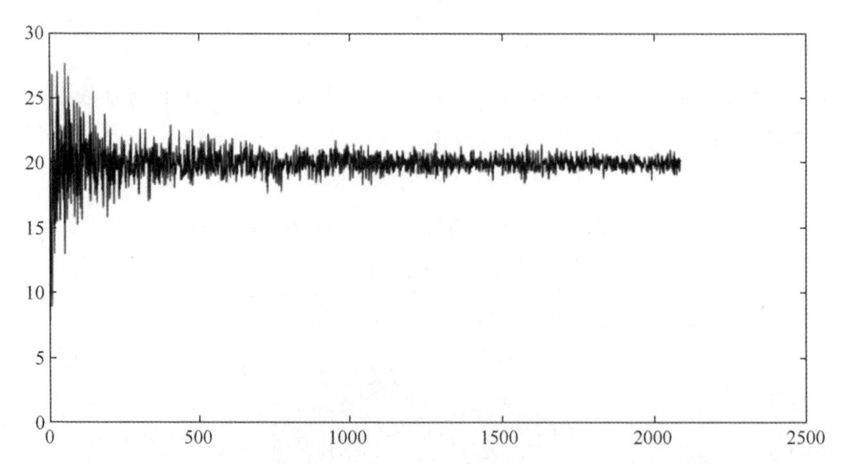

图 4-10　在上行链路大规模 MIMO 场景中（有 2 个用户）设置检测用户 1 符号时，信干噪比（随着 M 的增加）收敛于 $G\beta_1/\sigma_n^2=20$，$G=1$，$\beta_1=2$，$\sigma_n^2=0.1$

相关程序如下：

```
%通过将信号功率降低到基站天线数量的 M 倍来实现信干噪比的收敛
SNRdB=10;
SINR=[];
for q=1:1:50000
    ncol=0;
    h1col=0;
    s=0;
    v=1/(10^(SNRdB/10));
    h1=(randn(q,1)+j*randn(q,1));
    h1norm=norm(h1);
    noise=0;
    I=0;
for i=1:1:50000
        h2=(randn(q,1)+j*randn(q,1));
        I=I+(abs((h1/h1norm)'*h2)^2);
        n=sqrt(v/2)*(randn(q,1)+j*randn(q,1));
        noise=noise+(abs((h1/h1norm)'*n))^2;
end
    I=I/50000;
    noise=noise/50000;
    SINR=[SINR (((1/q)*h1norm^2)/((I/q)+noise))];
end
```

4.6　导频污染下多用户 MIMO

在这种情况下，在导频传输阶段估计信道系数，导频符号由用户传送到基站。假设基站中有两个用户和 4 根天线（见图 4-11），用户 i 与第 j 根天线之间的链路表示为 h_{ij}。用户 1 向用户 2 同时发送导频符号 ϕ_{11} 和 ϕ_{21} 并接收 $[y_{11}\quad y_{21}\quad y_{31}\quad y_{41}]$，下一组发送导频符号 ϕ_{21} 和 ϕ_{22} 并接收 $[y_{12}\quad y_{22}\quad y_{32}\quad y_{42}]$，可用式（4.35）所示的矩阵形式表示，其中 $\boldsymbol{Y}$、$\boldsymbol{H}$ 导频矩阵 $\boldsymbol{\Phi}$ 和噪声矩阵 $\boldsymbol{N}$ 表示如下

$$\boldsymbol{Y}=\begin{bmatrix} y_{11} & y_{12} \\ y_{21} & y_{22} \\ y_{31} & y_{32} \\ y_{41} & y_{42} \end{bmatrix},\quad \boldsymbol{H}=\begin{bmatrix} h_{11} & h_{12} \\ h_{21} & h_{22} \\ h_{31} & h_{32} \\ h_{41} & h_{42} \end{bmatrix},\quad \boldsymbol{\Phi}=\begin{bmatrix} \phi_{11} & \phi_{12} \\ \phi_{21} & \phi_{22} \end{bmatrix},\quad \boldsymbol{N}=\begin{bmatrix} n_{11} & n_{12} \\ n_{21} & n_{22} \\ n_{31} & n_{32} \\ n_{41} & n_{42} \end{bmatrix}$$

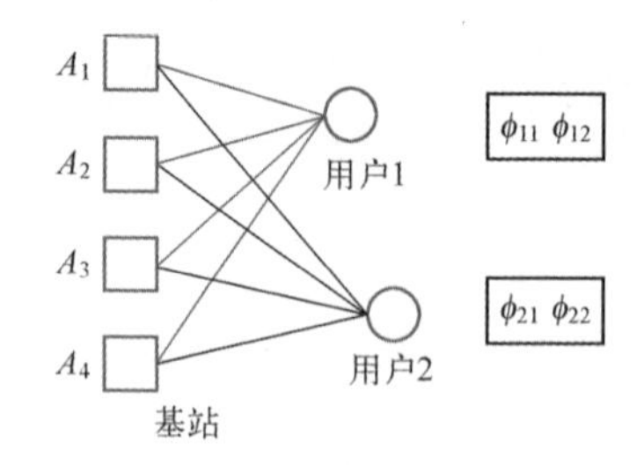

图 4-11　使用导频传输的信道估计

$$\boldsymbol{Y}=\sqrt{p}\boldsymbol{H\Phi}+\boldsymbol{N} \tag{4.35}$$

选择导频矩阵 $\boldsymbol{\Phi}$，使其各行正交。在式（4.35）[①] 的两边乘以 $\boldsymbol{\Phi}^{\mathrm{H}}$，得

$$\frac{\boldsymbol{Y\Phi}^{\mathrm{H}}}{\sqrt{p}}=\boldsymbol{H\Phi\Phi}^{\mathrm{H}}+\frac{\boldsymbol{N\Phi}^{\mathrm{H}}}{\sqrt{p}}$$

$$\hat{\boldsymbol{H}}=\boldsymbol{H}+\frac{\boldsymbol{N\Phi}^{\mathrm{H}}}{\sqrt{p}}$$

因此，检测到的信道矩阵$\hat{\boldsymbol{H}}$为被污染的信道矩阵，污染信道矩阵的元素如式（4.36）所示。

$$\hat{h}_{11}=h_{11}+v_{11} \tag{4.36}$$

式中：v_{11}为（1，1）矩阵 $\boldsymbol{N\Phi}^{\mathrm{H}}/\sqrt{p}$中的元素。

$$\frac{n_{11}\phi_{11}^{\mathrm{H}}+n_{12}\phi_{12}^{\mathrm{H}}}{\sqrt{p}} \tag{4.37}$$

随机变量 v_{11}的均值为

$$E(v_{11})=E\left(\frac{n_{11}\phi_{11}^{\mathrm{H}}+n_{12}\phi_{12}^{\mathrm{H}}}{\sqrt{p}}\right)=\frac{n_{11}E(\phi_{11}^{\mathrm{H}})+n_{12}E(\phi_{12}^{\mathrm{H}})}{\sqrt{p}}=0^{②} \tag{4.38}$$

随机变量 v_{11}的方差为

$$E(|v_{11}|^2)=E\left(\frac{(n_{11}\phi_{11}^{\mathrm{H}}+n_{12}\phi_{12}^{\mathrm{H}})^2}{\sqrt{p}}\right)$$

$$\Rightarrow E(|v_{11}|^2)=\frac{E(|n_{11}|^2|\phi_{11}^{\mathrm{H}}|^2)+E(|n_{12}|^2|\phi_{12}^{\mathrm{H}}|^2)+2E(|n_{11}||\phi_{11}^{\mathrm{H}}||n_{12}||\phi_{12}^{\mathrm{H}}|)}{p}$$

$$\Rightarrow E\left(\frac{|n_{11}|^2}{p}\right)E((|\phi_{11}^{\mathrm{H}}|)^2)+E\left(\frac{|n_{12}|^2}{p}\right)E((|\phi_{12}^{\mathrm{H}}|)^2)+0$$

① 原书有误，译者修正。

② 原书公式有误，译者修正。

$$\Rightarrow \frac{\sigma_n^2}{p}((\phi_{11}^{\mathrm{H}})^2+(\phi_{12}^{\mathrm{H}})^2)$$

$$\Rightarrow \frac{\sigma_n^2}{p}$$

令传输每个导频符号的功率为 p_{u}，若导频符号个数与用户个数相等，则可得 $p_{\mathrm{u}}=p/2$。

检测到用户 1 发送的符号后，计算用户 1 与基站之间的信干噪比。设符号 X_1 和 X_2 分别从用户 1 和用户 2 传输到有四根天线的基站，各天线处接收到的符号为

（1）A_1：$\sqrt{p/2}(X_1h_{11}+X_2h_{21})+n_1$；

（2）A_2：$\sqrt{p/2}(X_1h_{12}+X_2h_{22})+n_2$；

（3）A_3：$\sqrt{p/2}(X_1h_{13}+X_2h_{23})+n_3$；

（4）A_4：$\sqrt{p/2}(X_1h_{14}+X_2h_{24})+n_4$。

基于估计的信道系数 $\hat{h}_{ij}$，利用合成器检测 X_1，可得

$$A_1\hat{h}_{11}^*+A_2\hat{h}_{12}^*+A_3\hat{h}_{13}^*+A_4\hat{h}_{14}^*$$

$$\Rightarrow \left(\sqrt{\frac{p}{2}}(X_1h_{11}+X_2h_{21})+n_1\right)\hat{h}_{11}^*+\left(\sqrt{p}(X_1h_{12}+X_2h_{22})+n_2\right)\hat{h}_{12}^*$$

$$+\left(\sqrt{\frac{p}{2}}(X_1h_{13}+X_2h_{23})+n_3\right)\hat{h}_{13}^*+\left(\sqrt{p}(X_1h_{14}+X_2h_{24})+n_4\right)\hat{h}_{14}^*$$

$$\Rightarrow \sqrt{\frac{p}{2}}(X_1(h_{11}(h_{11}+v_{11})^*+h_{12}(h_{12}+v_{12})^*+h_{13}(h_{13}+v_{13})^*+h_{14}(h_{14}+v_{14})^*))$$

$$+\sqrt{\frac{p}{2}}(X_2(h_{21}(h_{11}+v_{11})^*+h_{22}(h_{12}+v_{12})^*+h_{23}(h_{13}+v_{13})^*+h_{24}(h_{14}+v_{14})^*))$$

$$+\sqrt{\frac{p}{2}}(n_1\hat{h}_{11}^*+n_2\hat{h}_{12}^*+n_3\hat{h}_{13}^*+n_4\hat{h}_{14}^*)$$

$$\Rightarrow \sqrt{\frac{p}{2}}X_1(|h_{11}|^2+|h_{12}|^2+|h_{13}|^2+|h_{14}|^2)+\sqrt{\frac{p}{2}}X_1(h_{11}v_{11}^*+h_{12}v_{12}^*+h_{13}v_{13}^*+h_{14}v_{14}^*)$$

$$+\sqrt{\frac{p}{2}}X_2(h_{21}h_{11}^*+h_{22}h_{12}^*+h_{23}h_{13}^*+h_{24}h_{14}^*)+\sqrt{\frac{p}{2}}X_2(h_{21}v_{11}^*+h_{22}v_{12}^*+h_{23}v_{13}^*+h_{24}v_{14}^*)$$

$$+(n_1h_{11}^*+n_1v_{11}^*+n_2h_{12}^*+n_2v_{12}^*+n_3h_{13}^*+n_3v_{13}^*+n_4h_{14}^*+n_4v_{14}^*)$$

因此，采用非理想信道状态信息 $\hat{\boldsymbol{h}}_1$ 计算信干噪比的方法如下（计算信噪比时假设 $\boldsymbol{h}_1$ 为固定值）。

（1）信号功率：$p_u\|\boldsymbol{h}_1\|^4$；

（2）干扰功率 1：$p_u E((|h_{11}v_{11}^*|^2+|h_{12}v_{12}^*|^2+|h_{13}v_{13}^*|^2+|h_{14}v_{14}^*|^2))$；

（3）干扰功率 2：$p_u E((|h_{21}v_{11}^*|^2+|h_{22}v_{12}^*|^2+|h_{23}v_{13}^*|^2+|h_{24}v_{14}^*|^2))$；

（4）干扰功率 3：$p_u E((|h_{21}h_{11}^*|^2+|h_{22}h_{12}^*|^2+|h_{23}h_{13}^*|^2+|h_{24}h_{14}^*|^2))$；

（5）噪声功率 1：$E(|n_1h_{11}^*|^2+|n_2h_{12}^*|^2+|n_3h_{13}^*|^2+|n_4h_{14}^*|^2)$；

（6）噪声功率 2：$E(|n_1v_{11}^*|^2+|n_2v_{12}^*|^2+|n_3v_{13}^*|^2+|n_4v_{14}^*|^2)$。

式中：干扰功率 1 可简化为

$$
\begin{aligned}
& p_u E((|h_{11}v_{11}^*|^2+|h_{12}v_{12}^*|^2+|h_{13}v_{13}^*|^2+|h_{14}v_{14}^*|^2)) \\
& \Rightarrow p_u E((h_{11}v_{11}^*)^*(h_{11}v_{11}^*)+(h_{12}v_{12}^*)^*(h_{12}v_{12}^*)+(h_{13}v_{13}^*)^*(h_{13}v_{13}^*) \\
& +(h_{14}v_{14}^*)^*(h_{14}v_{14}^*)(h_{11}v_{11}^*)^*(h_{12}v_{12}^*)+(h_{11}v_{11}^*)^*(h_{13}v_{13}^*)+(h_{11}v_{11}^*)^*(h_{14}v_{14}^*) \\
& +(h_{12}v_{12}^*)^*(h_{13}v_{13}^*)+(h_{12}v_{12}^*)^*(h_{14}v_{14}^*)) \\
& \Rightarrow p_u E(|h_{11}|^2|v_{11}|^2+|h_{12}|^2|v_{12}|^2+|h_{13}|^2|v_{13}|^2+|h_{14}|^2|v_{14}|^2) \\
& +E(v_{11}h_{11}^*h_{12}v_{12}^*+v_{11}h_{11}^*h_{13}v_{13}^*+v_{11}h_{11}^*h_{14}v_{14}^* \\
& +v_{12}h_{12}^*h_{13}v_{13}^*+v_{12}h_{12}^*h_{14}v_{14}^*) \\
& \Rightarrow p_u E(|h_{11}|^2|v_{11}|^2+|h_{12}|^2|v_{12}|^2+|h_{13}|^2|v_{13}|^2)h_{14}v_{14}^*+0 \\
& \Rightarrow p_u(|h_{11}|^2E(|v_{11}|^2)+|h_{12}|^2E(|v_{12}|^2)+|h_{13}|^2E(|v_{13}|^2)+|h_{14}|^2E(|v_{14}|^2)) \\
& \Rightarrow p_u\frac{\sigma_n^2}{p}(\|\boldsymbol{h}_1\|^4)
\end{aligned}
$$

$$\frac{1}{U}\sigma_n^2\|\boldsymbol{h}_1\|^4$$

式中：U 为用户数量，在本例中等于 2。

同样，干扰功率 2 和干扰功率 3 也可分别简化为 $4\sigma_n^2\beta_2/U$、$\beta_2\|\boldsymbol{h}_1\|^2p/U$。噪声功率 1 为 $\sigma_n^2\|\boldsymbol{h}_1\|^4$，噪声功率 2 可计算为

$$
\begin{aligned}
& (E(|n_1|^2)E(|v_{11}^*|^2)+E(|n_2|^2)E(|v_{12}^*|^2)+E(|n_3|^2)E(|v_{13}^*|^2)+E(|n_4|^2)E(|v_{14}^*|^2)) \\
& \Rightarrow\left(4\sigma_n^2\frac{\sigma_n^2}{p}\right) \\
& \Rightarrow 4\frac{\sigma_n^4}{p}
\end{aligned}
$$

则信干噪比为

$$\frac{p_u\|\boldsymbol{h}_1\|^4}{\dfrac{\sigma_n^2\|\boldsymbol{h}_1\|^4}{U}+\dfrac{4\sigma_n^2\beta_2}{U}+\dfrac{p}{U}\beta_2\|\boldsymbol{h}_1\|^2+4\dfrac{\sigma_n^4}{p}+\sigma_n^2\|\boldsymbol{h}_1\|^4}$$

$$\frac{p_{\mathrm{u}}\|\boldsymbol{h}_1\|^2}{\frac{\sigma_n^2\|\boldsymbol{h}_1\|^2}{U}+4\frac{\sigma_n^2\beta_2}{U\|\boldsymbol{h}_1\|^2}+p\beta_2+4\frac{\sigma_n^4}{p\|\boldsymbol{h}_1\|^2}+\sigma_n^2\|\boldsymbol{h}_1\|^2}$$

M 根天线的基站的一般表达式记为式（4.39）。

$$\frac{p_{\mathrm{u}}\|\boldsymbol{h}_1\|^2}{\frac{\sigma_n^2\|\boldsymbol{h}_1\|^2}{U}+M\frac{\sigma_n^2\beta_2}{U\|\boldsymbol{h}_1\|^2}+p\beta_2+M\frac{\sigma_n^4}{p\|\boldsymbol{h}_1\|^2}+\sigma_n^2\|\boldsymbol{h}_1\|^2} \tag{4.39}$$

当 $M\to\infty$ 时，根据大数定律（$\|\boldsymbol{h}_1\|^2/M=\beta_1$），则有

$$\frac{p_{\mathrm{u}}\|\boldsymbol{h}_1\|^2}{\frac{\sigma_n^2\|\boldsymbol{h}_1\|^2}{U}+\frac{\sigma_n^2\beta_2}{U\beta_1}+p\beta_2+\frac{\sigma_n^4}{p\beta_1}+\sigma_n^2\|\boldsymbol{h}_1\|^2}$$

令功率 $p=Up_{\mathrm{u}}$，其中 $p_{\mathrm{u}}=E/\sqrt{M}$，则有

$$\frac{\frac{E}{\sqrt{M}}\|\boldsymbol{h}_1\|^2}{\frac{\sigma_n^2\|\boldsymbol{h}_1\|^2}{U}+\frac{\sigma_n^2\beta_2}{U\beta_1}+p\beta_2+\frac{\sigma_n^4}{U\frac{E}{\sqrt{M}}\beta_1}+\sigma_n^2\|\boldsymbol{h}_1\|^2}$$

分子分母同乘 $1/\sqrt{M}$，则有

$$\frac{\frac{E}{M}\|\boldsymbol{h}_1\|^2}{\frac{1}{\sqrt{M}}\left(\frac{\sigma_n^2\|\boldsymbol{h}_1\|^2}{U}+\frac{\sigma_n^2\beta_2}{U\beta_1}+p\beta_2+\frac{\sigma_n^4}{U\frac{E}{\sqrt{M}}\beta_1}+\sigma_n^2\|\boldsymbol{h}_1\|^2\right)}$$

令 $M\to\infty$，根据大数定律

$$\frac{E\beta_1}{0+0+0+\frac{\sigma_n^4}{UE\beta_1}+0}=\frac{E\beta_1}{\frac{\sigma_n^4}{UE\beta_1}}=\frac{UE^2\beta_1^2}{\sigma_n^4}$$

需要指出的是，U 是用于估计信道系数而传输的导频符号数，实际通常设为用户数量。图 4-12 展示了在非理想信道状态信息下，通过降低单一发射功率因子 $\sqrt{M}$，信干噪比随 M 的收敛情况。

针对大规模 MIMO：

（1）设基站（有 M 根天线）与第 i 个用户之间的信道状态信息表示为向

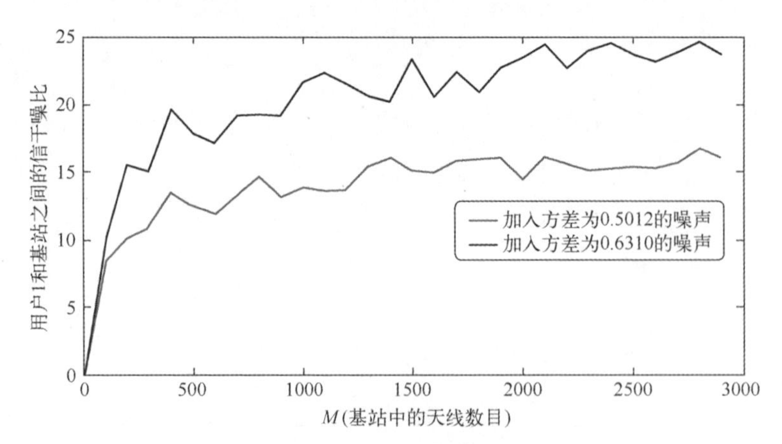

图 4-12 在非理想信道状态信息和上行链路大规模多用户（图中为 2 个用户）MIMO 的场景中，检测用户 1 的符号的信干噪比收敛（见彩图）

（注：配给单个用户的功率随着 M 的增加以 $1/\sqrt{M}$ 比例进行缩小）

量 $\boldsymbol{h}_i$，此时 $M\to\infty$，即基站内天线数量趋于∞，$E(\boldsymbol{h}_i^{\mathrm{H}}\boldsymbol{h}_j)/M$ 趋于零。

（2）已知信道状态信息，令所有基站天线使用的总功率为 G，如果分配给基站各根天线的功率随因子 M 减小，则第 i 个用户和基站之间的信干噪比收敛于 $G\beta_i/\sigma_n^2$，其中，对于任意的 $j=1,2,\cdots,M$（基站天线数），都有 $\beta_i=E(|h_{ij}|^2)$，σ_n^2 为噪声方差。

（3）使用导频传输估计信道状态信息，如果分配给各个基站天线的功率是随因子 $\sqrt{M}$ 减小的，第 i 个用户和基站之间的信干噪比收敛于 $KG^2\beta_i^2/\sigma_n^4$，可以看出，随着用户的增加，所有基站天线使用的总功率为 $\sum_{m=1}^{M} G/\sqrt{M}$。

相关程序如下：

```
SNRdB=3;
SINR=[];
for q=1:100:3000
    ncol=0;
    h1col=0;
    h1=(randn(q,1)+j*randn(q,1));
    h1norm=norm(h1);
    v=1/(10^(SNRdB/10));
    noise1=0;
    noise2=0;
    I1=0;
    I2=0;
```

```
    I3=0;
    pu=1/(sqrt(q));
    P=2*pu;
for i=1:1:100000
        temp=sqrt(v/(2*P))*(randn(size(h1,1),size(h1,2))+j*randn(size(h1,
1),size(h1,2)));
        h2=(randn(q,1)+j*randn(q,1));
        I1=I1+sum(abs(conj(temp).*h1).^2);
        I2=I2+sum(abs(conj(temp).*h2).^2);
        I3=I3+sum(abs(conj(h2).*h1).^2);
        n=sqrt(v/2)*(randn(q,1)+j*randn(q,1));
        noise1=noise1+sum(abs(conj(h1).*n).^2);
        noise2=noise2+sum(abs(conj(temp).*n).^2);
end
    I1=I1/100000;
    I2=I2/100000;
    I3=I3/100000;
    noise1=noise1/100000;
    noise2=noise2/100000;
    SINR=[SINR ((pu*(h1norm^4))/((pu*I1)+(pu*I2)+(pu*I3)+noise1+
noise2))]
end
```

4.7　多用户单元的理想估计信道状态信息

在本节中，我们考虑三个蜂窝共用相同的频段，每个蜂窝中有两个用户。设第 j 个蜂窝的用户 i 与在第 k 个蜂窝的第 l 个基站天线之间的信道状态信息为 h_{ijkl}（见图 4-13），理想估计信道状态信息下的信噪比收敛情况如下。

（1）理想信道状态信息：令基站所有天线使用的总功率为 G，如果总功率 G 随 M 成比例减小，则当 $M\to\infty$ 时，第 k 个蜂窝的基站与 k 蜂窝的第-i 个用户的信干噪比收敛于 $G\beta_{ikk}/\sigma_n^2$。其中，对于任意 $j=1,2,\cdots,M$（基站天线数），都有 $\beta_{ikk}=E(|h_{ikkj}|^2)$。

（2）非理想信道状态信息：如果分配给各个基站天线的功率随因子 $G/\sqrt{M}$ 减小，第 k 个蜂窝的基站与 k 蜂窝的第 i 个用户的信干噪比收敛于下式

$$\frac{K\beta_{ikk}^2 G^2}{KG^2\sum_{l=1}^{l=B,l\neq k}\beta_{ilk}^2+\sigma_n^4}$$

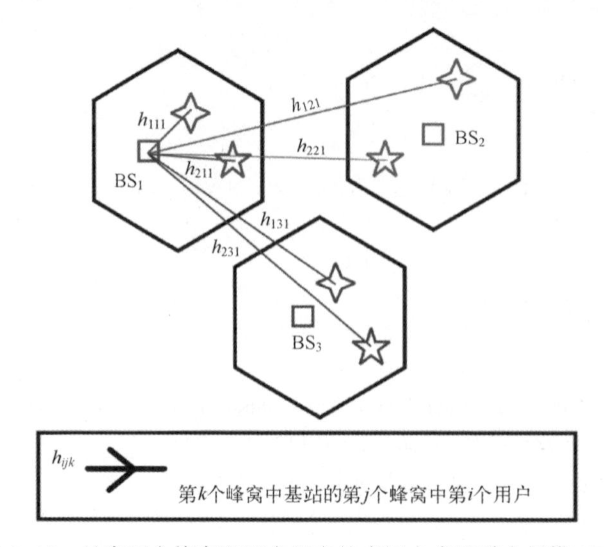

图 4-13　具有两个蜂窝和两个用户的多用户多通道大规模 MIMO

式中：K 为每个蜂窝中的用户数量；B 为蜂窝个数。

4.8　射线追踪模型

考虑发射端的 3 根天线以间距 d_t 线性排列，同样，2 根天线以间距 d_r 线性排列。设第 l 条路径发射端出射角（Angle of Departure，AOD）和接收端到达角（Angle of Arrival，AOA）分别为 θ_{lt} 和 θ_{lr}（见图 4-14）。考虑 $L=4$ 条路径，第 i 个发射阵列天线处发射的信号 $\boldsymbol{x}_i \mathrm{e}^{-\mathrm{j}2\pi f_c t}$ 在第 l 条路径上经过衰减 α_l，在接收端被两根接收天线接收。

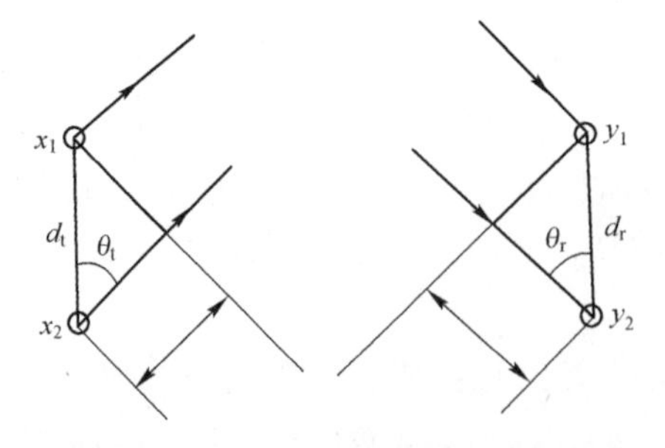

图 4-14　两根发射天线和两根接收天线的射线追踪模型
（设天线之间的距离为 d）

对于天线 1，有

$$\alpha_1 x_1 e^{-j2\pi f_c t}+\alpha_1 x_2 e^{-j2\pi f_c t} e^{\frac{j2\pi d_r \cos(\theta_{1r})}{\lambda}}+\alpha_1 x_3 e^{-j2\pi f_c t} e^{\frac{j4\pi d_r \cos(\theta_{1r})}{\lambda}}$$
$$+\alpha_2 x_1 e^{-j2\pi f_c t}+\alpha_2 x_2 e^{-j2\pi f_c t} e^{\frac{j2\pi d_r \cos(\theta_{2r})}{\lambda}}+\alpha_2 x_3 e^{-j2\pi f_c t} e^{\frac{j4\pi d_r \cos(\theta_{2r})}{\lambda}}$$
$$+\alpha_3 x_1 e^{-j2\pi f_c t}+\alpha_3 x_2 e^{-j2\pi f_c t} e^{\frac{j2\pi d_r \cos(\theta_{3r})}{\lambda}}+\alpha_3 x_3 e^{-j2\pi f_c t} e^{\frac{j4\pi d_r \cos(\theta_{3r})}{\lambda}}$$
$$+\alpha_4 x_1 e^{-j2\pi f_c t}+\alpha_4 x_2 e^{-j2\pi f_c t} e^{\frac{j2\pi d_r \cos(\theta_{4r})}{\lambda}}+\alpha_4 x_3 e^{-j2\pi f_c t} e^{\frac{j4\pi d_r \cos(\theta_{4r})}{\lambda}}$$ ①

在表达式中，每一行都属于单独的路径。

对于天线 2，有

$$e^{\frac{j2\pi d_t \cos(\theta_{1t})}{\lambda}}\left(\alpha_1 x_1 e^{-j2\pi f_c t}+\alpha_1 x_2 e^{-j2\pi f_c t} e^{\frac{j2\pi d_r \cos(\theta_{1r})}{\lambda}}+\alpha_1 x_3 e^{-j2\pi f_c t} e^{\frac{j4\pi d_r \cos(\theta_{1r})}{\lambda}}\right)$$
$$+e^{\frac{j2\pi d_t \cos(\theta_{2t})}{\lambda}}\left(\alpha_2 x_1 e^{-j2\pi f_c t}+\alpha_2 x_2 e^{-j2\pi f_c t} e^{\frac{j2\pi d_r \cos(\theta_{2r})}{\lambda}}+\alpha_2 x_3 e^{-j2\pi f_c t} e^{\frac{j4\pi d_r \cos(\theta_{2r})}{\lambda}}\right)$$
$$+e^{\frac{j2\pi d_t \cos(\theta_{3t})}{\lambda}}\left(\alpha_3 x_1 e^{-j2\pi f_c t}+\alpha_3 x_2 e^{-j2\pi f_c t} e^{\frac{j2\pi d_r \cos(\theta_{3r})}{\lambda}}+\alpha_3 x_3 e^{-j2\pi f_c t} e^{\frac{j4\pi d_r \cos(\theta_{3r})}{\lambda}}\right)$$
$$+e^{\frac{j2\pi d_t \cos(\theta_{4t})}{\lambda}}\left(\alpha_4 x_1 e^{-j2\pi f_c t}+\alpha_4 x_2 e^{-j2\pi f_c t} e^{\frac{j2\pi d_r \cos(\theta_{4r})}{\lambda}}+\alpha_4 x_3 e^{-j2\pi f_c t} e^{\frac{j4\pi d_r \cos(\theta_{4r})}{\lambda}}\right)$$ ②

在表达式中，每一项都属于单独的路径。

上述表达式可写为矩阵形式 $\boldsymbol{y}=\boldsymbol{H}\boldsymbol{x}$，$\boldsymbol{H}$ 为 2×3 的信道矩阵，$\boldsymbol{x}$ 为 3×1 的向量，$\boldsymbol{y}$ 为 2×1 的向量。可以看出，矩阵 $\boldsymbol{y}$ 的元素中，y_1 为第 1 根天线接收到的信号，y_2 为第 2 根天线接收到的信号，向量 $\boldsymbol{x}$ 的第 i 个元素是 $x_i e^{-j2\pi f_c t}$，矩阵 $\boldsymbol{H}$ 可表示为单条路径的四个矩阵的和，表示为

$$\alpha_1 \boldsymbol{h}_{\theta_{1r}} \boldsymbol{h}_{\theta_{1t}}^{H}+\alpha_2 \boldsymbol{h}_{\theta_{2r}} \boldsymbol{h}_{\theta_{2t}}^{H}+\alpha_3 \boldsymbol{h}_{\theta_{3r}} \boldsymbol{h}_{\theta_{3t}}^{H}+\alpha_4 \boldsymbol{h}_{\theta_{4r}} \boldsymbol{h}_{\theta_{4t}}^{H}$$

$$\boldsymbol{h}_{\theta_{ir}}=\begin{bmatrix} 1 \\ e^{\frac{-j2\pi d_r \cos(\theta_{ir})}{\lambda}} \end{bmatrix}$$

$$\boldsymbol{h}_{\theta_{it}}=\begin{bmatrix} 1 \\ e^{\frac{-j2\pi d_t \cos(\theta_{it})}{\lambda}} \\ e^{\frac{-j4\pi d_t \cos(\theta_{it})}{\lambda}} \end{bmatrix}$$

图 4-15 和图 4-16 说明了使用射线追踪模型获得的信道矩阵。

射线追踪程序如下：

---

① 原书公式有误，译者修正。

② 原书公式有误，译者修正。

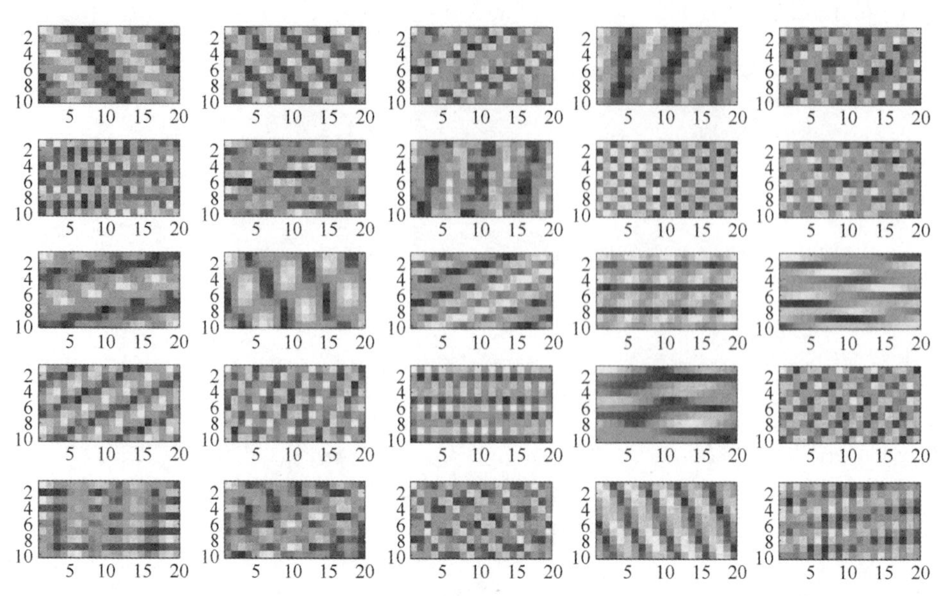

图 4-15　4 条路径下任意选择 AOA、AOD 和增益所获得的射线追踪信道矩阵（幅度响应）（见彩图）

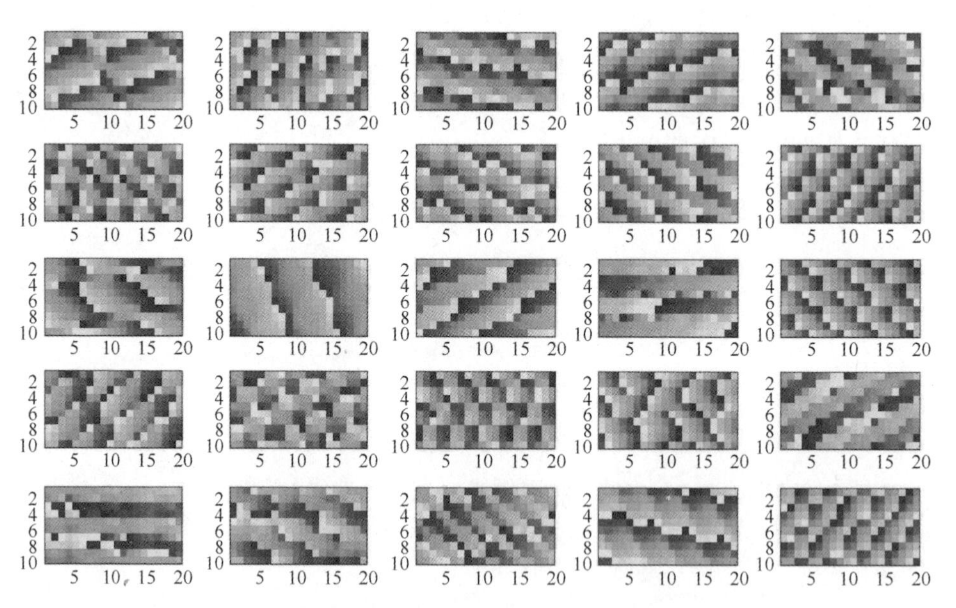

图 4-16　4 条路径下任意选择 AOA、AOD 和增益所获得的射线追踪信道矩阵（相位响应）（见彩图）

```
%raychannelmatrix.m
function [H]=raychannelmatrix(M,N,L,AOA,AOD,dr,dt,lambda,G)
H=0;
for l=1:1:L
    ang1=AOA(l);
    ang2=AOD(l);
    temp1=[1];
    temp2=[1];
for p=1:1:M-1
        temp1=[temp1; exp(-j*2*pi*p*dt*cos(ang1)/lambda)]
end
    temp2=[1];
for q=1:1:N-1
        temp2=[temp2 ;exp(-j*2*pi*q*dr*cos(ang2)/lambda)]
end
    H=H+G(l)*temp2*temp1';
end
%plotRTM.m
M=20;
N=10;
L=4;
lambda=5*10^(-3);
dr=lambda/4;
dt=lambda/4;
for trial=1:1:25
    G=rand(1,L)*10;
    AOA=rand(1,L)*pi;
    AOD=rand(1,L)*pi;
    H=raychannelmatrix(M,N,L,AOA,AOD,dr,dt,lambda,G);
    figure(1)
    subplot(5,5,trial)
    imagesc(abs(H));
    figure(2)
    subplot(5,5,trial)
    imagesc(angle(H));
end
```

4.9 波束赋形

考虑三根天线组成阵列发射 $e^{j2\pi f_c t}$，天线阵列与接收天线间的角度为 θ 时，辐射路径的信道增益如下。

经过时延后射线到达接收机，接收信号表示为

$$
\begin{aligned}
& e^{j2\pi f_c t}+e^{j2\pi f_c\left(t+\frac{d\cos(\theta)}{c}\right)}+e^{j2\pi f_c\left(t+\frac{2d\cos(\theta)}{c}\right)} \\
&=e^{j2\pi f_c t}+e^{j2\pi f_c t}e^{\frac{j2\pi d\cos(\theta)}{\lambda}}+e^{j2\pi f_c t}e^{\frac{j2\pi 2d\cos(\theta)}{\lambda}} \\
&=e^{j2\pi f_c t}\left(1+e^{\frac{j2\pi d\cos(\theta)}{\lambda}}+e^{\frac{j2\pi 2d\cos(\theta)}{\lambda}}\right) \\
&=e^{j2\pi f_c t}\left(\frac{1-e^{\frac{j2\pi 3d\cos(\theta)}{\lambda}}}{1-e^{\frac{j2\pi d\cos(\theta)}{\lambda}}}\right) \\
&=e^{j2\pi f_c t}\frac{\left(e^{\frac{j2\pi 3d\cos(\theta)}{2\lambda}}\left(e^{\frac{-j2\pi 3d\cos(\theta)}{2\lambda}}-e^{\frac{j2\pi 3d\cos(\theta)}{2\lambda}}\right)\right)}{\left(e^{\frac{j2\pi d\cos(\theta)}{2\lambda}}\left(e^{\frac{-j2\pi d\cos(\theta)}{2\lambda}}-e^{\frac{j2\pi d\cos(\theta)}{2\lambda}}\right)\right)} \\
&=e^{j2\pi f_c t}e^{\frac{j2\pi d\cos(\theta)}{\lambda}}\frac{\sin\left(\frac{2\pi 3d\cos(\theta)}{2\lambda}\right)}{\sin\left(\frac{2\pi d\cos(\theta)}{2\lambda}\right)}
\end{aligned}
$$

当出射角 $\theta=90°$时信道系数最大。当射线在任意出射角 ϕ 处的增益需要最大时，进行加权激励，带加权激励的信道增益如下

$$
\begin{aligned}
& e^{j2\pi f_c t}+e^{j2\pi f_c t}e^{\frac{j2\pi d\cos(\theta)}{\lambda}}e^{-j\phi d}+e^{j2\pi f_c t}e^{\frac{j2\pi 2d\cos(\theta)}{\lambda}}e^{-j\phi 2d} \\
& e^{j2\pi f_c t}\left(1+e^{\frac{j2\pi d\cos(\theta)}{\lambda}}e^{-j\phi d}+e^{\frac{j2\pi 2d\cos(\theta)}{\lambda}}e^{-j\phi 2d}\right) \\
& e^{j2\pi f_c t}\frac{e^{j\frac{3d}{2}\left(\frac{2\pi\cos(\theta)}{\lambda}-\phi\right)}\sin\left(\frac{3d}{2}\left(\frac{2\pi\cos(\theta)}{\lambda}-\phi\right)\right)}{e^{j\frac{d}{2}\left(\frac{2\pi\cos(\theta)}{\lambda}-\phi\right)}\sin\left(\frac{d}{2}\left(\frac{2\pi\cos(\theta)}{\lambda}-\phi\right)\right)}
\end{aligned}
$$

图 4-17 和图 4-18 展示了使用线性阵列天线获得波束转向过程。

波束赋形相关程序如下：

```
%beamforming. m
function [res,theta,p,q]=beamforming(ang,N) %N 为天线数量
%3 天线阵列接收信号的幅值响应为 AOD 的函数(\θ)
%phi 为 45°
lambda=5 * 10^(-3);
```

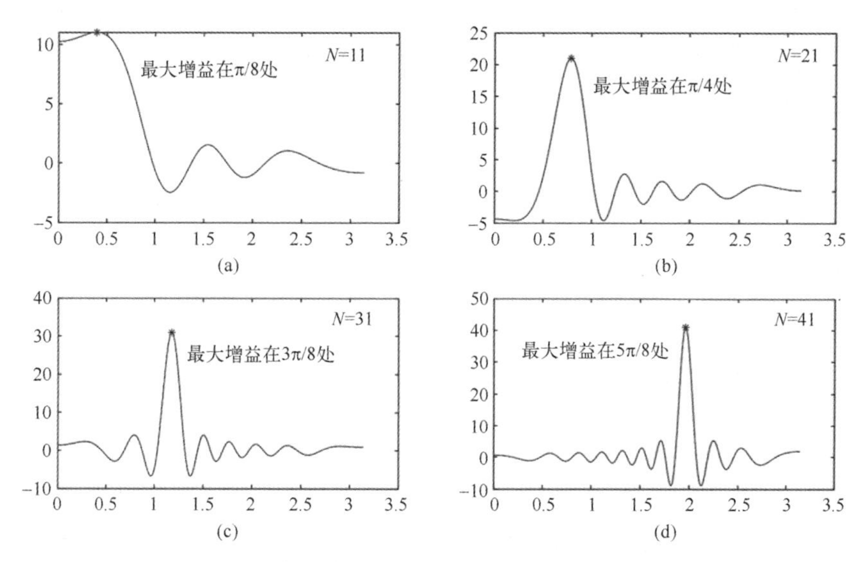

图 4-17　线性阵列天线中使用加权激励的波束形成

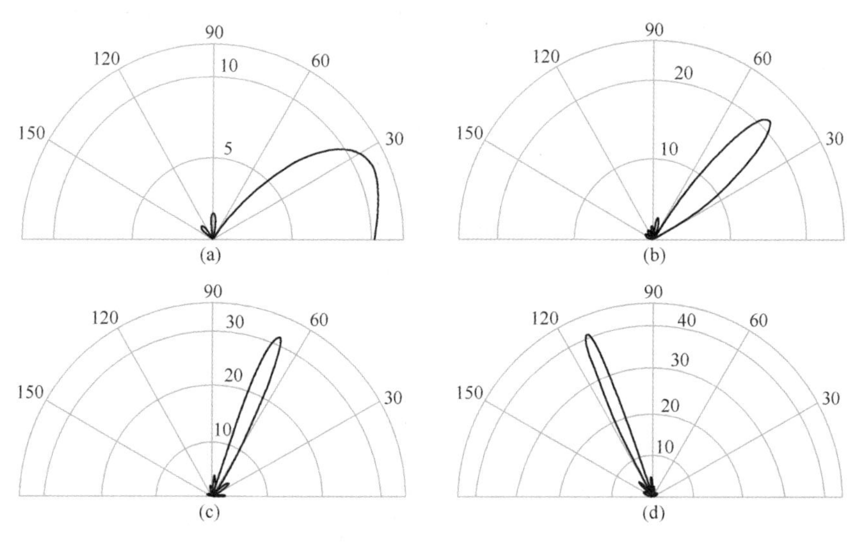

图 4-18　使用线性阵列天线进行波束控制（单位：(°)）

```
d = lambda/4;
phi = (2 * pi * cos(ang))/(lambda);
theta = 0:pi/1000:pi;
NUM = sin((N * d/2) * (2 * pi * cos(theta)/lambda - phi));
DEN = sin((d/2) * (2 * pi * cos(theta)/lambda - phi));
res = NUM./DEN;
```

```
[a]=isnan(res);
[c,d]=find(a==1);
res(d)=N;
[p,q]=max(res);
ang=[pi/8 pi/4 3*pi/8 5*pi/8];
N=[11 21 31 41];
for i=1:1:4
    [res,theta,p,q]=beamforming(ang(i),N(i))
    subplot(2,2,i)
    plot(theta,res)
    hold on, plot(theta(q),p,'*')
end
```

4.10 MIMO 系统解耦空间复用

考虑使用两个发射天线和三个接收天线的 MIMO 装置，设信道矩阵表示为 $\boldsymbol{G}$，设发射机与接收机相关的向量分别表示为 $\boldsymbol{x}$ 和 $\boldsymbol{y}$。

$$\boldsymbol{y}=\boldsymbol{G}\boldsymbol{x} \tag{4.40}$$

式中：矩阵 $\boldsymbol{G}$ 的大小为 3×2，可以使用奇异值分解（Singular Value Decomposition，SVD）对其进行分解。设矩阵 $\boldsymbol{G}\boldsymbol{G}^{\mathrm{H}}$ 的特征值为

$$\boldsymbol{G}\boldsymbol{G}^{\mathrm{H}}\boldsymbol{v}_i=\lambda_i\boldsymbol{v}_i \tag{4.41}$$

式中：$\boldsymbol{v}_1$、$\boldsymbol{v}_2$ 和 $\boldsymbol{v}_3$ 分别为 λ_1、λ_2 和 λ_3 对应的特征向量，在式（4.41）的两边乘 $\boldsymbol{G}^{\mathrm{H}}$，得

$$\boldsymbol{G}^{\mathrm{H}}\boldsymbol{G}\boldsymbol{G}^{\mathrm{H}}\boldsymbol{v}_i=\lambda_i\boldsymbol{G}^{\mathrm{H}}\boldsymbol{v}_i \tag{4.42}$$

式中：矩阵 $\boldsymbol{G}^{\mathrm{H}}\boldsymbol{G}$ 的特征向量为 $\boldsymbol{e}_i=\boldsymbol{G}^{\mathrm{H}}\boldsymbol{v}_i$。

由于矩阵 $\boldsymbol{G}^{\mathrm{H}}\boldsymbol{G}$ 为 2×2 的矩阵，故其特征值和特征向量的个数为 2，即 $i=1,2$。特征向量 $\boldsymbol{v}_i$ 的大小为 1，且特征向量之间相互正交，特征向量 $\boldsymbol{e}_i$ 的大小为

$$\begin{aligned}\boldsymbol{e}_i^{\mathrm{H}}\boldsymbol{e}_i&=(\boldsymbol{G}^{\mathrm{H}}\boldsymbol{v}_i)^{\mathrm{H}}(\boldsymbol{G}^{\mathrm{H}}\boldsymbol{v}_i)\\&=\boldsymbol{v}_i^{\mathrm{H}}\boldsymbol{G}\boldsymbol{G}^{\mathrm{H}}\boldsymbol{v}_i\\&=\boldsymbol{v}_i^{\mathrm{H}}\lambda_i\boldsymbol{v}_i\\&=\lambda_i\Rightarrow\|\boldsymbol{e}_i\|=\sqrt{\lambda_i}\end{aligned}$$

令向量 $\boldsymbol{u}_i=\boldsymbol{e}_i/\sqrt{\lambda_i}$，向量 $\boldsymbol{u}_i$ 和 $\boldsymbol{v}_i$ 的关系如下

$$\sqrt{\lambda_i}\boldsymbol{u}_i=\boldsymbol{G}^{\mathrm{H}}\boldsymbol{v}_i\Rightarrow\boldsymbol{G}^{\mathrm{H}}\boldsymbol{v}_i=\sqrt{\lambda_i}\boldsymbol{u}_i$$

结合 $i=1,2$，可推导出

$$\boldsymbol{G}^{\mathrm{H}}\boldsymbol{v}_1=\sqrt{\lambda_1}\boldsymbol{u}_1$$
$$\boldsymbol{G}^{\mathrm{H}}\boldsymbol{v}_2=\sqrt{\lambda_2}\boldsymbol{u}_2\boldsymbol{U}x$$
$$\Rightarrow\boldsymbol{G}^{\mathrm{H}}[\boldsymbol{v}_1\quad\boldsymbol{v}_2]=\boldsymbol{D}[\boldsymbol{u}_1\quad\boldsymbol{u}_2]$$
$$\Rightarrow\boldsymbol{V}^{\mathrm{H}}\boldsymbol{G}=\boldsymbol{D}\boldsymbol{U}^{\mathrm{H}}$$
$$\Rightarrow\boldsymbol{G}=\boldsymbol{V}\boldsymbol{D}\boldsymbol{U}^{\mathrm{H}}$$

式中：矩阵 $\boldsymbol{U}$ 的列向量是标准正交的，作为矩阵 $\boldsymbol{G}\boldsymbol{G}^{\mathrm{H}}$ 的特征向量，矩阵 $\boldsymbol{U}$ 的列向量的大小是 2×1。类似地，矩阵 $\boldsymbol{V}$ 的列向量标准正交，作为矩阵 $\boldsymbol{G}^{\mathrm{H}}\boldsymbol{G}$ 的特征向量，矩阵 $\boldsymbol{V}$ 的列向量的大小为 3×1。向量 $\boldsymbol{x}$ 不是传送 2 个符号，而是使用矩阵 $\boldsymbol{U}$ 作为 $\boldsymbol{U}\boldsymbol{x}$ 进行预编码，接收信号为 $\boldsymbol{H}\boldsymbol{U}\boldsymbol{x}+\boldsymbol{n}$，进一步地

$$\boldsymbol{H}\boldsymbol{U}\boldsymbol{x}$$
$$=\boldsymbol{V}\boldsymbol{D}\boldsymbol{U}^{\mathrm{H}}\boldsymbol{U}\boldsymbol{x}+\boldsymbol{n}$$
$$=\boldsymbol{V}\boldsymbol{D}\boldsymbol{x}+\boldsymbol{n}$$

利用矩阵 $\boldsymbol{V}^{\mathrm{H}}$，接收机部分可进一步表示为

$$\boldsymbol{V}^{\mathrm{H}}\boldsymbol{V}\boldsymbol{D}\boldsymbol{x}+\boldsymbol{V}^{\mathrm{H}}\boldsymbol{n}$$
$$\boldsymbol{D}\boldsymbol{x}+\boldsymbol{n}_1$$

受合成器影响后接收到的信号为 $z=\boldsymbol{D}\boldsymbol{x}$，其中，$\boldsymbol{D}$ 采用对角线矩阵和空间复用的方法实现了 MIMO 系统的解耦。矩阵 $\boldsymbol{D}$ 的对角元素分别表示为 d_{11} 和 d_{22}，则 $z_1=d_{11}x_1+n_{11}$、$z_2=d_{22}x_2+n_{12}$，以此实现解耦（空间复用框图见图 4-19），x_1 和 x_2 分别检测为 z_1/d_{11} 和 z_2/d_{22}，n_{11}、n_{12} 均为向量 $\boldsymbol{n}_1$ 的元素。令矩阵 $\boldsymbol{V}$ 的第 (i,j) 个元素为 v_{ij}，元素 n_1 的方差计算方法为

$$\begin{aligned}
&E(n_{11}^{\mathrm{H}}n_{11})=E((v_{11}^{\mathrm{H}}n_1+v_{21}^{\mathrm{H}}n_2)(v_{11}^{\mathrm{H}}n_1+v_{21}^{\mathrm{H}}n_2)^{\mathrm{H}})\\
&=E(v_{11}^{\mathrm{H}}n_1n_1^{\mathrm{H}}v_{11})+E(v_{11}^{\mathrm{H}}n_1n_2^{\mathrm{H}}v_{21})+E(v_{21}^{\mathrm{H}}n_2n_1^{\mathrm{H}}v_{11})+E(v_{21}^{\mathrm{H}}n_2n_2^{\mathrm{H}}v_{21})\\
&=v_{11}^{\mathrm{H}}E(n_1n_1^{\mathrm{H}})v_{11}+v_{11}^{\mathrm{H}}E(n_1n_2^{\mathrm{H}})v_{21}+v_{21}^{\mathrm{H}}E(n_2n_1^{\mathrm{H}})v_{11}+v_{21}^{\mathrm{H}}E(n_2n_2^{\mathrm{H}})v_{21}\\
&=v_{11}^{\mathrm{H}}\sigma_n^2v_{11}+0+0+v_{12}^{\mathrm{H}}\sigma_n^2v_{12} \qquad ①\\
&=\sigma_n^2(v_{11}^{\mathrm{H}}v_{11}+v_{12}^{\mathrm{H}}v_{12})\\
&=\sigma_n^2(|v_{11}|^2+|v_{12}|^2)\\
&=\sigma_n^2
\end{aligned}$$

因此，不相关随机变量 n_1 和 n_2 的噪声方差与 n_{11} 和 n_{12} 的噪声方差相同，均为 σ_n^2。

① 原书公式有误，译者修正。

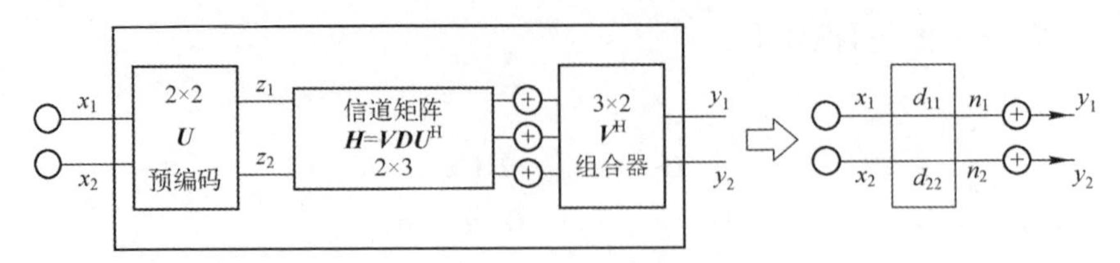

图 4-19　使用预编码和组合技术的空间复用（d_{11}和 d_{22}是矩阵 $\boldsymbol{D}$ 的对角元素）

4.11　注水算法

对于平行传输模型，其噪声方差为 σ_n^2，$y_1=x_1d_{11}+n_1$，$y_1=x_1d_{22}+n_2$（见图 4-21），$E(x_1^2)=p_1$，$E(x_2^2)=p_2$。在带宽上归一化的总信道容量最大时，共享总功率 $P=P_1+P_2$。总功率的计算方法为

$$\log_2\left(1+\frac{d_{11}^2p_1}{\sigma_n^2}\right)+\log_2\left(1+\frac{d_{22}^2p_2}{\sigma_n^2}\right) \tag{4.43}$$

在 p_1 和 p_2 满足 $p_1+p_2=P$ 的约束条件下，使式（4.43）最大化。利用拉格朗日方程进行求解，即

$$\log_2\left(1+\frac{d_{11}^2p_1}{\sigma_n^2}\right)+\log_2\left(1+\frac{d_{22}^2p_2}{\sigma_n^2}\right)-\lambda(p_1+p_2-P) \tag{4.44}$$

将式（4.44）对分别 p_1、p_2 求导后，令等式等于 0，可得

$$\lambda=\frac{d_{11}^2}{\sigma_n^2+d_{11}^2p_1},\Rightarrow\frac{1}{\lambda}=\frac{\sigma_n^2+d_{11}^2p_1}{d_{11}^2}$$

$$\Rightarrow p_1=\frac{1}{\lambda}-\frac{\sigma_n^2}{d_{11}^2}=\frac{d_{22}^2}{\sigma_n^2+d_{22}^2p_2}\Rightarrow\frac{1}{\lambda}=\frac{\sigma_n^2+d_{22}^2p_2}{d_{22}^2}$$①

$$\Rightarrow p_2=\frac{1}{\lambda}-\frac{\sigma_n^2}{d_{22}^2}$$

对上式中 λ 求解

$$\frac{2}{\lambda}=\frac{d_{22}\sigma_n^2+d_{11}^2\sigma_n^2+d_{11}^2d_{22}^2P}{d_{11}^2d_{22}^2}$$

将式 $p_1=1/\lambda-\sigma_n^2/d_{11}^2$ 和式 $p_2=1/\lambda-\sigma_n^2/d_{22}^2$ 视为注水算法，考虑有两个台阶的水容器，第一台阶高度为 σ_n^2/d_{11}^2，第二台阶高度为 σ_n^2/d_{22}^2。在容器中注水至

① 原书公式有误，译者修正。

1/λ，第一个台阶以上的水柱是分配给用户 1 的功率，第二个台阶以上的水柱是分配给用户 2 的功率，因而被称为“注水算法”（见图 4-20 和图 4-21）。

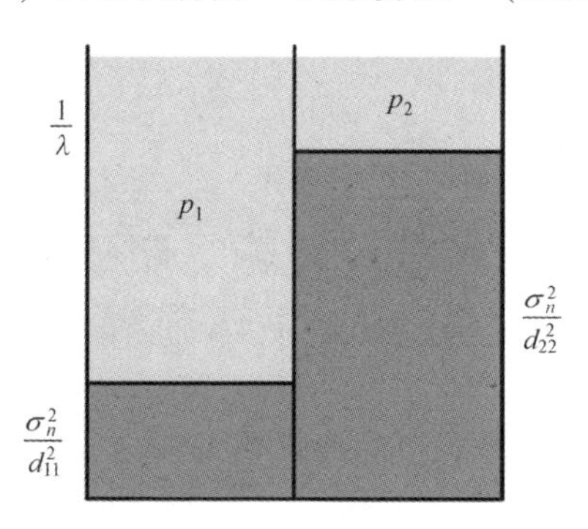

图 4-20　MIMO 系统空间复用中功率分配的注水算法

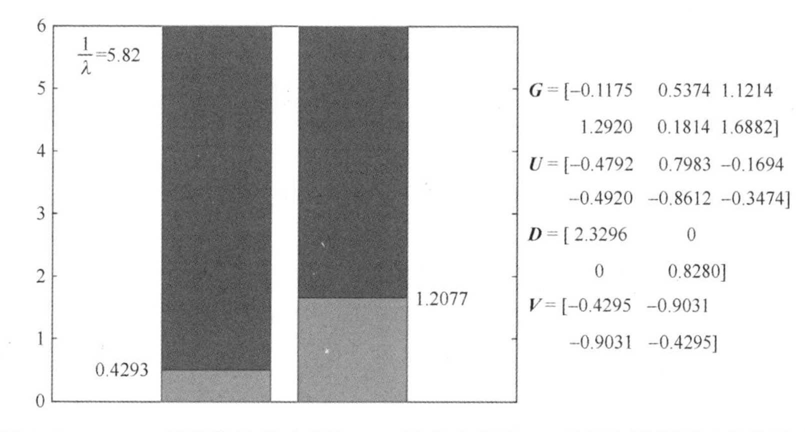

图 4-21　MIMO 系统信号总功率为 10、噪声功率为 1、采用空间复用功率分配时，典型信道矩阵 G 注水算法

注水算法演示程序如下：

```
%P 为总功率
%N 为噪声功率
N=1;
P=10;
G=randn(2,3);
[U,S,V]=svd(G);
lambda=(2*S(1,1)*S(2,2))/((S(1,1)+S(2,2))*1+S(1,1)*S(2,2)*P);
P1=(1/lambda)-(N/S(1,1));
```

```
P2=(1/lambda)-(N/S(2,2));
figure
bar([1/lambda 1/lambda],'b')
hold
bar([N/S(1,1) N/S(2,2)],'r')
```

4.12 OFDM 多载波传输、IFFT/FFT 处理和 OFDM 循环前缀

取第 m 根发射端天线和第 n 根接收端天线之间链路的信道系数作为频率选择模型（有三个滤波系数），则有：

（1）发射端天线 1 与接收端天线 1 之间的频率选择信道系数：$[h^{11}(0)\ h^{11}(1)h^{11}(2)]$。

（2）发射端天线 1 与接收端天线 2 之间的频率选择信道系数：$[h^{12}(0)\ h^{12}(1)h^{12}(2)]$。

（3）发射端天线 2 与接收端天线 1 之间的频率选择信道系数：$[h^{21}(0)\ h^{21}(1)h^{21}(2)]$。

（4）发射端天线 2 与接收端天线 2 之间的频率选择信道系数：$[h^{22}(0)\ h^{22}(1)h^{22}(2)]$。

下面统一将每一帧中的符号数设为 4。

（1）天线 1（序列 1）中传输的符号：$[x^1(0)x^1(1)x^1(2)x^1(3)]$；

（2）天线 2①（序列 2）中传输的符号：$[x^2(0)x^2(1)x^2(2)x^2(3)]$。

序列 1 的 IDFT 计算如下

$$X^1(0)=x^1(0)+x^1(1)+x^1(2)+x^1(3)$$

$$X^1(1)=x^1(0)+x^1(1)\mathrm{e}^{\frac{\mathrm{j}2\pi1}{4}}+x^1(2)\mathrm{e}^{\frac{\mathrm{j}2\pi2}{4}}+x^1(3)\mathrm{e}^{\frac{\mathrm{j}2\pi3}{4}}$$

$$X^1(2)=x^1(0)+x^1(1)\mathrm{e}^{\frac{\mathrm{j}2\pi2}{4}}+x^1(2)\mathrm{e}^{\frac{\mathrm{j}2\pi4}{4}}+x^1(3)\mathrm{e}^{\frac{\mathrm{j}2\pi6}{4}}$$

$$X^1(3)=x^1(0)+x^1(1)\mathrm{e}^{\frac{\mathrm{j}2\pi3}{4}}+x^1(2)\mathrm{e}^{\frac{\mathrm{j}2\pi6}{4}}+x^1(3)\mathrm{e}^{\frac{\mathrm{j}2\pi9}{4}}$$

同理，序列 2 的 IDFT 计算如下

$$X^2(0)=x^2(0)+x^2(1)+x^2(2)+x^2(3)$$

$$X^2(1)=x^2(0)+x^2(1)\mathrm{e}^{\frac{\mathrm{j}2\pi1}{4}}+x^2(2)\mathrm{e}^{\frac{\mathrm{j}2\pi2}{4}}+x^2(3)\mathrm{e}^{\frac{\mathrm{j}2\pi3}{4}}$$

$$X^2(2)=x^2(0)+x^2(1)\mathrm{e}^{\frac{\mathrm{j}2\pi2}{4}}+x^2(2)\mathrm{e}^{\frac{\mathrm{j}2\pi4}{4}}+x^2(3)\mathrm{e}^{\frac{\mathrm{j}2\pi6}{4}}$$

---

① 原书有误，译者修正。

$$X^2(3)=x^2(0)+x^2(1)e^{\frac{j2\pi3}{4}}+x^2(2)e^{\frac{j2\pi6}{4}}+x^2(3)e^{\frac{j2\pi9}{4}}$$

在 IDFT 计算以后，用长度为 $L-1$ 的循环前缀填充序列，其中，L 是滤波器系数的长度。令 L 为 3，并使用两个符号作为循环前缀，循环前缀后的序列 1 和 2 为

（1）序列 1：$[X^1(2)X^1(3)X^1(0)X^1(1)X^1(2)X^1(3)]$；

（2）序列 2：$[X^2(2)X^2(3)X^2(0)X^2(1)X^2(2)X^2(3)]$。

以上两个序列通过信道传输后，接收端天线 1 的接收序列为

（1）$Y^1(0)=X^1(2)h^{11}(0)+$发射机 1 前一帧采样的线性组合$+X^2(2)h^{21}(0)+$发射机 2 前一帧采样的线性组合+噪声；

（2）$Y^1(1)=X^1(3)h^{11}(0)+X^1(2)h^{11}(1)+$发射机 1 前一帧采样的线性组合$+X^2(3)h^{21}(0)+X^2(2)h^{21}(1)+$发射机 2 前一帧采样的线性组合+噪声；

（3）$Y^1(2)=X^1(0)h^{11}(0)+X^1(3)h^{11}(1)+X^1(2)h^{11}(2)+X^2(0)h^{21}(0)+X^2(3)h^{21}(1)+X^2(2)h^{21}(2)+$噪声；

（4）$Y^1(3)=X^1(1)h^{11}(0)+X^1(0)h^{11}(1)+X^1(3)h^{11}(2)+X^2(1)h^{21}(0)+X^2(0)h^{21}(1)+X^2(3)h^{21}(2)+$噪声；

（5）$Y^1(4)=X^1(2)h^{11}(0)+X^1(1)h^{11}(1)+X^1(0)h^{11}(2)+X^2(2)h^{21}(0)+X^2(1)h^{21}(1)+X^2(0)h^{21}(2)+$噪声；

（6）$Y^1(5)=X^1(3)h^{11}(0)+X^1(2)h^{11}(1)+X^1(1)h^{11}(2)+X^2(3)h^{21}(0)+X^2(2)h^{21}(1)+X^2(1)h^{21}(2)+$噪声；

（7）$Y^1(6)=$发射机 1 前一帧采样的线性组合$+X^1(3)h^{11}(1)+X^1(2)h^{11}(2)+$发射机 2 前一帧采样的线性组合$+X^1(3)h^{21}(1)+X^1(2)h^{11}(2)+$噪声；

（8）$Y^1(7)=$发射机 1 前一帧采样的线性组合$+X^1(3)h^{11}(2)+$发射机 2 前一帧采样的线性组合$+X^2(3)h^{21}(2)+$噪声。

在这种情况下，序列 $Y^1_{帧}=[Y^1(2)Y^1(3)Y^1(4)Y^1(5)]$为接收到的第一帧符号。可以看出，该向量的元素是用循环卷积得到的。

$$Y^1_{帧}=[X^1(0)X^1(1)X^1(2)X^1(3)]\odot[h^{11}(0)h^{11}(1)h^{11}(2)h^{11}(3)]$$
$$+[X^2(0)X^2(1)X^2(2)X^2(3)]\odot[h^{21}(0)h^{21}(1)h^{21}(2)h^{21}(3)]+噪声$$

式中：$\odot$表示卷积操作，可以发现在时域中 $x\odot y$ 等同于 $X.*Y$，这里的 X 和 Y 分别是 x 和 y 的离散傅里叶变换（DFT）。因此天线 1 接收到的离散傅里叶变换序列 $Y^1_{帧}$为。

$$y^1(0)=H_{11}(0)x^1(0)+H_{21}(0)x^2(0)+噪声$$
$$y^1(1)=H_{11}(0)x^1(1)+H_{21}(0)x^2(1)+噪声$$
$$y^1(2)=H_{11}(0)x^1(2)+H_{21}(0)x^2(2)+噪声$$

$$y^1(3)=H_{11}(0)x^1(3)+H_{21}(0)x^2(3)+\text{噪声}$$

同理，天线 2 接收到的离散傅里叶变换序列 $Y^2_{\text{帧}}$ 如下

$$y^2(0)=H_{12}(0)x^1(0)+H_{22}(0)x^2(0)+\text{噪声}$$

$$y^2(1)=H_{12}(0)x^1(1)+H_{22}(0)x^2(1)+\text{噪声}$$

$$y^2(2)=H_{12}(0)x^1(2)+H_{22}(0)x^2(2)+\text{噪声}$$

$$y^2(3)=H_{12}(0)x^1(3)+H_{22}(0)x^2(3)+\text{噪声}$$

因此，上述方程组可改写为

$$\begin{bmatrix} y^1(0) \\ y^2(0) \end{bmatrix}=\begin{bmatrix} H_{11}(0) & H_{21}(0) \\ H_{12}(0) & H_{22}(0) \end{bmatrix}\begin{bmatrix} x^1(0) \\ x^2(0) \end{bmatrix}+\text{噪声} \tag{4.45}$$

$$\begin{bmatrix} y^1(1) \\ y^2(1) \end{bmatrix}=\begin{bmatrix} H_{11}(1) & H_{21}(1) \\ H_{12}(1) & H_{22}(1) \end{bmatrix}\begin{bmatrix} x^1(1) \\ x^2(1) \end{bmatrix}+\text{噪声} \tag{4.46}$$

$$\begin{bmatrix} y^1(2) \\ y^2(2) \end{bmatrix}=\begin{bmatrix} H_{11}(2) & H_{21}(2) \\ H_{12}(2) & H_{22}(2) \end{bmatrix}\begin{bmatrix} x^1(2) \\ x^2(2) \end{bmatrix}+\text{噪声} \tag{4.47}$$

$$\begin{bmatrix} y^1(3) \\ y^2(3) \end{bmatrix}=\begin{bmatrix} H_{11}(3) & H_{21}(3) \\ H_{12}(3) & H_{22}(3) \end{bmatrix}\begin{bmatrix} x^1(3) \\ x^2(3) \end{bmatrix}+\text{噪声} \tag{4.48}$$

通过使用 LMMSE、迫零估计方法或匹配滤波器求解上述方程组，检测从天线 1（$[x^1(0)x^1(1)x^1(2)x^1(3)]$）和天线 2（$[x^2(0)x^2(1)x^2(2)x^2(3)]$①）发射的第一帧序列（见图 4-22～图 4-26）。

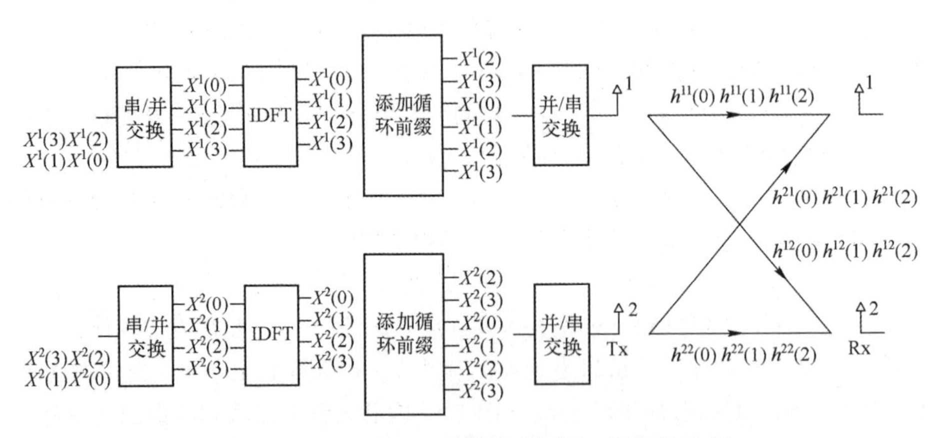

图 4-22　MIMO-OFDM 信道模型框图（发射机部分）

① 原书有误，译者修正。

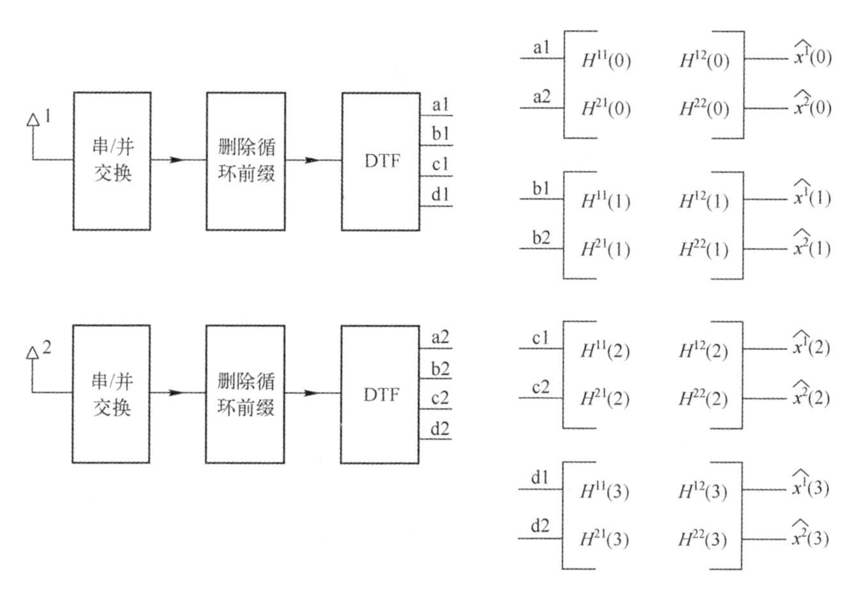

图 4-23　MIMO-OFDM 信道模型框图（接收机部分）

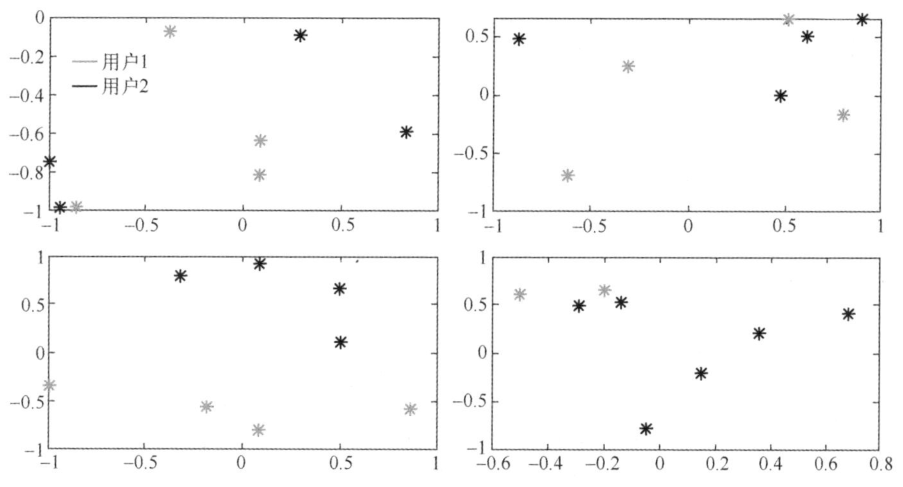

图 4-24　MIMO-OFDM 模型（两用户）四帧发送数据同相正交分量的散点图
（设信道系数为 3，帧长为 4）

相关程序如下：

```
%2X2 MIMO-OFDM illustration. m
%帧长设为 4
```

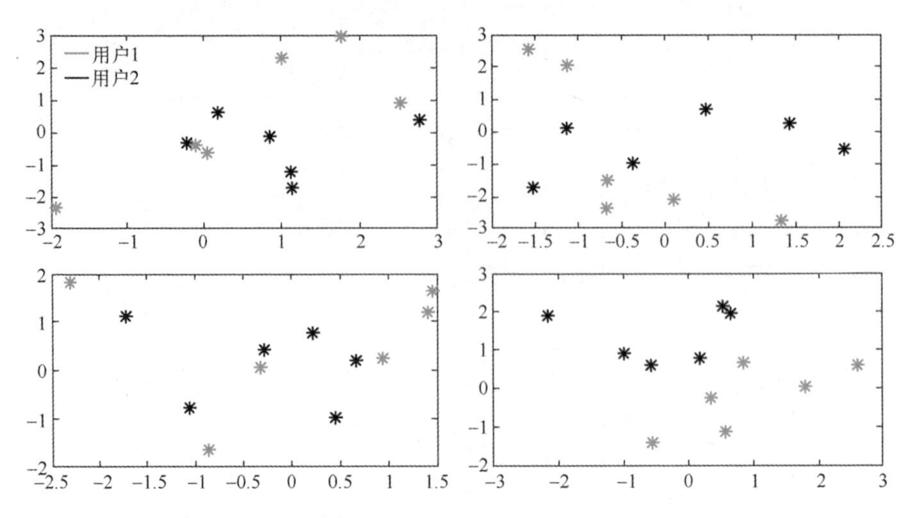

图 4-25　MIMO-OFDM 模型（两用户）四帧接收数据同相正交分量的散点图
（设信道系数为 3，帧长为 4）

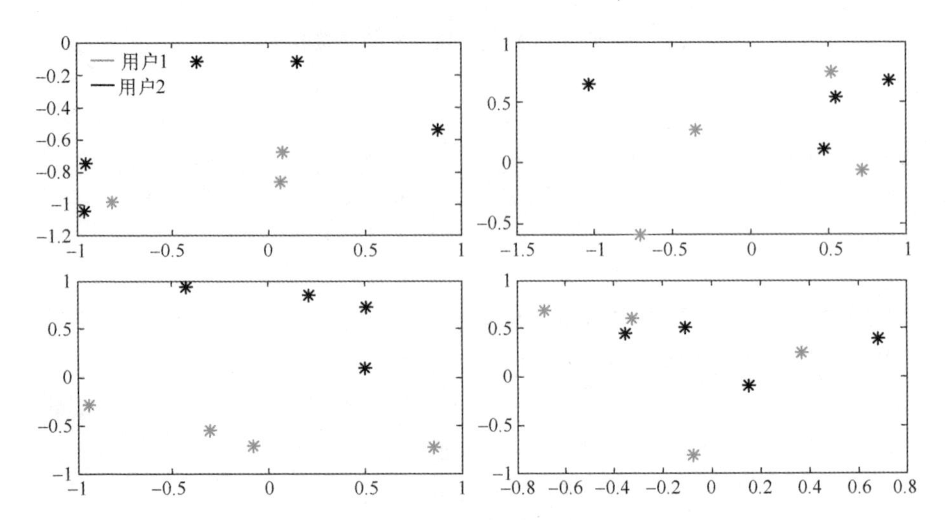

图 4-26　MIMO-OFDM 模型（两用户）四帧估计数据同相正交分量的散点图
（设信道系数为 3，帧长为 4）

```
for f=1:1:10
    h11=sqrt(2)*((randn(1,3)+j*randn(1,3)));
    h12=sqrt(2)*((randn(1,3)+j*randn(1,3)));
    h21=sqrt(2)*((randn(1,3)+j*randn(1,3)));
    h22=sqrt(2)*((randn(1,3)+j*randn(1,3)));
```

```
    x1=(rand(1,4)*2-1)+j*((rand(1,4)*2-1));
    x2=(rand(1,4)*2-1)+j*((rand(1,4)*2-1));
    FD{f}=[x1;x2];
    X1=ifft(x1);
    X2=ifft(x2);
%填充循环前缀后
    X1=[X1(3) X1(4) X1];
    X2=[X2(3) X2(4) X2];
    Y1=conv(X1,h11)+conv(X2,h21)+0.1*(randn(1,8)+j*randn(1,8));
    Y2=conv(X1,h12)+conv(X2,h22)+0.1*(randn(1,8)+j*randn(1,8));
    FR{f}=[Y1(1:1:6);Y2(1:1:6)];
%去掉循环前缀后
    Y1=Y1(3:1:6);
    y1=fft(Y1);
    Y2=Y2(3:1:6);
    y2=fft(Y2);
    H11=fft(h11,4);
    H12=fft(h12,4);
    H21=fft(h21,4);
    H22=fft(h22,4);
%检测
    xdet=[];
for i=1:1:4
        MAT=[H11(i) H21(i);H12(i) H22(i)];
        temp=[y1(i);y2(i)];
        xdet=[xdet pinv(MAT'*MAT)*MAT'*temp];
end
    FE{f}=xdet;
end
```

4.13　码 分 多 址

码分多址（Code Division Multiple Access，CDMA）是一种基于分配给各个用户的唯一代码共享信道的方法。设用户 1 和用户 2 对应的基带 QPSK 信号分别表示为 $s_1(t)$、$s_2(t)$，假设 $s_1(t)$ 和 $s_2(t)$ 分别取 $p(t)+\mathrm{i}p(t)$、$p(t)-\mathrm{i}p(t)$、$-p(t)+\mathrm{i}p(t)$ 和 $-p(t)-\mathrm{i}p(t)$，表示一个符号持续时间内的两位编码 (1,1)、

(1,0)、(0,1)和(0,0)。注意，$p(t)$是持续时间 0 到 T_b 振幅为 A 的脉冲。分配给用户的相应代码分别表示为 $c_1(t)$和 $c_2(t)$，对于用户 1，传输信号表示为 $s_1(t)c_1(t)$，同理，对于用户 2，传输信号表示为 $s_2(t)c_2(t)$。因此，通过信道传输的实际传输信号为 $y(t)=s_1(t)c_1(t)+s_2(t)c_2(t)+n(t)$，这里的 $n(t)$为加性复高斯白噪声（Additive Complex White Gaussian Noise，AWGN）。检测 $s_1(t)$和 $s_2(t)$的信号，将接收信号 $y(t)$与 $c_1(t)$相乘后，积分可得

$$\int_0^{T_b}(s_1(t)c_1(t) + s_2(t)c_2(t) + n(t))c_1(t)\mathrm{d}t \tag{4.49}$$

$$= \int_0^{T_b}c_1^2(t)s_1(t)\mathrm{d}t + \int_0^{T_b}c_1(t)c_2(t)s_2(t)\mathrm{d}t + \int_0^{T_b}n(t)c_1(t)\mathrm{d}t \text{①} \tag{4.50}$$

选择合适的编码 $c_1(t)$和 $c_2(t)$（正交码）使得（4.50）第二项等于零

$$\int_0^{T_b}s_1(t)c_1(t)c_2(t)s_1(t)\mathrm{d}t = 0 \tag{4.51}$$

因此，积分后的接收随机变量表示为 $Y=\pm KAT_b\pm \mathrm{j}KAT_b+N$。根据 Y 的实部和虚部符号，检测实际从发射机发送的两位编码，注意，K 是根据编码振幅而引入的常数。实际中，使用生成的最大不相关 PN 序列作为分配给单个用户的编码，取代正交编码。码分多址图示如图 4-27～图 4-31 所示。

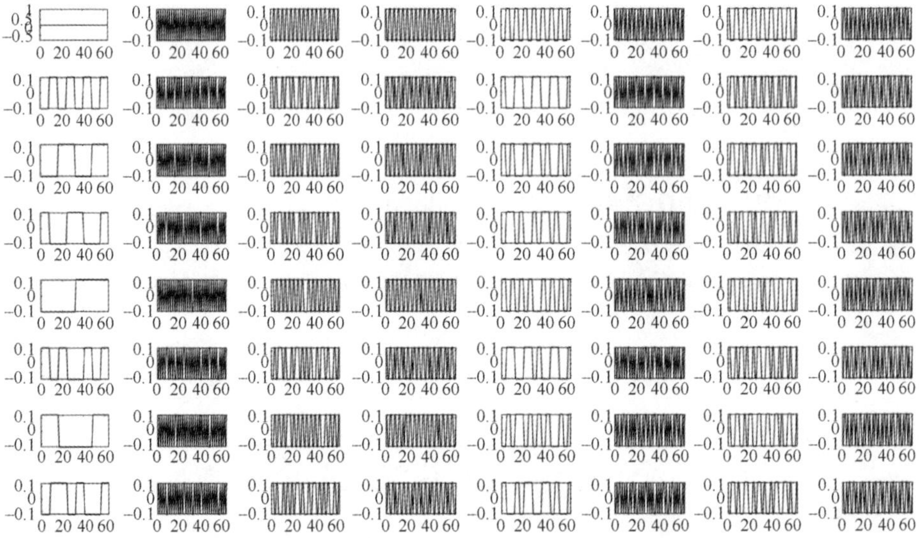

图 4-27　在码分多址中使用的 64 个正交码

① 原书公式有误，译者修正。

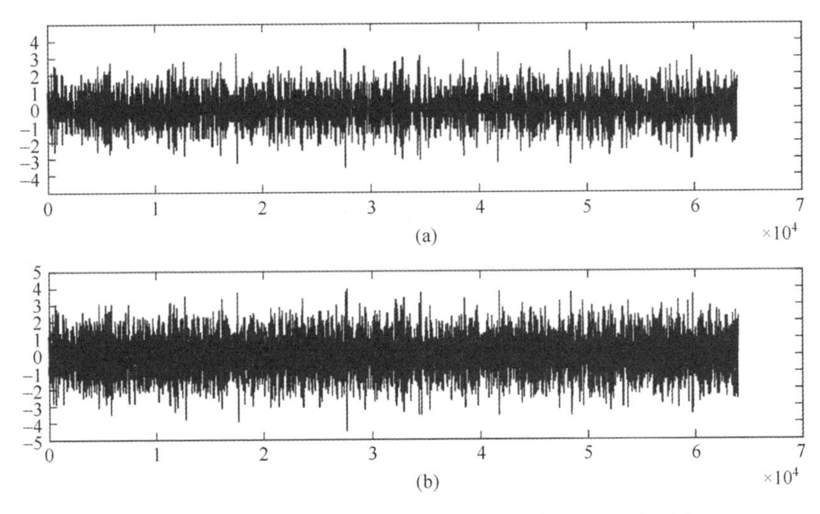

图 4-28　典型带通码分多址信号（10 个符号和 64 个用户）
（a）加入噪声之前的带通信号；（b）加入高斯噪声（方差为 0.1）之后的带通信号。

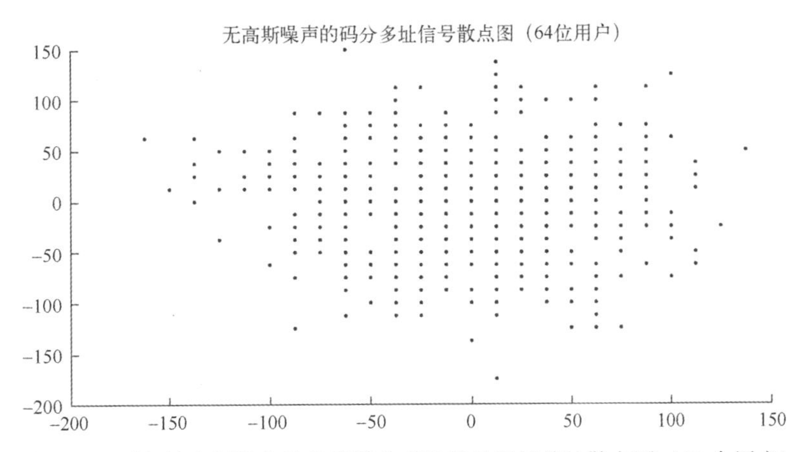

图 4-29　无加性高斯噪声的基带码分多址信号解扩前的散点图（64 个用户）

码分多址程序如下：

```
%cdma.m
%生成正交码
C=[1 1;-1 1];
for i=1:1:5
    C=[C C;-C C];
end
C=C/8;
%产生正交相移键控基带信号
```

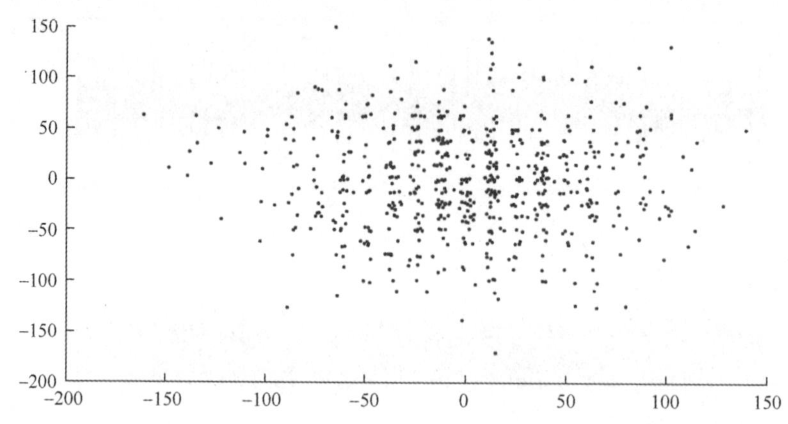

图 4-30 加性高斯噪声（方差为 0.1）基带码分多址信号的散点图
（64 个用户，每个用户 10 个时刻）

```
%64 个代码样本形成 1 位持续时间
for i=1:1:64
    R{i}=round(rand(1,10))*2-1;
    I{i}=round(rand(1,10))*2-1;
end
%码分多址基带信号(扩频)
for i=1:1:64
    UD{i}=[];
end
for k=1:1:64
for i=1:1:10
        UD{k}=[UD{k} (R{k}(i)+j*I{k}(i))*C(k,:)];
end
end
%通频带信号
BPSIGNAL=0;
fc=1;
t=0:0.01:1;
t=t(1:1:100);
for k=1:1:64
    temp=[];
for l=1:1:640
        temp=[temp real(UD{k}(l))*cos(2*pi*fc*t)-imag(UD{k}(l))*sin(2*
pi*fc*t)];
```

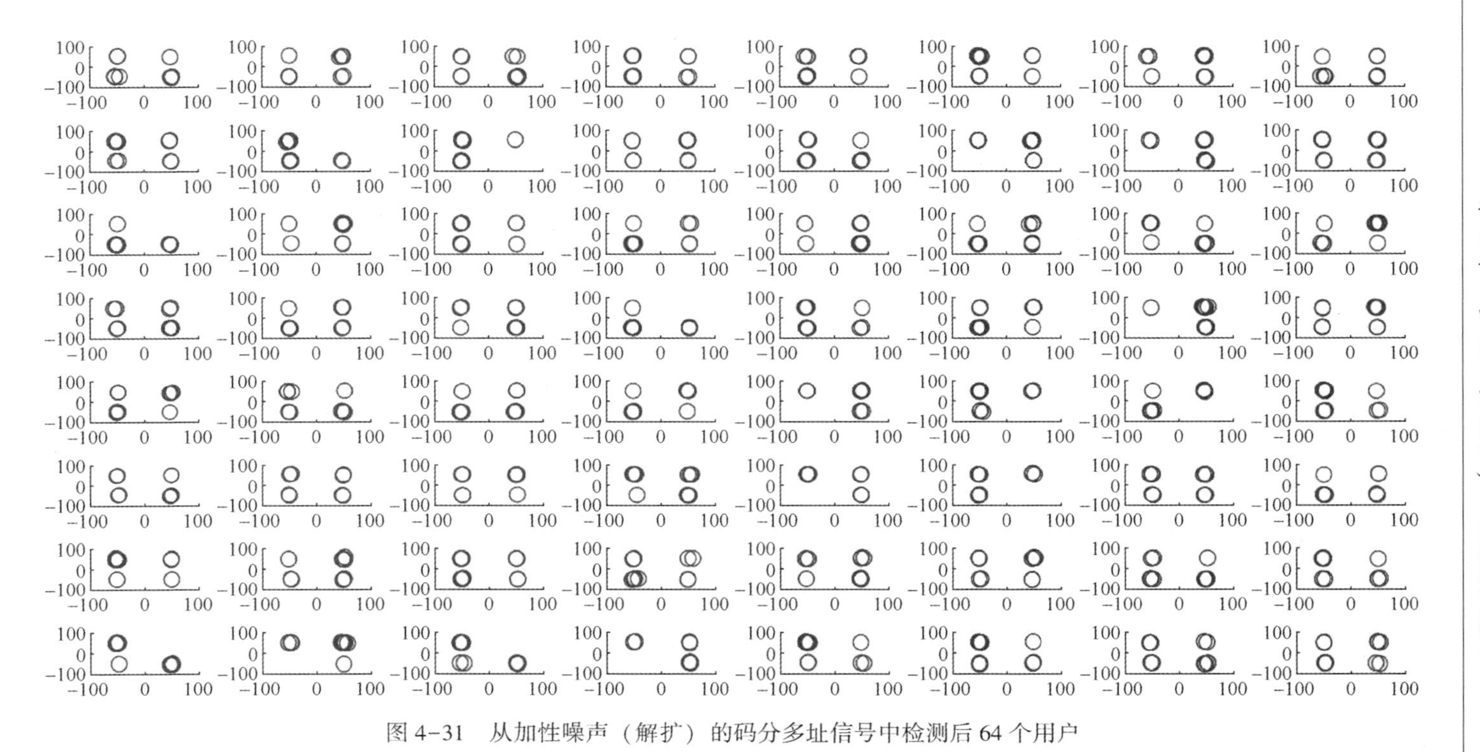

图 4-31　从加性噪声（解扩）的码分多址信号中检测后 64 个用户

（每个用户十个样本）检测基带的散点图

（注：在一些子图中，如果不到四个集群，就意味着相应的用户数据不具备所有这四种类型）

```
end
    BPSIGNAL=BPSIGNAL+temp;
end
%使用无加性噪声的相干检测从接收信号中检测复带通过表示
DRE=[];
DI=[];
for i=1:1:640
    temp=BPSIGNAL((i-1)*100+1:(i-1)*100+100);
    DRE=[DRE sum(temp.*cos(2*pi*fc*t))];
    DI=[DI sum(temp.*sin(2*pi*fc*t))];
end
figure
scatter(DRE,DI)
title('无高斯噪声的码分多址信号散点图(64 位用户)')
%加入高斯噪声
RBANDPASS=BPSIGNAL+sqrt(0.1)*randn(1,64000);
figure
subplot(2,1,1)
plot(BPSIGNAL)
title('加入噪声之前的带通信号')
subplot(2,1,2)
plot(RBANDPASS)
title('加入噪声之后的带通信号')
%使用加性噪声的相干检测从接收信号中检测出的复带通表示
NDRE=[];
NDI=[];
for i=1:1:640
    temp=RBANDPASS((i-1)*100+1:(i-1)*100+100);
    NDRE=[NDRE sum(temp.*cos(2*pi*fc*t))];
    NDI=[NDI sum(temp.*sin(2*pi*fc*t))];
end
figure
scatter(NDRE,NDI)
title('加性高斯噪声的码分多址信号散点图(64 位用户)')
RX=NDRE+j*NDI;
figure
%解扩
```

```
for i=1:1:64
    UDD{i}=[];
end
for k=1:1:64
for i=1:1:10
        UDD{k}=[UDD{k} sum(RX((i-1)*64+1:1:(i-1)*64+64).*C
(k,:))];
end
    subplot(8,8,k)
    scatter(real(UDD{k}),imag(UDD{k}))
end
figure
for i=1:1:64
    subplot(8,8,i)
    plot(C(i,:))
end
```

第 5 章　5G 和 B5G 技术

5.1　$|h_1|<|h_2|$下行非正交多路接入

在正交多址接入中，用户和基站之间的信道链路通过使用正交频率的子频带或正交时隙实现共享。在这种情况下，由于传输链路较差，成功概率会降低。为了解决这一问题，引入一种非正交多址接入（Non-Orthogonal Multiple Access，NOMA）方法，该方法允许多个用户同时访问完整的信道带宽。图 5-1 中展示了两个用户的非正交多址接入系统模型，假设基站（BS）与第 i 个用户 u_i之间的链路为用复滤波系数 h_i表示的平坦 Rayleigh 分布。如式（5.1）所示，基站同时传输用户 1 和用户 2 对应的符号 X_1和 X_2（$E(|X_1|^2)=E(|X_2|^2)=1$）。

$$\sqrt{\alpha_1 P}X_1+\sqrt{\alpha_2 P}X_2 \tag{5.1}$$

式中：P 为传送这两个符号所用的总功率；分配给用户 i 的功率为 $\alpha_i P$；$\alpha_1+\alpha_2=1$。

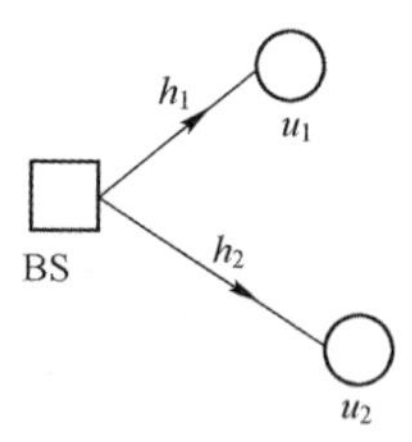

图 5-1　两个用户的非正交多址接入系统模型

用户 1 和用户 2 所接收到的相应符号为

$$y_1=h_1(\sqrt{\alpha_1 P}X_1+\sqrt{\alpha_2 P}X_2)+n \tag{5.2}$$

$$y_2=h_2(\sqrt{\alpha_1 P}X_1+\sqrt{\alpha_2 P}X_2)+n \tag{5.3}$$

式中：n 为均值 0、方差为 1 的加性噪声随机变量。

用户 1 和用户 2 需要分别检测符号 X_1和 X_2，这是使用串行干扰消除（Successive Interference Cancellation，SIC）完成的。考虑当$|h_1|<|h_2|$时，用户 1 检测到弱信道系数（$|h_1|$）下的符号（X_1）时停止，用户 2 检测到弱信

道系数（$|h_1|$）下的符号（X_1）时停止，然后检测位于强通道系数（$|h_2|$）的符号（X_2）。因此，在用户 2 的接收机上实现串行干扰消除。

令 SINR_i^j 为检测到 X_j 在用户 i 处计算的信干噪比（SINR）。

$$\mathrm{SINR}_1^1=\frac{|h_1|^2\alpha_1 PE(|X_1|)^2}{|h_1|^2\alpha_2 PE(|X_2|)^2+E(|n|^2)} \tag{5.4}$$

$$\mathrm{SINR}_1^1=\frac{\beta_1\alpha_1}{\beta_1\alpha_2+1} \tag{5.5}$$

式（5.5）中，SINR_1^1 是针对特定信道系数 $|h_1|$ 计算的。假设 h_1 为复高斯随机变量，则 $|h_1|$ 为 Rayleigh 分布，$\beta_1=|h_1|^2$ 是均值为 μ_1 的指数分布，则有

$$f_{\beta_1}=\frac{1}{\mu_1}\mathrm{e}^{-\frac{\beta_1}{\mu_1}} \tag{5.6}$$

设 C_1 是用户 1 检测符号 X_1 所需的最小归一化信道容量（每 Hz），如果最大归一化信道容量小于 C_1，就会发生中断。最大标准化信道容量为

$$\log_2(1+\mathrm{SINR}_1^1) \tag{5.7}$$

$$\log_2\left(1+\frac{\beta_1\alpha_1}{\beta_1\alpha_2+1}\right) \tag{5.8}$$

用户 1 检测符号 X_1 时中断概率为

$$\mathrm{pout}_1^1=p\left(\log_2\left(1+\frac{\beta_1\alpha_1}{\beta_1\alpha_2+1}\right)<C_1\right) \tag{5.9}$$

$$=p\left(\beta_1<\frac{k_1}{\alpha_1-k_1\alpha_2}\right) \tag{5.10}$$

式中：$k_1=2^{C_1}-1$。

SINR_2^1 为用户 2 处检测到符号 1（对应弱信道系数 $|h_1|$）的信干噪比

$$\mathrm{SINR}_2^1=\frac{|h_2|^2\alpha_1 PE(|X_1|)^2}{|h_2|^2\alpha_2 PE(|X_2|)^2+E(|n|^2)} \tag{5.11}$$

$$\mathrm{SINR}_2^1=\frac{\beta_2\alpha_1}{\beta_2\alpha_2+1} \tag{5.12}$$

用户 2 处检测到符号 X_1 时中断概率为

$$\mathrm{pout}_2^1=p\left(\log_2\left(1+\frac{\beta_2\alpha_1}{\beta_2\alpha_2+1}\right)<C_1\right) \tag{5.13}$$

$$=p\left(\beta_2<\frac{k_1}{\alpha_1-k_1\alpha_2}\right) \tag{5.14}$$

式中：$k_1=2^{C_1}-1$。

假设 h_2 为复高斯随机变量，$|h_2|$为 Rayleigh 分布，$\beta_2=|h_2|^2$ 是均值为 μ_2 的指数分布，则

$$f_{\beta_2}=\frac{1}{\mu_2}\mathrm{e}^{-\frac{\beta_2}{\mu_2}} \tag{5.15}$$

去除用户 2 处检测到符号 X_1 部分，当检测到符号 X_2 时，SINR_2^2 和 $pout_2^2$（消去符号 X_1后，用户 2 检测到 X_2时的中断概率）为

$$\mathrm{SINR}_2^2=\frac{|h_2|^2\alpha_2 PE(|X_2|)^2}{E(|n|^2)} \tag{5.16}$$

$$\mathrm{SINR}_2^2=\frac{|h_2|^2\alpha_2 PE(|X_2|)^2}{1} \tag{5.17}$$

$$\mathrm{pout}_2^2=p\left(\log_2\left(1+\frac{\beta_2\alpha_2}{1}\right)<C_2\right) \tag{5.18}$$

$$=p\left(\beta_2<\frac{k_2}{\alpha_2}\right) \tag{5.19}$$

式中：$k_2=2^{C_2}-1$。因此，用户 2 检测到 X_2时的中断概率为

$$p\left(\beta_2<\frac{k_1}{\alpha_1-k_1\alpha_2},\beta_2<\frac{k_2}{\alpha_2}\right) \tag{5.20}$$

$$p\left(\beta_2<\max\left(\frac{k_1}{\alpha_1-k_1\alpha_2},\frac{k_2}{\alpha_2}\right)\right) \tag{5.21}$$

5.2 任意信道系数下行场景中的非正交多址接入

在第 5.1 节中，假设信道系数 h_1和 h_2的关系为$|h_1|<|h_2|$。本节将推导 h_1 和 h_2为任意值时的中断概率。将用户 1 的信道系数视为 $g_1=\min(h_1,h_2)$、$g_2=\max(h_1,h_2)$，用户 1 和用户 2 所接收到的信号为

$$y_1=g_1(\sqrt{\alpha_1 P}X_1+\sqrt{\alpha_2 P}X_2)+n \tag{5.22}$$

$$y_2=g_2(\sqrt{\alpha_1 P}X_1+\sqrt{\alpha_2 P}X_2)+n \tag{5.23}$$

采用类似第 5.1 节的方法，用户 1 检测符号 X_1时的中断概率为

$$\mathrm{pout}_1^1=p\left(\log_2\left(1+\frac{\beta_1\alpha_1}{\beta_1\alpha_2+1}\right)<C_1\right) \tag{5.24}$$

$$=p\left(\beta_1<\frac{k_1}{\alpha_1-k_1\alpha_2}\right) \tag{5.25}$$

式中：$k_1=2^{C_1}-1$。

当 $\beta_1=|g_1|^2$ 时，令 $e_1=|h_1|^2$、$e_2=|h_2|^2$ 服从指数分布，可以得出 $p(\min(X,Y)\leqslant r)=1-p(X>r,Y>r)$（见图 5-2），$\beta_{\min}=\min(e_1,e_2)$ 的概率密度函数即

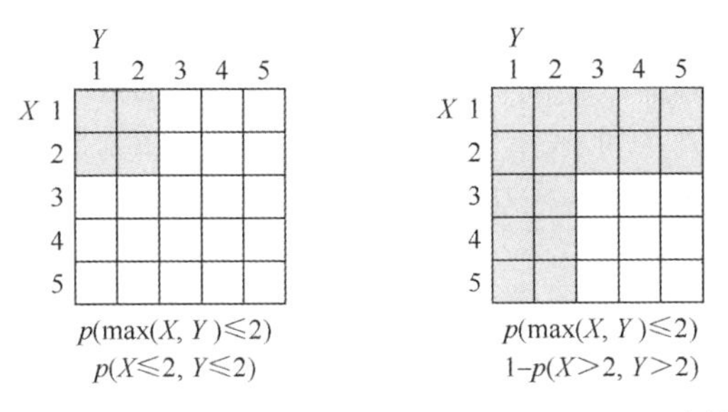

图 5-2　$p(\min(X,Y)\leqslant r)$ 和 $p(\max(X,Y)>r)$ 的计算

$$F_{\beta_1}(\beta_{\min})=p(\beta_1\leqslant\beta_{\min})=p(\min(E_1,E_2)\leqslant\beta_{\min}) \tag{5.26}$$

$$=1-p(E_1>\beta_{\min},E_2>\beta_{\min}) \tag{5.27}$$

由于事件 E_1 和事件 E_2 相互独立，得到分布函数 $F_{\beta_1}(\beta_{\min})$

$$F_{\beta_1}(\beta_{\min})=1-p(E_1>\beta_{\min})p(E_2>\beta_{\min}) \tag{5.28}$$

分布函数 $F_{\beta_1}(\beta_{\min})$ 对 $\beta_{\min}$ 求导可得相应的概率密度函数。以同样的方法，用户 2 检测符号 X_2 的中断概率为

$$p\left(\beta_{\max}<\max\left(\frac{k_1}{\alpha_1-k_1\alpha_2},\frac{k_2}{\alpha_2}\right)\right) \tag{5.29}$$

式中：$k_1=(2^{C_1}-1)\alpha_2/\alpha_1$、$k_2=(2^{C_1}-1)/\alpha_1$。

在该情况下，$\beta_{\max}=|g_2|^2,\beta_{\max}=\max(e_1,e_2)$，其中 $e_1=|h_1|^2$、$e_2=|h_2|^2$。可得出 $p(\max(X,Y)\leqslant r)=p(X\leqslant r,Y\leqslant r)$（见图 5-2），$\beta_{\max}$ 的概率密度函数为

$$F_{\beta_2}(\beta_{\max})=p(\beta_2\leqslant\beta_{\max})=p(\max(E_1,E_2)\leqslant\beta_{\max})=p(E_1\leqslant\beta_{\max},E_2\leqslant\beta_{\max}) \tag{5.30}$$

事件 E_1 和事件 E_2 相互独立，得到分布函数 $F_{\beta_{\max}}(\beta_{\max})$

$$F_{\beta_{\max}}(\beta_{\max})=p(E_1\leqslant\beta_{\max})p(E_2\leqslant\beta_{\max}) \tag{5.31}$$

式中：$E_1=|h_1|^2$、$E_2=|h_2|^2$ 服从指数分布；概率密度函数 $f_{\beta_2}(\beta_{\max})$ 可由分布函数 $F_{\beta_2}(\beta_{\max})$ 对 $\beta_{\max}$ 求导得到。

5.3　广义空间调制技术

考虑发射机有八根天线（基带传输）时，通过发射机天线传输的符号分别表示为 $1+j$、$1-j$、$-1+j$、$-1-j$（4 个符号）。从 8 根天线中选择 4 根来传输 4

个符号（8 位），因此，有 $8C_4=70$ 种天线组合可供选择，每种组合为$\log_2 70=$ 6 位（近似值），所以在每个传输间隙发射 6+8=14 位，这种技术称为广义空间调制技术。

假设在特定时刻需要传输二进制流 10101011010110（14 位），实现方法如图 5-3 所示。例如：二进制流 101010（十进制为 42）通过选择矩阵的第 42 列所对应的 2、3、5 和 7 天线来传输。

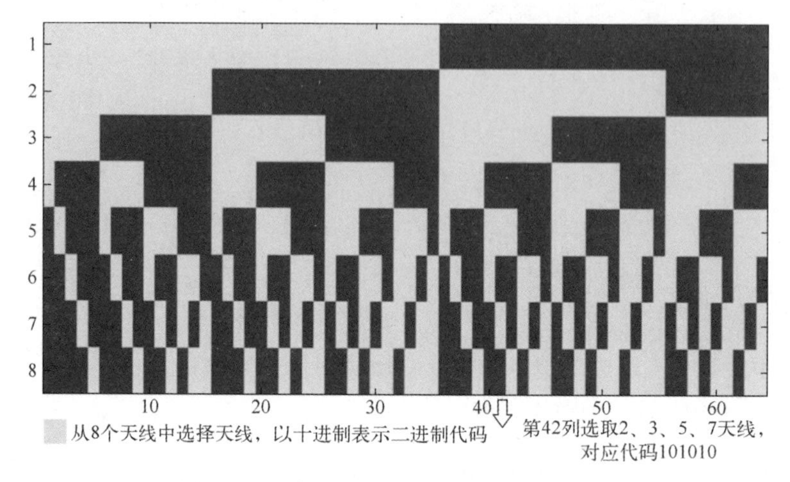

图 5-3　根据二进制码选择天线（见彩图）

（1）从 8 根天线中选择 4 根用于前 6 位 101010（所选天线为 2、3、5 和 7，假定它们对应于编码 101010）；

（2）接下来用两位编码 11 表示符号 $1+j$，天线 2 用来传输这个符号；

（3）接下来用两位编码 01 表示符号 $-1+j$，天线 3 用来传输这个符号；

（4）接下来用两位编码 01 表示符号 $-1+j$，天线 5 用来传输这个符号；

（5）接下来用两位编码 10 表示符号 $1-j$，天线 7 用来传输这个符号。

这种利用天线选择进行二进制流编码的技术称为广义空间调制技术。一般情况下，如果选择传输 N 个符号，即每根天线传输$\log_2 N$ 位，而在可用的天线总数 N_s 中，选择传输的天线数目为 N_t，则每次传输的位数为

$$\log_2(N_s C_{N_t})+N_t \log_2(N) \tag{5.32}$$

在上例中，$N_s=8$、$N_t=4$、$N=4$，因此，每次传输的位数是$\log_2(8C_4)+4\log_2(4)=\log_2(70)+8=6$（近似值）$+8=14$ 位。图 5-4～图 5-8 显示在不同符号传输过程中，广义空间调制技术中每个信道使用的总位数。

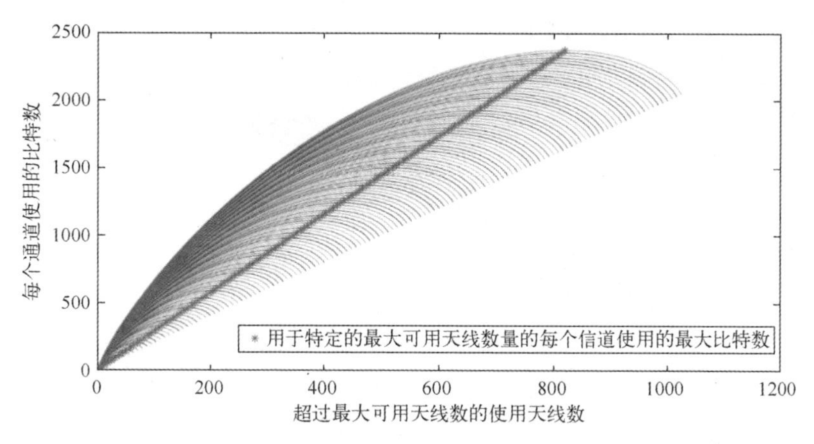

图5-4　4位空间调制时信道使用比特数随天线数的变化（见彩图）

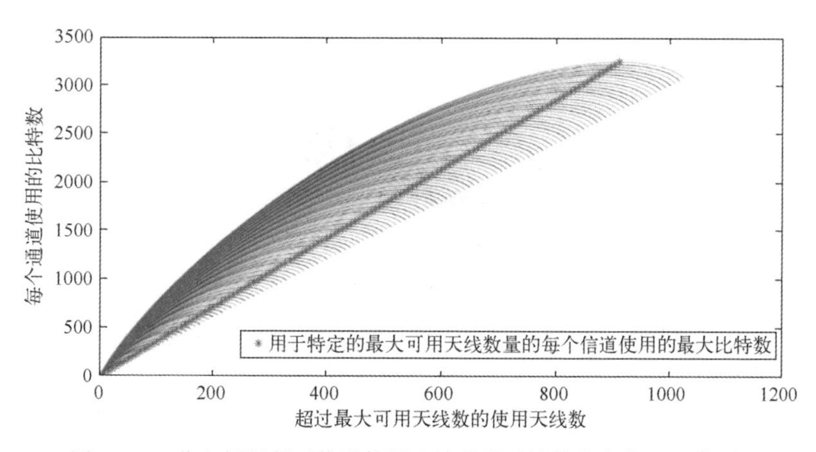

图5-5　8位空间调制时信道使用比特数随天线数的变化（见彩图）

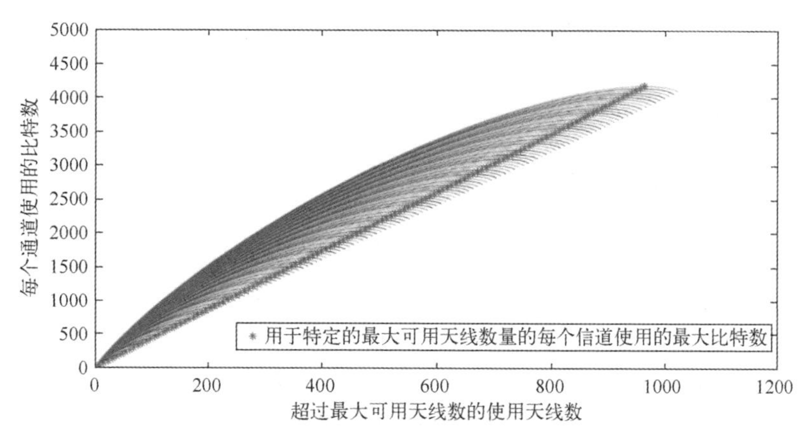

图5-6　16位空间调制时信道使用比特数随天线数的变化（见彩图）

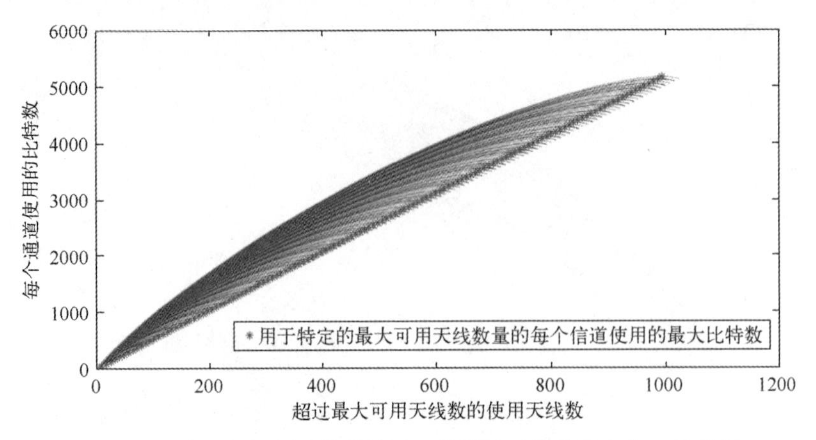

图 5-7　32 位空间调制时信道使用比特数随天线数的变化（见彩图）

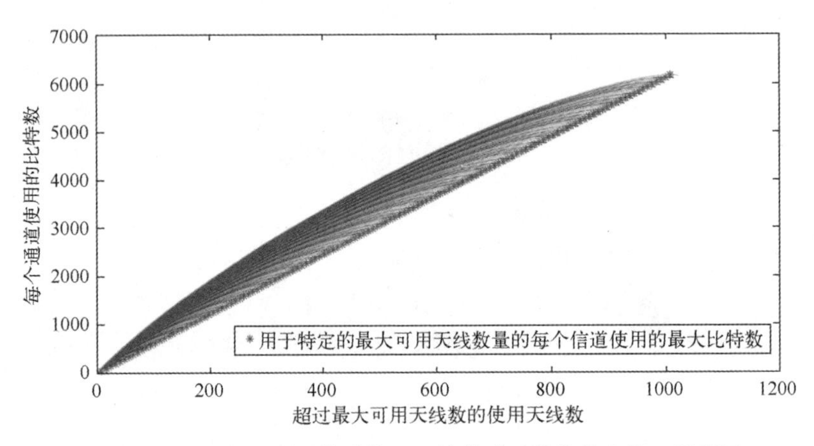

图 5-8　64 位空间调制时信道使用比特数随天线数的变化（见彩图）

广义空间调制程序如下：

```
%GSMdeomonstration.m
%L 为级别数
%A 为天线总数
L=[4 8 16 32 64];
A=8:8:1024;
for i=1:1:length(L)
for j=1:1:length(A)
        temp=[];
for k=1:1:A(j)
            temp=[temp log2(nchoosek(A(j),k))+k*log2(L(i))];
end
```

```
        C{i,j} =temp;
end
end
for i=1:1:length(L)
    figure(i)
for j=1:1:length(A)
        plot(C{i,j})
        [P,Q]=max(C{i,j});
        hold on
        plot(Q,P,'r*')
end
end
% antennaselection.m
A=nchoosek([1 2 3 4 5 6 7 8],4);
M=zeros(8,70);
for i=1:1:70
    M(A(i,:),i)= 1;
end
image(M)
```

5.4　多载波传输

5.4.1　OFDM 多载波传输

令 OFDM 信号为

$$S_{\mathrm{OFDM}}(t)=\sum_{n=-\infty}^{n=\infty}\sum_{m=0}^{m=N-1}A_{m,n}\mathrm{e}^{\mathrm{j}2\pi mf_0 t}p(t-nT) \tag{5.33}$$

式中：$p(t)$为持续时间从 $t=0$ 到 $t=T$ 的单位矩形脉冲。

当子频带连续被占用时，副载波频率为 $f_0=1/T$，即 $Nf_0=N/T$ 为信号在 T 时间内所占用的带宽。$A_{u,v}$使用相关接收机影响的信号 S_{OFDM}检测，则

$$\frac{1}{T}\int_{-\infty}^{\infty}S_{\mathrm{OFDM}}(t)p(t-vT)\mathrm{e}^{-\mathrm{j}2\pi uf_0 t}\mathrm{d}t$$

$$\frac{1}{T}\int_{-\infty}^{\infty}\sum_{n=-\infty}^{n=\infty}\sum_{m=0}^{m=N-1}A_{m,n}\mathrm{e}^{\mathrm{j}2\pi mf_0 t}p(t-nT)p(t-vT)\mathrm{e}^{-\mathrm{j}2\pi uf_0 t}\mathrm{d}t$$

$$\frac{1}{T}\int_{-\infty}^{\infty}\sum_{m=0}^{m=N-1}A_{m,v}\mathrm{e}^{\mathrm{j}2\pi mf_0 t}p(t-vT)\mathrm{e}^{-\mathrm{j}2\pi uf_0 t}\mathrm{d}t$$

$$= \sum_{m=0}^{m=N-1} A_{m,v} \frac{1}{T} \int_{vT}^{(v+1)T} \mathrm{e}^{\mathrm{j}2\pi m f_0 t} \mathrm{e}^{-\mathrm{j}2\pi u f_0 t} \mathrm{d}t$$

$$= \sum_{m=0}^{m=N-1} A_{m,v} \delta(m-n)$$

$$= A_{u,v}$$

等价可得

$$\sum_{m=0}^{m=N-1} \frac{1}{T} \int_{vT}^{(v+1)T} A_{m,v} \mathrm{e}^{\mathrm{j}2\pi m f_0 t} \mathrm{e}^{-\mathrm{j}2\pi u f_0 t} \mathrm{d}t \tag{5.34}$$

由此可得 OFDM 的离散等效结果，用采样时间 $T_s = T/N$ 对 $S_{\mathrm{OFDM}}(t)$ 信号进行采样，可得

$$S_{\mathrm{OFDM}}(kT_s) = \frac{1}{NT_s} \sum_{n=-\infty}^{n=\infty} \sum_{m=0}^{m=N-1} A_{m,n} \mathrm{e}^{\mathrm{j}2\pi m \frac{1}{NT_s} kT_s} p(kT_s - nNT_s) \tag{5.35}$$

$$\Rightarrow S_{\mathrm{OFDM}}(k) = \frac{1}{N} \sum_{n=-\infty}^{n=\infty} \sum_{m=0}^{m=N-1} A_{m,n} \mathrm{e}^{\frac{\mathrm{j}2\pi mk}{N}} p(k-nN) \tag{5.36}$$

复基带符号 $A_{u,v}$ 为

$$\frac{1}{N} \sum_{k=-\infty}^{k=\infty} S_{\mathrm{OFDM}}(k) \mathrm{e}^{\frac{-\mathrm{j}2\pi uk}{N}} p(k-vN)$$

$$= \frac{1}{N} \sum_{k=-\infty}^{k=\infty} \sum_{n=-\infty}^{n=\infty} \sum_{m=0}^{m=N-1} A_{m,n} \mathrm{e}^{\frac{\mathrm{j}2\pi mk}{N}} p(k-nN) \mathrm{e}^{\frac{-\mathrm{j}2\pi uk}{N}} p(k-vN)$$

$$= \frac{1}{N} \sum_{k=-\infty}^{k=\infty} \sum_{m=0}^{m=N-1} A_{m,n} \mathrm{e}^{\frac{\mathrm{j}2\pi mk}{N}} p(k-vN) \mathrm{e}^{\frac{-\mathrm{j}2\pi uk}{N}} p(k-vN)$$

$$= \frac{1}{N} \sum_{k=vN}^{k=(v+1)n} \sum_{m=0}^{m=N-1} A_{m,v} \mathrm{e}^{\frac{\mathrm{j}2\pi mk}{N}} \mathrm{e}^{\frac{-\mathrm{j}2\pi uk}{N}}$$

$$= \frac{1}{N} \sum_{k=vN}^{k=(v+1)n} \sum_{m=0}^{m=N-1} A_{m,v} \mathrm{e}^{\frac{\mathrm{j}2\pi k(m-u)}{N}}$$

$$= \frac{1}{N} \sum_{m=0}^{m=N-1} A_{m,v} \sum_{k=vN}^{k=(v+1)n} \mathrm{e}^{\frac{\mathrm{j}2\pi k(m-u)}{N}}$$

$$= \frac{1}{N} \sum_{m=0}^{m=N-1} A_{m,v} N\delta(m-u)$$

$$= A_{u,v}$$

5.4.2 频率选择信道多载波传输

将滤波器系数分别表示为 h_0、h_1、h_2，接收序列为

$$y(k)=\sum_{l=0}^{l=2}h(l)S_{\mathrm{OFDM}}(k-l)$$

$$\begin{aligned}y(k)=&h(0)\frac{1}{N}\sum_{n=-\infty}^{n=\infty}\sum_{m=0}^{m=N-1}A_{m,n}\mathrm{e}^{\frac{\mathrm{j}2\pi mk}{N}}p(k-nN)\\&+h(1)\frac{1}{N}\sum_{n=-\infty}^{n=\infty}\sum_{m=0}^{m=N-1}A_{m,n}\mathrm{e}^{\frac{\mathrm{j}2\pi m(k-1)}{N}}p(k-1-nN)\\&+h(2)\frac{1}{N}\sum_{n=-\infty}^{n=\infty}\sum_{m=0}^{m=N-1}A_{m,n}\mathrm{e}^{\frac{\mathrm{j}2\pi m(k-2)}{N}}p(k-2-nN)\end{aligned}$$

则 $A_{u,v}$ 检测为

$$\begin{aligned}&\frac{1}{N}\sum_{k=-\infty}^{k=\infty}y(k)\mathrm{e}^{\frac{-\mathrm{j}2\pi uk}{N}}p(k-vN)\\&\frac{1}{N}\sum_{k=-\infty}^{k=\infty}\left(h(0)\frac{1}{N}\sum_{n=-\infty}^{n=\infty}\sum_{m=0}^{m=N-1}A_{m,n}\mathrm{e}^{\frac{\mathrm{j}2\pi mk}{N}}p(k-nN)\right)\mathrm{e}^{\frac{-\mathrm{j}2\pi uk}{N}}p(k-vN)\\&+\left(h(1)\frac{1}{N}\sum_{n=-\infty}^{n=\infty}\sum_{m=0}^{m=N-1}A_{m,n}\mathrm{e}^{\frac{\mathrm{j}2\pi m(k-1)}{N}}p(k-1-nN)\right)\mathrm{e}^{\frac{-\mathrm{j}2\pi uk}{N}}p(k-vN)\\&+\left(h(2)\frac{1}{N}\sum_{n=-\infty}^{n=\infty}\sum_{m=0}^{m=N-1}A_{m,n}\mathrm{e}^{\frac{\mathrm{j}2\pi m(k-2)}{N}}p(k-2-nN)\right)\mathrm{e}^{\frac{-\mathrm{j}2\pi uk}{N}}p(k-vN)\end{aligned}\tag{5.37}$$

假设 $p(k-nN)=p(k-1-nN)=p(k-2-nN)$，在这种情况下，第 1 项表示为 $h(0)A_{u,v}$，第 2 项计算方法为

$$\begin{aligned}&\frac{1}{N}\sum_{k=-\infty}^{k=\infty}h(1)\sum_{n=-\infty}^{n=\infty}\sum_{m=0}^{m=N-1}A_{m,n}\mathrm{e}^{\frac{\mathrm{j}2\pi m(k-1)}{N}}p(k-1-nN)\mathrm{e}^{\frac{-\mathrm{j}2\pi uk}{N}}p(k-vN)\\&\frac{1}{N}h(1)\sum_{n=-\infty}^{n=\infty}\sum_{m=0}^{m=N-1}A_{m,n}\mathrm{e}^{\frac{-\mathrm{j}2\pi m}{N}}\sum_{k=-\infty}^{k=\infty}\mathrm{e}^{\frac{\mathrm{j}2\pi(m-u)}{N}}p(k-nN)p(k-vN)\end{aligned}$$

如果 $n=v$，当 k 取值范围从 vN 到 $(vN+N-1)$ 时，$p(k-nN)p(k-vN)=1$。如果 $n=v-1$，对于任意的 k，都有 $p(k-nN)p(k-vN)=p(k-vN+N)p(k-vN)=0$。如果 $n=v+1$，对于任意的 k，都有 $p(k-nN)p(k-vN)=p(k-vN-N)p(k-vN)=0$。因此，当 k 取值范围从 vN 到 $(vN+N-1)$ 时（长度为 N），利用下式计算可得

$$\begin{aligned}&\sum_{k=-\infty}^{k=\infty}\mathrm{e}^{\frac{\mathrm{j}2\pi(m-u)k}{N}}p(k-nN)p(k-vN)\\=&\sum_{k=vN}^{k=vN+N-1}\mathrm{e}^{\frac{\mathrm{j}2\pi(m-u)k}{N}}k\end{aligned}$$

$$= N\delta(m-u)$$

$h(1)/N\sum_{n=-\infty}^{n=\infty}\sum_{m=0}^{m=N-1}A_{m,n}\mathrm{e}^{-\mathrm{j}2\pi m/N}\sum_{k=-\infty}^{k=\infty}\mathrm{e}^{\mathrm{j}2\pi(m-u)/N}p(k-nN)p(k-vN)$ 可简化为 $h(1)/N\sum_{m=0}^{m=N-1}\mathrm{e}^{-\mathrm{j}2\pi m/N}A_{m,v}\delta(m-u)=h(1)\mathrm{e}^{-\mathrm{j}2\pi u/N}A_{u,v}$。同理，第3项（见式（5.37））可化简计算为 $h(2)\mathrm{e}^{-\mathrm{j}2\pi 2u/N}A_{u,v}$。因此，检测符号为

$$\left(h(0)+h(1)\mathrm{e}^{\frac{-\mathrm{j}2\pi u}{N}}+h(2)\mathrm{e}^{\frac{-\mathrm{j}4\pi u}{N}}\right)A_{u,v}$$

$$H(u)A_{u,v}$$

计算过程中，假设 $p(k-nN)=p(k-1-nN)=p(k-2-nN)$，对于不采纳此假设的计算，如果 $n=v$，当 k 取值范围从 $(vN+1)$ 到 $(vN+N-1)$ 时，$p(k-nN)p(k-1-vN)=1$。如果 $n=v-1$，对于任意的 k，都有 $p(k-nN-1)p(k-vN)=0$。同理，如果 $n=v+1$，对于任意的 k，都有 $p(k-nN-N)p(k-vN)=0$。

因此，当 k 取值范围从 $(vN+1)$ 到 $(vN+N-1)$（长度为 $N-1$）时，$\sum_{k=-\infty}^{k=\infty}\mathrm{e}^{\mathrm{j}2\pi(m-u)/N}p(k-vN-1)p(k-vN)$ 的计算方法为

$$\begin{aligned}&\sum_{k=-\infty}^{k=\infty}\mathrm{e}^{\frac{\mathrm{j}2\pi(m-u)}{N}}p(k-vN-1)p(k-vN)\\&=\sum_{k=vN+1}^{k=vN+N-1}\mathrm{e}^{\frac{\mathrm{j}2\pi(m-u)k}{N}}\\&=\sum_{k=vN}^{k=vN+N-1}\mathrm{e}^{\frac{\mathrm{j}2\pi(m-u)k}{N}}-1\\&=N\delta(m-u)-1\end{aligned}$$

$h(1)/N\sum_{n=-\infty}^{n=\infty}\sum_{m=0}^{m=N-1}A_{m,n}\mathrm{e}^{-\mathrm{j}2\pi m/N}\sum_{k=-\infty}^{k=\infty}\mathrm{e}^{\mathrm{j}2\pi(m-u)/N}p(k-1-nN)p(k-vN)$ 可简化为 $h(1)/N\sum_{m=0}^{m=N-1}A_{m,v}\mathrm{e}^{-\mathrm{j}2\pi m/N}(N\delta(m-u)-1)$，则

$$h(1)\frac{1}{N}NA_{u,v}\mathrm{e}^{\frac{-\mathrm{j}2\pi u}{N}}-h(1)\frac{1}{N}\sum_{m=0}^{m=N-1}A_{m,v}\mathrm{e}^{\frac{-\mathrm{j}2\pi m}{N}}$$

$$h(1)A_{u,v}\mathrm{e}^{\frac{-\mathrm{j}2\pi u}{N}}-h(1)\frac{1}{N}\sum_{m=0}^{m=N-1}A_{m,v}\mathrm{e}^{\frac{-\mathrm{j}2\pi m}{N}}$$

类似地，当 k 取值范围从 $(vN+2)$ 到 $(vN+N-1)$（长度为 $N-2$）时，$\sum_{k=-\infty}^{k=\infty}\mathrm{e}^{\mathrm{j}2\pi(m-u)k/N}p(k-vN-2)p(k-vN)$ 可表示为

$$\sum_{k=-\infty}^{k=\infty} e^{\frac{j2\pi(m-u)k}{N}} p(k-vN)p(k-vN)$$
$$= \sum_{k=vN+2}^{k=vN+N-1} e^{\frac{j2\pi(m-u)k}{N}}$$
$$= \sum_{k=vN}^{k=vN+N-1} e^{\frac{j2\pi(m-u)k}{N}} - 1 - e^{\frac{j2\pi(m-u)}{N}}$$
$$= N\delta(m-u) - 1 - e^{\frac{j2\pi(m-u)}{N}}$$

因此，第 3 项可简化为

$$\frac{1}{N}h(2)\sum_{n=-\infty}^{n=\infty}\sum_{m=0}^{m=N-1} A_{m,n} e^{\frac{-j2\pi 2m}{N}} \sum_{k=-\infty}^{k=\infty} e^{\frac{j2\pi(m-u)k}{N}} p(k-2-vN)p(k-vN)$$
$$= \frac{1}{N}h(2)\sum_{m=0}^{m=N-1} A_{m,v} e^{\frac{-j2\pi 2m}{N}} \left(N\delta(m-u) - 1 - e^{\frac{j2\pi(m-u)}{N}}\right)$$
$$= h(2)A_{u,v}e^{\frac{-j2\pi 2u}{N}} - \frac{1}{N}h(2)\sum_{m=0}^{m=N-1} A_{m,v} e^{\frac{-j2\pi 2m}{N}} - \frac{1}{N}h(2)\sum_{m=0}^{m=N-1} A_{m,v} e^{\frac{-j2\pi 2m}{N}} e^{\frac{j2\pi(m-u)}{N}}$$

类似地，第 1 项、第 2 项和第 3 项可分别表示为

$$h(0)A_{u,v}-k_1\text{、}h(1)A_{u,v}e^{-j2\pi u/N}-k_2 \text{ 和 } h(2)A_{u,v}e^{-j2\pi 2u/N}-k_3$$

式中：k_1、k_2 和 k_3 均为常数（参见式（5.37））。

因此，当 $n=v$ 时，可得总和为

$$(h(0)+h(1)e^{-j2\pi u/N}+h(2)e^{-j2\pi 2u/N})A_{u,v}=H(u)A_{u,v}$$

在实际应用中，总和可简化为 $\alpha A_{u,v}$ 与干涉分量的和，其中，α 为常数。图 5-9~图 5-11 展示了基于 OFDM 多载波信号。

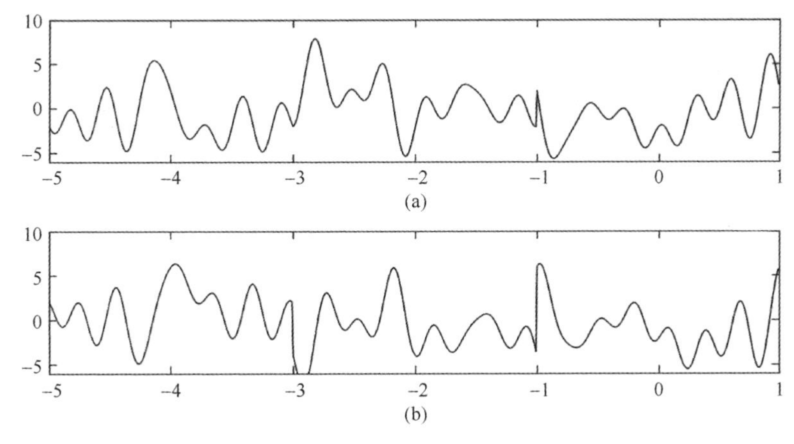

图 5-9　持续时间从-5~1s 的 OFDM 多载波信号（每秒取 128 个采样）

（a）持续时间从-5~1s 的基带信号的实部；（b）持续时间从-5~1s 的基带信号的虚部。

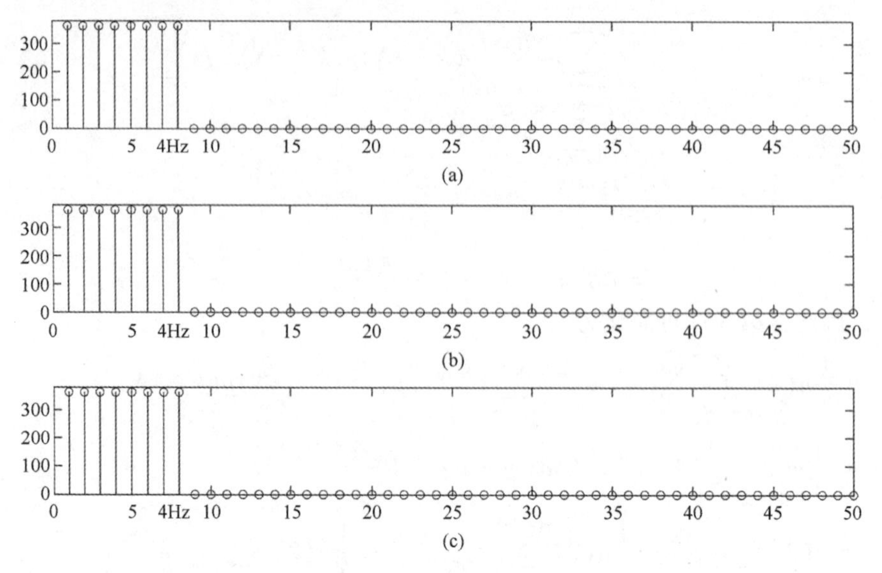

图 5-10　256 个样本（2s）的前 3 个块占用信道的子频带

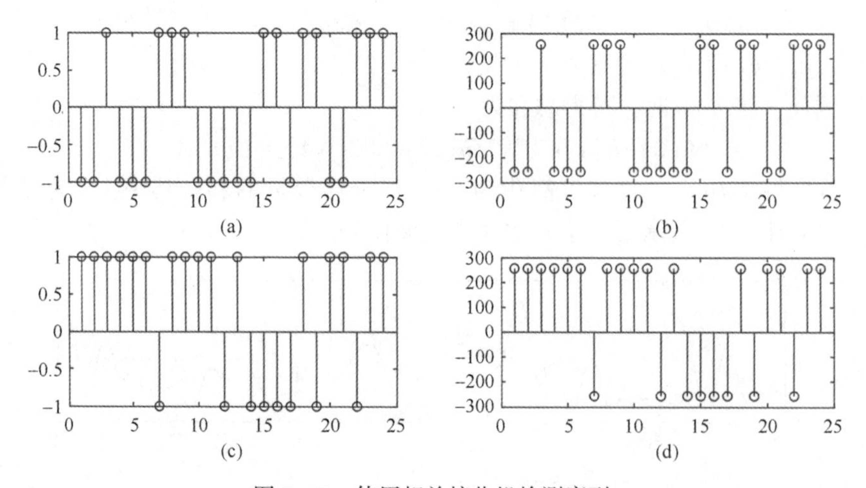

图 5-11　使用相关接收机检测序列

（a）TX 序列的实部；（b）使用相关接收机检测到序列的实部；

（c）TX 序列的虚部；（d）使用相关接收机检测到序列的虚部。

频率选择信道多载波传输程序如下：

```
t=-5:1/128:5;
TX=[];
COL=[];
```

```
for i=1:1:3
    DATABLOCK=(round(rand(1,8))*2-1) + j*(round(rand(1,8))*2-1);
    TX=[TX DATABLOCK];
    s=0;
for k=1:1:8
        s=s+DATABLOCK(k)*exp(j*2*pi*(k-1)*(1/2)*t((i-1)*256+1:1:
(i-1)*256+256));
end
    COL=[COL s];
    figure(2)
    subplot(3,1,i)
    stem(abs(fft(s,256)))
end
figure(1)
subplot(2,1,1)
plot(t(1:1:length(COL)),real(COL))
subplot(2,1,2)
plot(t(1:1:length(COL)),imag(COL))
%相关接收机检测示意
t=-5:1/128:5;
D=[];
for i=1:1:3
    DATABLOCK=COL((i-1)*256+1:1:(i-1)*256+256);
    M=[];
for k=1:1:8
        M=[M sum(DATABLOCK.*exp(-j*2*pi*(1/2)*(k-1)*t((i-1)*256+
1:1 :(i-1)*256+256)))];
end
    D=[D M];
end
figure(3)
subplot(2,2,1)
stem(real(TX))
subplot(2,2,2)
stem(real(D))
subplot(2,2,3)
stem(imag(TX))
```

```
subplot(2,2,4)
stem(imag(D))
```

5.4.3 OQAM 多载波传输

偏置正交振幅调制（Offset Quadrature Amplitude Modulation，OQAM）表示为

$$S_{\mathrm{OQAM}}(k)=\sum_{n=-\infty}^{n=\infty}\sum_{m=0}^{m=\frac{N}{2}-1}A_{m,n}\mathrm{e}^{\frac{\mathrm{j}2\pi mk}{\frac{N}{2}}}p\left(k-n\frac{N}{2}\right)\mathrm{e}^{\mathrm{j}\phi_{mn}} \tag{5.38}$$

式中：如果$(m+n)$为奇数，则 $\mathrm{e}^{\mathrm{j}\phi_{mn}}=\pi/2$；$A_{m,n}$为实数值样本；$p(n)=1$ 为持续时间 $n=0,1,\cdots,N-1$ 的矩形脉冲序列。

$A_{m,n}$的值为

$$\sum_{k=-\infty}^{k=\infty}S_{\mathrm{OQAM}}(k)\mathrm{e}^{\frac{-\mathrm{j}2\pi uk}{\frac{N}{2}}}p\left(k-v\frac{N}{2}\right)\mathrm{e}^{-\mathrm{j}\phi_{uv}}$$

$$=\sum_{n=-\infty}^{n=\infty}\sum_{m=0}^{m=\frac{N}{2}-1}A_{m,n}\sum_{k=-\infty}^{k=\infty}\mathrm{e}^{\frac{-\mathrm{j}2\pi mk}{\frac{N}{2}}}p\left(k-n\frac{N}{2}\right)\mathrm{e}^{\mathrm{j}\phi_{mn}}\mathrm{e}^{\frac{-\mathrm{j}2\pi uk}{\frac{N}{2}}}p\left(k-v\frac{N}{2}\right)\mathrm{e}^{-\mathrm{j}\phi_{uv}}$$

考虑到 $\sum_{k=-\infty}^{k=\infty}\mathrm{e}^{-\mathrm{j}2\pi mk/(N/2)}p(k-nN/2)\mathrm{e}^{\mathrm{j}\phi_{mn}}\mathrm{e}^{-\mathrm{j}2\pi uk/(N/2)}p(k-vN/2)\mathrm{e}^{-\mathrm{j}\phi_{uv}}$，对于 $n=0,1,\cdots,N-1$，都有 $p(n)=1$。可看出，在 $n=v$ 和 $n=v+1$ 的情况下，当持续时间 $k=0,1,\cdots,N-1$ 时，$p(k-nN/2)$ 和 $p(k-vN/2)$ 发生重叠。当 $m=u$、$n=v$ 时，等式可简化为

$$\sum_{k=-\infty}^{k=\infty}\mathrm{e}^{\frac{-\mathrm{j}2\pi mk}{\frac{N}{2}}}p\left(k-n\frac{N}{2}\right)\mathrm{e}^{\mathrm{j}\phi_{mn}}\mathrm{e}^{\frac{-\mathrm{j}2\pi uk}{\frac{N}{2}}}p\left(k-v\frac{N}{2}\right)\mathrm{e}^{-\mathrm{j}\phi_{uv}}=N$$

否则该式为虚数，因此，A_{uv}的检测是通过以下方程的实部来表示的。

$$\mathrm{Re}\left(\sum_{n=-\infty}^{n=\infty}\sum_{m=0}^{m=\frac{N}{2}-1}A_{m,n}\sum_{k=-\infty}^{k=\infty}\mathrm{e}^{\frac{\mathrm{j}2\pi mk}{\frac{N}{2}}}p\left(k-n\frac{N}{2}\right)\mathrm{e}^{\mathrm{j}\phi_{mn}}\mathrm{e}^{\frac{-\mathrm{j}2\pi uk}{\frac{N}{2}}}p\left(k-v\frac{N}{2}\right)\mathrm{e}^{-\mathrm{j}\phi_{uv}}\right)$$
$$=NA_{uv}$$

5.4.4 频率选择信道的多载波传输（OQAM）

设频率选择信道的滤波系数表示为 h_0、h_1 和 h_2，则接收序列为

$$y(k)=\sum_{l=0}^{l=2}h(l)S_{\mathrm{OQAM}}(k-l)$$

$$y(k)=h(0)\sum_{n=-\infty}^{n=\infty}\sum_{m=0}^{m=\frac{N}{2}-1}A_{m,n}\mathrm{e}^{\frac{\mathrm{j}2\pi mk}{\frac{N}{2}}}p\left(k-n\frac{N}{2}\right)\mathrm{e}^{\mathrm{j}\phi_{mn}}$$

$$+h(1)\sum_{n=-\infty}^{n=\infty}\sum_{m=0}^{m=\frac{N}{2}-1}A_{m,n}\mathrm{e}^{\frac{\mathrm{j}2\pi m(k-1)}{\frac{N}{2}}}p\left(k-1-n\frac{N}{2}\right)\mathrm{e}^{\mathrm{j}\phi_{mn}}$$

$$+h(2)\sum_{n=-\infty}^{n=\infty}\sum_{m=0}^{m=\frac{N}{2}-1}A_{m,n}\mathrm{e}^{\frac{\mathrm{j}2\pi m(k-2)}{\frac{N}{2}}}p\left(k-2-n\frac{N}{2}\right)\mathrm{e}^{\mathrm{j}\phi_{mn}}$$

$A_{u,v}$表示为

$$A_{u,v}=\mathrm{Re}\left(\sum_{k=-\infty}^{k=\infty}y(k)\mathrm{e}^{\frac{-\mathrm{j}2\pi uk}{\frac{N}{2}}}p\left(k-v\frac{N}{2}\right)\mathrm{e}^{-\mathrm{j}\phi_{uv}}\right)$$

$$=\mathrm{Re}\left(\sum_{k=-\infty}^{k=\infty}\left(h(0)\sum_{n=-\infty}^{n=\infty}\sum_{m=0}^{m=\frac{N}{2}-1}A_{m,n}\mathrm{e}^{\frac{\mathrm{j}2\pi mk}{\frac{N}{2}}}p\left(k-n\frac{N}{2}\right)\mathrm{e}^{\mathrm{j}\phi_{mn}}\times\mathrm{e}^{\frac{-\mathrm{j}2\pi uk}{\frac{N}{2}}}p\left(k-v\frac{N}{2}\right)\mathrm{e}^{-\mathrm{j}\phi_{uv}}\right.\right.$$

$$+h(1)\sum_{n=-\infty}^{n=\infty}\sum_{m=0}^{m=\frac{N}{2}-1}A_{m,n}\mathrm{e}^{\frac{\mathrm{j}2\pi m(k-1)}{\frac{N}{2}}}p\left(k-1-n\frac{N}{2}\right)\mathrm{e}^{\mathrm{j}\phi_{mn}}\times\mathrm{e}^{\frac{-\mathrm{j}2\pi uk}{\frac{N}{2}}}p\left(k-v\frac{N}{2}\right)\mathrm{e}^{-\mathrm{j}\phi_{uv}}$$

$$\left.\left.+h(2)\sum_{n=-\infty}^{n=\infty}\sum_{m=0}^{m=\frac{N}{2}-1}A_{m,n}\mathrm{e}^{\frac{\mathrm{j}2\pi m(k-2)}{\frac{N}{2}}}p\left(k-2-n\frac{N}{2}\right)\mathrm{e}^{\mathrm{j}\phi_{mn}}\times\mathrm{e}^{\frac{-\mathrm{j}2\pi uk}{\frac{N}{2}}}p\left(k-v\frac{N}{2}\right)\mathrm{e}^{-\mathrm{j}\phi_{uv}}\right)\right)$$

结果表明，表达式可以写成 αA_{uv}与干涉分量的和，其中，α 为常数。

5.4.5　频谱交错

当$f_0=1/T=1$（T 为 $N=8$ 个复信号序列（16 个实数序列）的持续时间），一帧 OFDM 传输信号为

$$s_1(t)=(a_1+\mathrm{j}b_1)+(a_2+\mathrm{j}b_2)\mathrm{e}^{\mathrm{j}2\pi f_0t}+(a_3+\mathrm{j}b_3)\mathrm{e}^{\mathrm{j}2\pi2f_0t}+(a_4+\mathrm{j}b_4)\mathrm{e}^{\mathrm{j}2\pi3f_0t}$$
$$+(a_5+\mathrm{j}b_5)\mathrm{e}^{\mathrm{j}2\pi4f_0t}+(a_6+\mathrm{j}b_6)\mathrm{e}^{\mathrm{j}2\pi5f_0t}+(a_7+\mathrm{j}b_7)\mathrm{e}^{\mathrm{j}2\pi6f_0t}+(a_8+\mathrm{j}b_8)\mathrm{e}^{\mathrm{j}2\pi7f_0t}$$

将上式分解为 8 个实数序列下的信号 $s_2(t)$

$$s_2(t)=a_1+\mathrm{j}b_2\mathrm{e}^{\mathrm{j}2\pi f_0t}+a_3\mathrm{e}^{\mathrm{j}2\pi2f_0t}+\mathrm{j}b_4\mathrm{e}^{\mathrm{j}2\pi3f_0t}+\mathrm{j}a_5\mathrm{e}^{\mathrm{j}2\pi4f_0t}$$
$$+b_6\mathrm{e}^{\mathrm{j}2\pi5f_0t}+a_7\mathrm{e}^{\mathrm{j}2\pi6f_0t}+\mathrm{j}b_8\mathrm{e}^{\mathrm{j}2\pi7f_0t}$$

以及另外 8 个实数序列下的信号 $s_3(t)$

$$s_3(t)=\mathrm{j}b_1+a_2\mathrm{e}^{\mathrm{j}2\pi f_0 t}+\mathrm{j}b_3\mathrm{e}^{\mathrm{j}2\pi 2f_0 t}+a_4\mathrm{e}^{\mathrm{j}2\pi 3f_0 t}+\mathrm{j}b_5\mathrm{e}^{\mathrm{j}2\pi 4f_0 t}$$
$$+a_6\mathrm{e}^{\mathrm{j}2\pi 5f_0 t}+\mathrm{j}b_7\mathrm{e}^{\mathrm{j}2\pi 6f_0 t}+a_8\mathrm{e}^{\mathrm{j}2\pi 7f_0 t}$$

将 s_2 和 s_3 信号加上时延 $T/2$，可得偏移 QAM 信号。样本值 a_1、a_2、…、a_8 和 b_1、b_2、…、b_8 在信号 $s_1(t)$、$s_2(t)$ 和 $s_3(t)$ 每一帧中变化一次。

图 5-12（a）给出了信号 $s_1(t)$ 在 0 到 T 时间段内的频谱图，图 5-12（b）给出了 OQAM 信号在 0 到 T 时间段内的频谱图，图 5-12（c）分别给出了 OFDM 信号（$s_1(t)$）在 0 到 $T/2$ 时间段内（红线）和 $T/2$ 到 T 时间段内（蓝线）的频谱图，图 5-12（d）分别给出了 OQAM 信号在 0 到 $T/2$ 时间段内（红线）和 $T/2$ 到 T 时间段内（蓝线）的频谱图，交错频谱如图 5-12（d）所示，基带 OFDM 与 OQAM 信号的实部和虚部如图 5-13 所示。

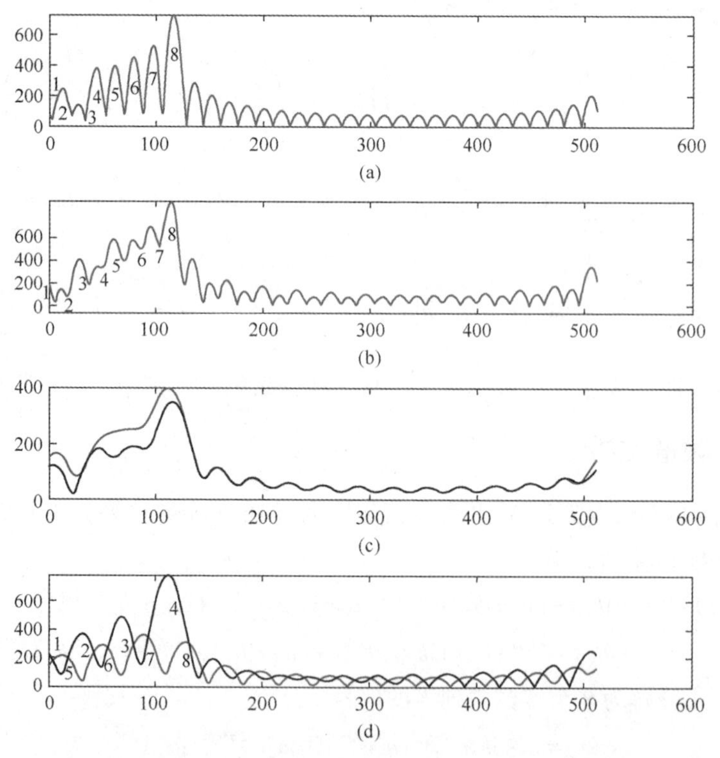

图 5-12 （a）OFDM 信号频谱（从 0 到 T）；（b）OQAM 信号频谱（从 0 到 T）；（c）OFDM 信号频谱（红线为从 0 到 $T/2$，蓝线为从 $T/2$ 到 T）；（d）OQAM 信号频谱交错（红线为从 0 到 $T/2$，蓝线为从 $T/2$ 到 T）。（见彩图）

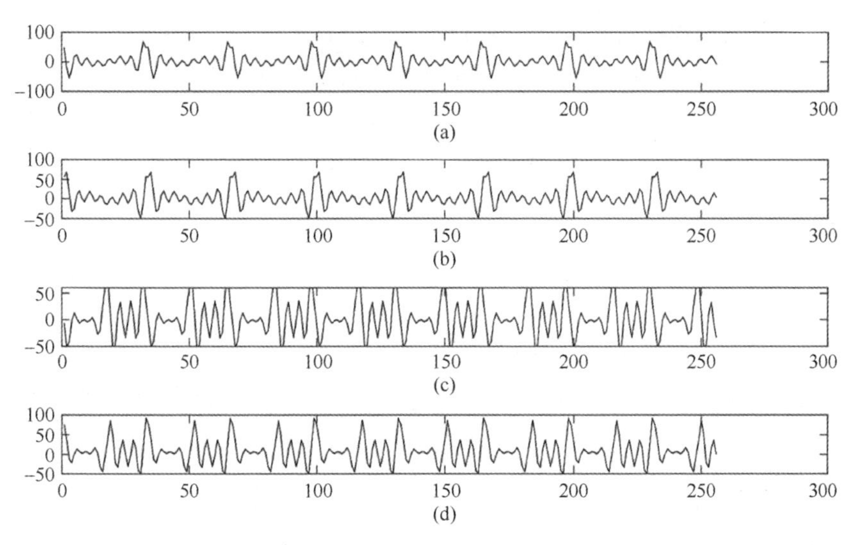

图 5-13　(a) 连续 8 帧的 OFDM 信号的实部；(b) 连续 8 帧的 OFDM 信号的虚部；(c) 连续 8 帧的 OQAM 信号的实部；(d) 连续 8 帧的 OQAM 信号的虚部。

本节相关程序如下：

```
temp=[];
temp1=[];
temp2=[];
frame{1}=[1+2*j 3+4*j 5+6*j 7+8*j 9+10*j 11+12*j 13+14*j 15+16*j];
frame{2}=[3+4*j 5+6*j 7+8*j 9+10*j 11+12*j 13+14*j 15+16*j 1+2*j ];
frame{3}=[ 5+6*j 7+8*j 9+10*j 11+12*j 13+14*j 15+16*j 1+2*j 3+4*j];
frame{4}=[ 7+8*j 9+10*j 11+12*j 13+14*j 15+16*j 1+2*j 3+4*j 5+6*j];
frame{5}=[9+10*j 11+12*j 13+14*j 15+16*j 1+2*j 3+4*j 5+6*j 7+8*j ];
frame{6}=[11+12*j 13+14*j 15+16*j 1+2*j 3+4*j 5+6*j 7+8*j 9+10*j ];
frame{7}=[13+14*j 15+16*j 1+2*j 3+4*j 5+6*j 7+8*j 9+10*j 11+12*j ];
frame{8}=[15+16*j 1+2*j 3+4*j 5+6*j 7+8*j 9+10*j 11+12*j 13+14*j ];
frame{9}=[1+2*j 3+4*j 7+8*j 9+10*j 11+12*j 13+14*j 15+16*j 5+6*j];
frame{10}=[1+2*j 5+6*j 3+4*j 7+8*j 9+10*j 11+12*j 13+14*j 15+16*j];
for n=1:1:10
    t=(n-1):1/32:n;
    a=frame{n};
     fo=1;
    temp=[temp a(1)+a(2)*exp(j*2*pi*fo*t)+a(3)*exp(j*2*pi*3*fo*t)
+...
```

```
        a(4) * exp(j * 2 * pi * 4 * fo * t) +a(5) * exp(j * 2 * pi * 5 * fo * t) +a(6)...
        * exp(j * 2 * pi * 6 * fo * t) +a(7) * exp(j * 2 * pi * 7 * fo * t) ];
    r=real(a);
    i=imag(a);
    a1=[r(1) i(2) r(3) i(4) r(5) i(6) r(7) i(8)];
    a2=[i(1) r(2) i(3) r(4) i(5) r(6) i(7) r(8)];
    temp2=[temp2 a1(1)+a1(2) * j * exp(j * 2 * pi * fo * t)+a1(3) * exp(j * 2 * pi * 2 *
fo * t)+...
        a1(4) * j * exp(j * 2 * pi * 3 * fo * t)+a1(5) * exp(j * 2 * pi * 4 * fo * t)+...
        a1(6) * j * exp(j * 2 * pi * 5 * fo * t) +a1(7) * exp(j * 2 * pi * 6 * fo * t) +a1
(8) * j...
        * exp(j * 2 * pi * 7 * fo * t)];
    temp3=[temp3 a2(1) * a2(2) * j+exp(j * 2 * pi * fo * t)+a2(3) * j * exp(j * 2 * pi *
2 * fo * t)+...
        a2(4) * exp(j * 2 * pi * 3 * fo * t) +a2(5) * j * exp(j * 2 * pi * 4 * fo * t) +a2
(6)...
        * exp(j * 2 * pi * 5 * fo * t)+...
        a2(7) * j * exp(j * 2 * pi * 6 * fo * t)+a2(8) * exp(j * 2 * pi * 7 * fo * t)];
end
tempoffset=temp2(1:1:256)+temp3(17:1:272);
figure(1)
subplot(4,1,1)
plot(abs(fft(temp(1:1:32),512)),'r')
subplot(4,1,2)
plot(abs(fft(tempoffset(1:1:32),512)),'r')
subplot(4,1,3)
plot(abs(fft(temp(1:1:16),512)),'r')
hold on
plot(abs(fft(temp(17:1:32),512)),'b')
subplot(4,1,4)
plot(abs(fft(tempoffset(1:1:16),512)),'r')
hold on
plot(abs(fft(tempoffset(17:1:32),512)),'b')

figure(2)
subplot(4,1,1)
```

```
plot(real(temp(1:1:256)))
subplot(4,1,2)
plot(imag(temp(1:1:256)))
subplot(4,1,3)
plot(real(tempoffset))
subplot(4,1,4)
plot(imag(tempoffset))
```

5.5　毫米波 MIMO：信道建模与估计

毫米波混合信道建模包括模拟和离散预编码器和合成器以及下面所述的射线追踪模型。经信道传输的发射符号矩阵 $\boldsymbol{U}$（大小为 $N_s \times N_s$），与预编码器矩阵 $\boldsymbol{D}_P$（大小为 $N_d \times N_s$ 的离散预编码器）相乘，受模拟预编码矩阵 $\boldsymbol{A}_P$（大小为 $N_t \times N_r$ 的模拟预编码器）的影响，经噪声信道传输。假设信道矩阵用 $\boldsymbol{H}$（大小为 $N_t \times N_r$）表示，加性噪声矩阵用 $\boldsymbol{N}_c$（大小为 $N_t \times N_r$）表示，接收到的 $N_r \times N_d$ 的符号矩阵服从模拟合成器矩阵 $\boldsymbol{A}_c$（大小为 $N_d \times N_r$），然后与数字合成器矩阵 $\boldsymbol{D}_c$（大小为 $N_s \times N_d$）相乘。因此，接收符号矩阵 $\boldsymbol{Y}$ 可用来估计信道矩阵 $\boldsymbol{H}$（见图 5-14）为

$$\boldsymbol{Y}=\boldsymbol{D}_c\boldsymbol{A}_c\boldsymbol{H}\boldsymbol{A}_p\boldsymbol{D}_p\boldsymbol{U}+\boldsymbol{D}_c\boldsymbol{A}_c\boldsymbol{N}_c\boldsymbol{A}_p\boldsymbol{D}_p\boldsymbol{U}$$
$$\Rightarrow \boldsymbol{Y}=\boldsymbol{D}_c\boldsymbol{A}_c\boldsymbol{H}\boldsymbol{A}_p\boldsymbol{D}_p\boldsymbol{U}+\boldsymbol{N}$$

式中：$\boldsymbol{N}$[①] 为加性高斯噪声矩阵。矩阵 $\boldsymbol{H}$ 采用射线追踪模型建模，其字典矩阵如式（5.39）所示。

$$\boldsymbol{H}=\boldsymbol{D}_R\boldsymbol{G}\boldsymbol{D}_T \tag{5.39}$$

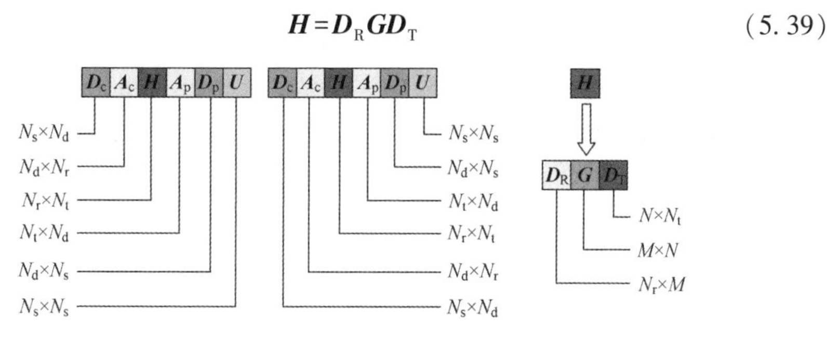

图 5-14　使用毫米波信道建模的符号（随矩阵大小）

① 原书有误，译者修正。

$\boldsymbol{D}_{\mathrm{R}}$ 和 $\boldsymbol{D}_{\mathrm{T}}$① 分别为与接收端和发送端相关的字典矩阵。如果用矩阵 $\boldsymbol{D}_{\mathrm{R}}$ 的第 i 行和矩阵 $\boldsymbol{D}_{\mathrm{T}}$ 的第 j 列来描述出射角和到达角，矩阵 $\boldsymbol{G}$ 的第(i,j)个元素非零，则特定路径射线 G 是活跃的。发射字典矩阵中的出射角表示为 θ_{t}^{1}、θ_{t}^{2}、…、θ_{t}^{N}，接收字典矩阵中的到达角表示为 θ_{r}^{1}、θ_{r}^{2}、…、θ_{r}^{M}，则字典矩阵 $\boldsymbol{D}_{\mathrm{T}}$ 和 $\boldsymbol{D}_{\mathrm{R}}$ 可表示为

$$\boldsymbol{D}_{\mathrm{R}}=\begin{bmatrix} 1 & 1 & \cdots & 1 \\ \mathrm{e}^{\frac{\mathrm{j}2\pi d\cos(\theta_{\mathrm{r}}^{1})}{\lambda}} & \mathrm{e}^{\frac{\mathrm{j}2\pi d\cos(\theta_{\mathrm{r}}^{2})}{\lambda}} & \cdots & \mathrm{e}^{\frac{\mathrm{j}2\pi d\cos(\theta_{\mathrm{r}}^{M})}{\lambda}} \\ \mathrm{e}^{\frac{\mathrm{j}2\pi 2d\cos(\theta_{\mathrm{r}}^{1})}{\lambda}} & \mathrm{e}^{\frac{\mathrm{j}2\pi 2d\cos(\theta_{\mathrm{r}}^{2})}{\lambda}} & \cdots & \mathrm{e}^{\frac{\mathrm{j}2\pi 2d\cos(\theta_{\mathrm{r}}^{M})}{\lambda}} \\ \mathrm{e}^{\frac{\mathrm{j}2\pi 3d\cos(\theta_{\mathrm{r}}^{1})}{\lambda}} & \mathrm{e}^{\frac{\mathrm{j}2\pi 3d\cos(\theta_{\mathrm{r}}^{2})}{\lambda}} & \cdots & \mathrm{e}^{\frac{\mathrm{j}2\pi 3d\cos(\theta_{\mathrm{r}}^{M})}{\lambda}} \\ \cdots & \cdots & \cdots & \cdots \\ \mathrm{e}^{\frac{\mathrm{j}2\pi(N_{\mathrm{R}}-1)d\cos(\theta_{\mathrm{r}}^{1})}{\lambda}} & \mathrm{e}^{\frac{\mathrm{j}2\pi(N_{\mathrm{R}}-1)d\cos(\theta_{\mathrm{r}}^{2})}{\lambda}} & \cdots & \mathrm{e}^{\frac{\mathrm{j}2\pi(N_{\mathrm{R}}-1)d\cos(\theta_{\mathrm{r}}^{M})}{\lambda}} \end{bmatrix}$$

$$\boldsymbol{D}_{\mathrm{T}}=\begin{bmatrix} 1 & \mathrm{e}^{\frac{-\mathrm{j}2\pi d\cos(\theta_{\mathrm{t}}^{1})}{\lambda}} & \mathrm{e}^{\frac{-\mathrm{j}2\pi 2d\cos(\theta_{\mathrm{t}}^{1})}{\lambda}} & \cdots & \mathrm{e}^{\frac{-\mathrm{j}2\pi(N_{\mathrm{T}}-1)\pi d\cos(\theta_{\mathrm{t}}^{1})}{\lambda}} \\ 1 & \mathrm{e}^{\frac{-\mathrm{j}2\pi d\cos(\theta_{\mathrm{t}}^{2})}{\lambda}} & \mathrm{e}^{\frac{-\mathrm{j}2\pi 2d\cos(\theta_{\mathrm{t}}^{2})}{\lambda}} & \cdots & \mathrm{e}^{\frac{-\mathrm{j}2\pi(N_{\mathrm{T}}-1)\pi d\cos(\theta_{\mathrm{t}}^{2})}{\lambda}} \\ 1 & \mathrm{e}^{\frac{-\mathrm{j}2\pi d\cos(\theta_{\mathrm{t}}^{3})}{\lambda}} & \mathrm{e}^{\frac{-\mathrm{j}2\pi 2d\cos(\theta_{\mathrm{t}}^{3})}{\lambda}} & \cdots & \mathrm{e}^{\frac{-\mathrm{j}2\pi(N_{\mathrm{T}}-1)\pi d\cos(\theta_{\mathrm{t}}^{3})}{\lambda}} \\ \cdots & \cdots & \cdots & \cdots & \cdots \\ 1 & \mathrm{e}^{\frac{-\mathrm{j}2\pi d\cos(\theta_{\mathrm{t}}^{N})}{\lambda}} & \mathrm{e}^{\frac{-\mathrm{j}2\pi 2d\cos(\theta_{\mathrm{t}}^{N})}{\lambda}} & \cdots & \mathrm{e}^{\frac{-\mathrm{j}2\pi(N_{\mathrm{T}}-1)\pi d\cos(\theta_{\mathrm{t}}^{N})}{\lambda}} \end{bmatrix}$$

如果矩阵 $\boldsymbol{U}$ 为单位矩阵，则矩阵 $\boldsymbol{Y}$ 表示为

$$\boldsymbol{Y}=\boldsymbol{D}_{\mathrm{c}}\boldsymbol{A}_{\mathrm{c}}\boldsymbol{D}_{\mathrm{R}}\boldsymbol{G}\boldsymbol{D}_{\mathrm{T}}\boldsymbol{A}_{\mathrm{p}}\boldsymbol{D}_{\mathrm{p}}+\boldsymbol{N} \tag{5.40}$$

通过求解 $\mathrm{vect}(\boldsymbol{Y})=\boldsymbol{A}\mathrm{vect}(\boldsymbol{G})$ 得到 $\boldsymbol{G}$ 的最小二乘估计，其中，$\mathrm{vect}(\boldsymbol{X})$ 是通过采集矩阵 $\boldsymbol{X}$ 的列元素得到的向量，矩阵 $\boldsymbol{A}$ 计算方法为

$$\boldsymbol{A}=\boldsymbol{D}_{\mathrm{p}}^{\mathrm{T}}\boldsymbol{A}_{\mathrm{p}}^{\mathrm{T}}\boldsymbol{D}_{\mathrm{T}}^{\mathrm{T}}\otimes\boldsymbol{D}_{\mathrm{c}}\boldsymbol{A}_{\mathrm{c}}\boldsymbol{D}_{\mathrm{R}} \tag{5.41}$$

式中：$\otimes$为两个矩阵的克罗内克（Kronecker）积。

令 $\boldsymbol{P}=\begin{bmatrix} p_{11} & p_{12} & p_{13} \\ p_{21} & p_{22} & p_{23} \\ p_{31} & p_{32} & p_{33} \end{bmatrix}$，$\boldsymbol{Q}=\begin{bmatrix} q_{11} & q_{12} \\ q_{21} & q_{22} \end{bmatrix}$

则矩阵 $\boldsymbol{P}\otimes\boldsymbol{Q}$ 为

① 原书有误，译者修正。

$$
P\otimes Q=\begin{bmatrix}
p_{11}q_{11} & p_{11}q_{12} & p_{12}q_{11} & p_{12}q_{12} & p_{13}q_{11} & p_{13}q_{12}\\
p_{11}q_{21} & p_{11}q_{22} & p_{12}q_{21} & p_{12}q_{22} & p_{13}q_{21} & p_{13}q_{22}\\
p_{21}q_{11} & p_{21}q_{12} & p_{22}q_{11} & p_{22}q_{12} & p_{23}q_{11} & p_{13}q_{12}\\
p_{21}q_{21} & p_{21}q_{22} & p_{11}q_{21} & p_{22}q_{22} & p_{23}q_{21} & p_{13}q_{22}\\
p_{31}q_{11} & p_{31}q_{12} & p_{32}q_{11} & p_{32}q_{12} & p_{33}q_{11} & p_{13}q_{12}\\
p_{31}q_{21} & p_{31}q_{22} & p_{32}q_{21} & p_{32}q_{22} & p_{33}q_{21} & p_{13}q_{22}
\end{bmatrix}
$$

可以理解为，$\boldsymbol{A}\otimes\boldsymbol{B}$ 的计算是考虑到矩阵 $\boldsymbol{A}_{\mathrm{c}}$ 和 $\boldsymbol{A}_{\mathrm{p}}$ 的元素需要量值为 1，通过物理电路和相位延迟电路实现。同样，可选择矩阵 $\boldsymbol{A}_{\mathrm{c}}$、$\boldsymbol{A}_{\mathrm{p}}$、$\boldsymbol{D}_{\mathrm{c}}$ 和 $\boldsymbol{D}_{\mathrm{p}}$ 的元素，使矩阵 $\boldsymbol{A}$ 的秩比较低，此时的 $\mathrm{vect}(\boldsymbol{G})$ 有更多零元素，即为稀疏矩阵，矩阵 $\boldsymbol{A}$ 称为传感矩阵。

令 $\boldsymbol{b}=\mathrm{vect}(\boldsymbol{Y})$、$\boldsymbol{x}=\mathrm{vect}(\boldsymbol{G})$，因此，毫米波信道矩阵的信道估计涉及求解 $\boldsymbol{Ax}=\boldsymbol{b}$ 形式的线性方程，其中 $\boldsymbol{x}$ 是稀疏矩阵。求解方法之一是使用正交匹配追踪（Orthogonal Matching Pursuit，OMP），步骤如下：

（1）找出矩阵 $\boldsymbol{A}$ 中与向量 $\boldsymbol{b}$ 高度相关的列向量，并设其为 $\boldsymbol{a}_1$；

（2）将向量 $\boldsymbol{b}$ 投影到被标识的列向量 $\boldsymbol{a}_1^{\mathrm{H}}\boldsymbol{b}/(\boldsymbol{a}_1^{\mathrm{H}}\boldsymbol{a}_1)$ 的张成空间中；

（3）计算残差向量 $\boldsymbol{e}_1=\boldsymbol{b}-\boldsymbol{a}_1^{\mathrm{H}}\boldsymbol{b}/(\boldsymbol{a}_1^{\mathrm{H}}\boldsymbol{a}_1)$；

（4）从矩阵 $\boldsymbol{A}$ 中去除已识别的列向量 $\boldsymbol{a}_1$，得到矩阵 $\boldsymbol{A}_1$；

（5）找出矩阵 $\boldsymbol{A}_1$ 中与向量 $\boldsymbol{e}_1$ 高度相关的列向量，并设其为 $\boldsymbol{a}_2$；

（6）用向量 $\boldsymbol{a}_1$ 和 $\boldsymbol{a}_2$ 作为列向量组成矩阵 $\boldsymbol{P}_1$；

（7）将向量 $\boldsymbol{b}$ 投影到矩阵 $\boldsymbol{P}_1$ 的列空间中，为 $\boldsymbol{P}_1(\boldsymbol{P}_1^{\mathrm{H}}\boldsymbol{P}_1)^{-1}\boldsymbol{P}_1^{\mathrm{H}}\boldsymbol{b}$；

（8）计算残差向量 $\boldsymbol{e}_2=\boldsymbol{b}-\boldsymbol{P}_1(\boldsymbol{P}_1^{\mathrm{H}}\boldsymbol{P}_1)^{-1}\boldsymbol{P}_1^{\mathrm{H}}\boldsymbol{b}$；

（9）从矩阵 $\boldsymbol{A}$ 中去除已识别的列向量 $\boldsymbol{a}_1$ 和 $\boldsymbol{a}_2$，得到矩阵 $\boldsymbol{A}_2$；

（10）找出矩阵 $\boldsymbol{A}_1$ 中与向量 $\boldsymbol{e}_2$ 高度相关的列向量，并设其为 $\boldsymbol{a}_3$；

（11）用向量 $\boldsymbol{a}_1$ 和 $\boldsymbol{a}_2$ 作为列向量组成矩阵 $\boldsymbol{P}_2$；

（12）将向量 $\boldsymbol{b}$ 投影到矩阵 $\boldsymbol{P}_2$ 的列空间中，为 $\boldsymbol{P}_2(\boldsymbol{P}_2^{\mathrm{H}}\boldsymbol{P}_2)^{-1}\boldsymbol{P}_2^{\mathrm{H}}\boldsymbol{b}$；

（13）计算残差向量 $\boldsymbol{e}_3=\boldsymbol{b}-\boldsymbol{P}_2(\boldsymbol{P}_2^{\mathrm{H}}\boldsymbol{P}_2)^{-1}\boldsymbol{P}_2^{\mathrm{H}}\boldsymbol{b}$①；

（14）重复步骤（11）至（13），直到误差矢量幅度小于预定义的阈值；

（15）让从矩阵 $\boldsymbol{A}$ 中选取的误差矢量的大小小于预定义阈值的最终矩阵表示为 $\boldsymbol{P}_{\mathrm{final}}$；

（16）估计的高度稀疏向量 $\boldsymbol{x}$（含有更多的零元素）为

$$
\hat{\boldsymbol{x}}=(\boldsymbol{P}_{\mathrm{final}}^{\mathrm{H}}\boldsymbol{P}_{\mathrm{final}})^{-1}\boldsymbol{P}_{\mathrm{final}}^{\mathrm{H}}\boldsymbol{b} \tag{5.42}
$$

① 原书有误，译者修正。

下面介绍毫米波信道估计示例。

（1）实验中，符号个数 $N_s=4$，射频链（RF）个数 $N_D=2$；

（2）生成路径数为 3 的随机射线追踪信道矩阵 $\boldsymbol{H}$；

（3）矩阵 $\boldsymbol{U}$ 的尺寸大小为 4×4；

（4）噪声矩阵 $\boldsymbol{N}$ 是方差为 0.1 的复高斯矩阵；

（5）选取模拟预编码器矩阵 $\boldsymbol{A}_p$ 为离散傅里叶（DFT）矩阵，大小为 $N_T\times N_T$（$N_T=4$）；

（6）需要注意的是，模拟预编码器的尺寸大小需要为 $N_T\times N_D$，其中 N_D 为 RF 链的数量；

（7）在该方法中，矩阵 $\boldsymbol{A}_p$ 的大小为 $N_T\times N_T$（$N_T=4$），矩阵 $\boldsymbol{D}_p$ 的大小为 $N_T\times N_S$，这样每一列只有 $N_D=2$ 个元素是非零的，这相当于选择 DFT 矩阵的相应列（2）作为模拟预编码器矩阵 $\boldsymbol{A}_p$；

（8）本实验将 4×4 的矩阵 $\boldsymbol{D}_p$ 构造成块对角矩阵，并选择对角块作为 2×2 的 DFT 矩阵；

（9）类似地，选择大小为 $N_R\times N_R$（$N_R=8$）的 DFT 厄密共轭转置矩阵作为模拟合成器矩阵 $\boldsymbol{A}_c$，将离散组合矩阵 $\boldsymbol{D}_c$ 构造为 2×2 的块对角的厄米特转置的 DFT 矩阵；

（10）字典矩阵由 $M=N=256$ 构成（分析将 0 到 π 范围分成 256 份后的出射角和到达角）；

（11）图 5-15 给出了使用 OMP 算法得到的实际信道矩阵和估计信道矩阵；

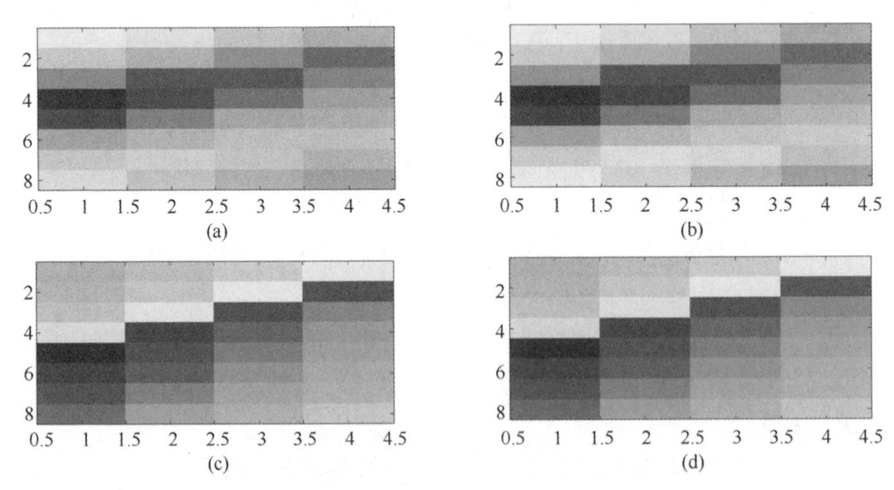

图 5-15　使用字典矩阵估计毫米波信道（幅度和相位）（见彩图）

（a）实际信道矩阵的绝对值；（b）估计信道矩阵的绝对值；

（c）实际信道矩阵的相位值；（d）估计信道矩阵的相位值。

（12）识别出的三条路径如图 5-16 所示，图中突出显示了发射端和接收端之间的角度。

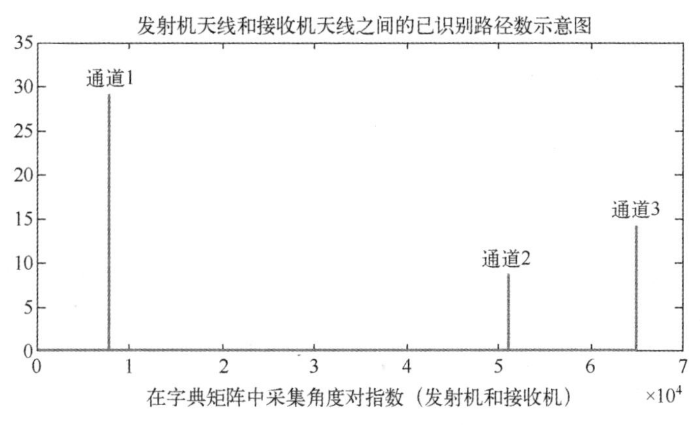

图 5-16　毫米波信道射线追踪模型中三条路径的识别

毫米波信道建模程序如下：

```
%mmwavechannelestimation. m
%上行传输中使用导频传输估计毫米波信道矩阵的示意图
%发射天线数为 M
%接收天线数为 N
%路径数为 L
%符号数为 S
%P 是导频符号矩阵,选择单位矩阵
%块数(nob)
%射频链数(RF)
%模拟预编码器(PR)
%离散预编码器(PB)
%模拟合成器(CR)
%离散合成器(CB)
S=4;
P=diag(ones(1,4));
M=4;
N=8;
L=3;
RF=2;
nob=2;
PR=dftmatrix(M);
```

```
Block1=[dftmatrix(2);zeros(2,2)];
Block2=[zeros(2,2);dftmatrix(2)];
PB=[Block1 Block2];
Block1=[dftmatrix(2);zeros(6,2)];
Block2=[zeros(2,2);dftmatrix(2);zeros(4,2)];
Block3=[zeros(4,2);dftmatrix(2);zeros(2,2)];
Block4=[zeros(6,2);dftmatrix(2)];
CB=[Block1 Block2 Block3 Block4];
CR=dftmatrix(N);
lambda=5*10^(-3);
dr=lambda/4;
dt=lambda/4;
resolution=256;
DT=dictionarymatrix(M,resolution,dr,lambda);
DR=dictionarymatrix(N,resolution,dt,lambda);
G=rand(1,L)*10;
PART1=DT*PR*PB;
PART2=CR'*CB'*DR';
Q=kron(transpose(PART1),PART2);
AOA=rand(1,L)*pi;
AOD=rand(1,L)*pi;
[H]=raychannelmatrix(M,N,L,AOA,AOD,dr,dt,lambda,G);
%接收信号矩阵
Y=sqrt(10)*CR'*CB'*H*PR*PB+0.1*(randn(8,4)+j*randn(8,4));
y=reshape(Y,size(Y,1)*size(Y,2),1);
hest=ompsol(Q,y,L);
[P,Q]=sort(-1*hest);
Hest=DR'*reshape(hest,255,255)*DT;
figure(1)
subplot(2,2,1)
imagesc(abs(H))
title('实际信道矩阵的绝对值')
subplot(2,2,2)
imagesc(angle(H))
title('实际信道矩阵的相位值')
subplot(2,2,3)
imagesc(abs(Hest))
```

```
title('实际信道矩阵的绝对值')
subplot(2,2,4)
imagesc(angle(Hest))
title('估计信道矩阵的相位值')
figure(2)
plot(abs(hest))
title('发射机天线和接收机天线之间的已识别路径数示意图')
%dftmatrix.m
function [M]=dftmatrix(N)
M=[];
for n=0:1:N-1
    temp=[];
for k=0:1:N-1
        temp=[temp exp(-j*2*pi*n*k/N)];
end
    M=[M;temp];
end
dictionarymatrix.m
function [res]=dictionarymatrix(M,resolution,d,lambda)
res=pi/(resolution-1);
temp2=[];
for m=1:1:resolution-1
    temp1=[1];
for n=1:1:M-1
        temp1=[temp1 exp(-j*2*pi*cos(m*res)*(n*d)/lambda)];
end
    temp2=[temp2; temp1];
end
res=temp2;
function [sol]=ompsol(A,b,L)
%求出Ax=b中x的解,且向量b的非零元素个数最小化
temp=A;
vect=[];
res=b;
sol=zeros(size(A,2),1);
M=ones(size(A,1),size(A,2));
pos=[];
```

```
for iteration=1:1:L
    [p,q]=max(temp'*res);
    vect=[vect A(:,q)];
    s=pinv(vect)*b;
    res=b-vect*s;
    M(:,q)=zeros(size(A,1),1);
    temp=temp.*M;
    pos=[pos q];
    sol(pos)=s;
if(sum(res.^2)<0.01)
break
end
end
```

5.6 协作通信

考虑两个用户：用户 1 和用户 2。将用户 1 与基站之间的链路（R）（见图 5-17）建模为随机变量 h_{1R}，将用户 2 与基站之间的链路建模为随机变量 h_{2R}。同样，用户 1 和用户 2 之间的链接被建模为随机变量 h_{12}，令 h_{1R}、h_{2R} 和 h_{12} 分别服从标准偏差为 v_1、v_2、v_3 的复高斯分布。假设用户 1 发送符号 x，则用户 2 接收到 $y_{12}=h_{12}x+n_{12}$，其中 n_{12} 是标准偏差为 v_5 的加性复高斯噪声。使用匹配滤波器检测符号 x，对信道系数 $\hat{h}_{12}$ 估计为 $\hat{x}=\hat{h}_{12}{}^{*}y_{12}$，进一步传送到基站 R，基站接收到的符号表示为 $y_{2R}=h_{2R}\hat{x}+n$。对基站处估计信道系数 $\hat{h}_{12}$ 和 $\hat{h}_{1R}$ 的大小进行比较，如果 $|\hat{h}_{12}|>|\hat{h}_{1R}|$，检测符号为 $x_{\det}=\hat{h}_{12}{}^{*}y_{1R}$，反之，检测符号为 $x_{\det}=\hat{h}_{2R}{}^{*}y_{2R}$。$\hat{h}_{12}$、$\hat{h}_{1R}$、$\hat{h}_{2R}$ 分别建模为 $\hat{h}_{12}=h_{12}+n$、$\hat{h}_{1R}=h_{1R}+n$ 和 $\hat{h}_{2R}=h_{2R}+n$，其中 n 是标准偏差为 v_4 的加性复高斯噪声。实验中采用 v_1、v_2、v_3、v_4、v_5 的不同组合进行，检测率如图 5-18 所示。可以看出，协作通信检测率大于非协作通信检测率。

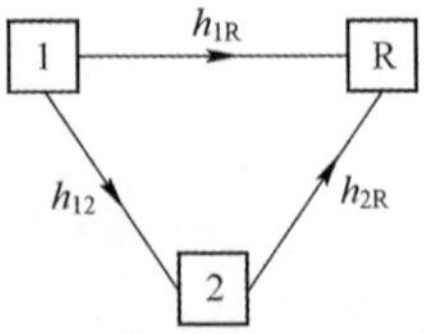

图 5-17　2 个用户最大组合的协同通信场景

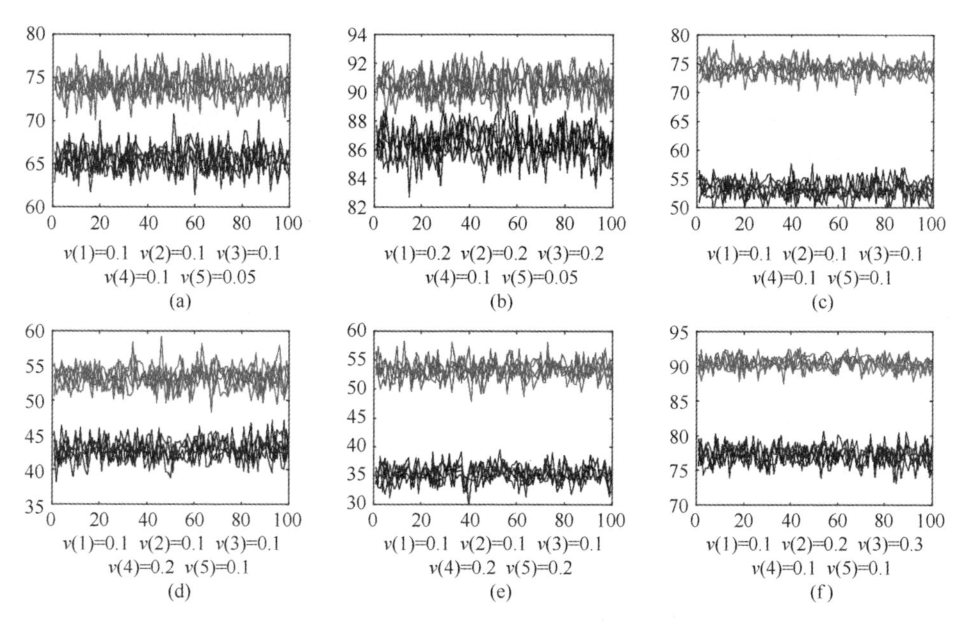

图 5-18　有无协作通信情况下的检测率（最大合并场景下）

协作通信的程序如下：

```
%Cooperativedemo. m
vect1=[0. 1 0. 1 0. 1 0. 1 0. 05];
vect2=[0. 2 0. 2 0. 2 0. 1 0. 05];
vect3=[0. 1 0. 1 0. 1 0. 1 0. 1];
vect4=[0. 1 0. 1 0. 1 0. 2 0. 1];
vect5=[0. 1 0. 1 0. 1 0. 2 0. 2];
vect6=[0. 1 0. 2 0. 3 0. 1 0. 1];
for i=1:1:5
    [POS1, POS2]=Cooperativecomm(vect1);
    subplot(2,3,1)
    plot(POS1,'r')
    hold on
    plot(POS2,'b')
    [POS1, POS2]=Cooperativecomm(vect2);
    subplot(2,3,2)
    plot(POS1,'r')
    hold on
    plot(POS2,'b')
```

```
    [POS1,POS2]=Cooperativecomm(vect3);
    subplot(2,3,3)
    plot(POS1,'r')
    hold on
    plot(POS2,'b')
    [POS1, POS2]=Cooperativecomm(vect4);
    subplot(2,3,4)
    plot(POS1,'r')
    hold on
    plot(POS2,'b')
    [POS1, POS2]=Cooperativecomm(vect5);
    subplot(2,3,5)
    plot(POS1,'r')
    hold on
    plot(POS2,'b')
    [POS1, POS2]=Cooperativecomm(vect6);
    subplot(2,3,6)
    plot(POS1,'r')
    hold on
    plot(POS2,'b')
end

function [POS1, POS2]=cooperativecomm(v)
a=v(1);b=v(2);c=v(3);d=v(4);e=v(5);
%信号功率固定为 2
%a 为用户 1 和用户 2 之间的 Rayleigh 分布链路的标准差
%b 为用户 1 与基站之间的 Rayleigh 分布链路的标准差
%c 为用户 2 与基站之间的 Rayleigh 分布链路的标准差
%d 为非理想信道状态信息模型的加性复随机变量的标准差
%e 是与加性复高斯噪声模型相关的标准差
POS1=[]; POS2=[];
for attempt=1:1:100
    x=(round(rand(1,1000)) * 2-1)+j * (round(rand(1,1000)) * 2-1);
    h12=a * (randn(1,1000)+j * randn(1,1000));
    h1R=b * (randn(1,1000)+1i * randn(1,1000));
    h2R=c * (randn(1,1000)+j * randn(1,1000));
%将非理想信道状态信息作为加性噪声的理想信道状态信息
```

```
    DETCO=[ ];
    DETD=[ ];
for i=1:1:1000
        y1R=h1R(i) * x(i)+d * (randn+j * randn);
        y12=h12(i) * x(i)+d * (randn+j * randn);
        h12cap(i)= h12(i)+e * (randn+j * randn);
        h1Rcap(i)= h1R(i)+e * (randn+j * randn);
        h2Rcap(i)= h2R(i)+e * (randn+j * randn);
        x12cap=h12cap(i)' * y12;
if(real(x12cap)>0)
            x12detr=1;
else
            x12detr=-1;
end
if(imag(x12cap)>0)
            x12deti=1;
else
            x12deti=-1;
end
        x12=x12detr+j * x12deti;
%重新传输
        y2R=h2R(i) * x12+e * (randn+j * randn);
if(abs(h1Rcap(i))>abs(h2Rcap(i)))
            det=h1R(i)' * y1R;
else
            det=h1R(i)' * y1R;
end
if(real(det)>0)
            xcapr=1;
else
            xcapr=-1;
end
if(imag(det)>0)
            xcapi=1;
else
            xcapi=-1;
end
```

```
        DETCO=[DETCO xcapr+j * xcapi];

        x1Rcap=h1Rcap(i)' * y1R;
if(real(x1Rcap)>0)
            xcap12r=1;
else
            xcap12r=-1;
end
if(imag(x1Rcap)>0)
            xcap12i=1;
else
            xcap12i=-1;
end
        DETD=[DETD xcap12r+j * xcap12i];
end
    [P1,Q1]=find((x-DETCO)==0);
    Rate1=length(P1)/10;
    [P2,Q2]=find((x-DETD)==0);
    Rate2=length(P2)/10;
    POS1=[POS1 Rate1];
    POS2=[POS2 Rate2];
end
```

5.7 全双工无线电：自扰和混合消除

在全双工无线电传输的情况下，接收信号会与发射信号间产生干扰。接收信号 $y(t)=y_{\text{实际}}+\alpha x(t-\beta)$+高阶谐波+噪声，干扰消除分为两个阶段：数字消除和模拟消除，这就是所谓的混合消除。可以证明 $x(t-\beta)$ 可由线性组合 $x(nT+t)$（n 取$-\infty$到∞）得到（见图 5-19）。

$$x(t)=\sum_{n=-\infty}^{n=\infty}x(nT)\operatorname{sinc}\left(\frac{t}{T}-n\right)$$

$$x(t+u)=\sum_{n=-\infty}^{n=\infty}x(nT+u)\operatorname{sinc}\left(\frac{t}{T}-n\right)$$

将 $t=-\beta$① 代入，可得

① 原书有误，译者修正。

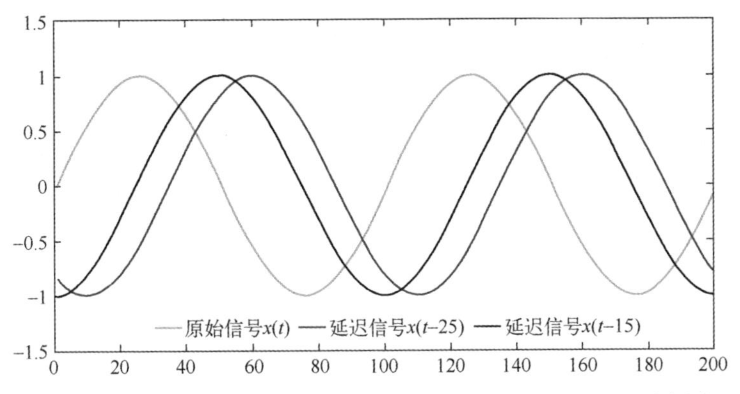

图 5-19　由线性组合 $x(nT+t)$（n 取 $-\infty$ 到 ∞）得到 $x(t-\beta)$ 示意图

$$x(u-\beta)=\sum_{n=-\infty}^{n=\infty}x(nT+u)\operatorname{sinc}\left(\frac{(-\beta)}{T}-n\right)$$

$$x(u-\beta)=\sum_{n=-\infty}^{n=\infty}x(nT+u)a_n$$

式中：$a_n=\operatorname{sinc}((-\beta)/T-n)$，用 t 代替 u 可得

$$x(t-\beta)=\sum_{n=-\infty}^{n=\infty}x(nT+t)a_n \tag{5.43}$$

已知发射机中的 $x(t)$，对于 n 取 $-\infty$ 到 ∞，可通过选择适当系数导出 $\alpha x(t-\beta)$ 的线性组合 $x(nT+t)$，从而减少干扰。在对信号进行采样以获得预期的样本后，进一步地减少离散干扰。

相关程序如下：

```
T=20;
t=0:1/100:10000;
x=sin(2*pi*1*t);
s=0;
r=[];
for u=2001:1:5000;
    s=0;
for i=-100:1:100
    s=s+sinc(-15/T-i)*x(i*20+u);
end
    r=[s r];
end
```

```
figure
plot(x(2001:1:2200),'r')
hold on
plot(r(1:1:200),'b')

T=20;
t=0:1/100:10000;
x=sin(2*pi*1*t);
s=0;
r=[];
for u=2001:1:5000;
    s=0;
for i=-100:1:100
        s=s+sinc(-25/T-i)*x(i*20+u);
end
    r=[s r];
end
hold on
plot(r(1:1:200),'k')
```

5.8　基于无人机集群的无线传感数据采集与功率信标传输

将所考虑的特定区域中的无线传感器根据物理位置分为四组，单个集群的中心被识别为集群头，用于将各自集群中收集的数据传输到无人机。功率信标均匀分布在整个分析区域，主要步骤如下：

（1）功率信标作为无线源，向所有传感器发送射频能量；

（2）每个集群的集群头接收来自该集群内所有传感器的数据，集群头与单个传感器之间的链路是正交的，因此，可以在具有相应集群头的传感器之间同时传输数据；

（3）允许无人机移动位置，并以特定的顺序放置在集群头部上方，当无人机在集群头上方时，从无人机传输的射频信号中获取能量，然后将采集到的数据从集群头传输到无人机；

（4）步骤（1）~（3）即完成了一个循环；

（5）需要优化（a）分配给每个周期活动的单个活动时间（b）集群的顺序，使得无人机移动至集群头收集数据，并最小化中断概率；

（6）在这个例子中，集群是固定的，对应的集群头也是固定的。在实际场景中，需要识别集群和集群头，以使中断概率最小化。

集群头与单个传感器之间的链路建模为 Rayleigh 分布，功率信标与传感器节点之间的连接也采用 Rayleigh 分布模型。在集群头上方的无人机之间的连接则建模服从 Rice 分布。图 5-20～图 5-25 描述了基于无人机的数据采集和通过功率信标传输功率的步骤。

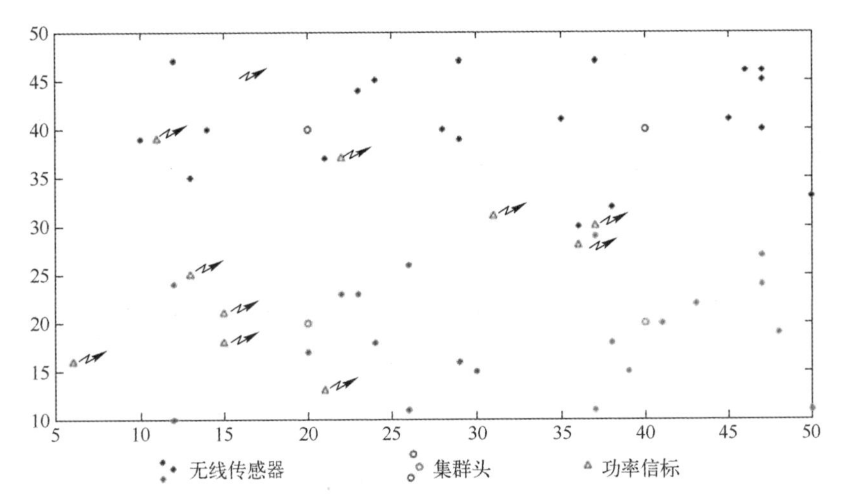

图 5-20　功率信标向所有传感器节点传输功率（见彩图）

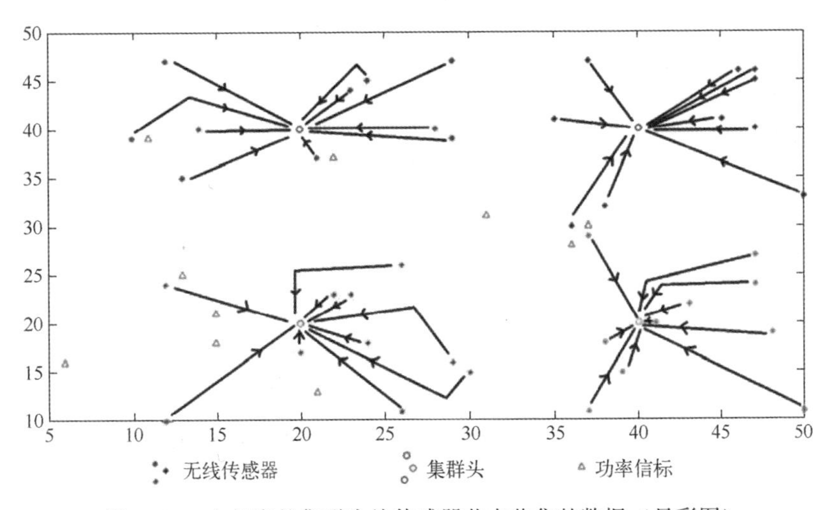

图 5-21　由相应的集群头从传感器节点收集的数据（见彩图）

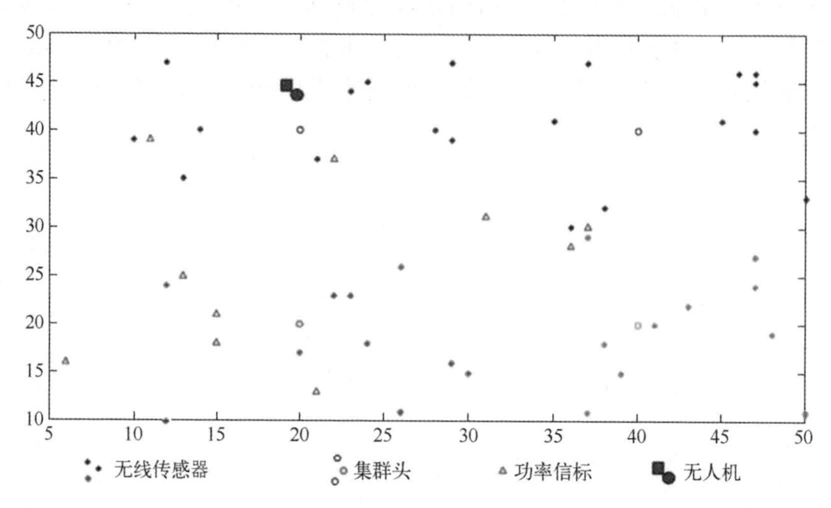

图 5-22　由无人机（保持在集群头 1 上方）从集群头 1 采集数据（见彩图）

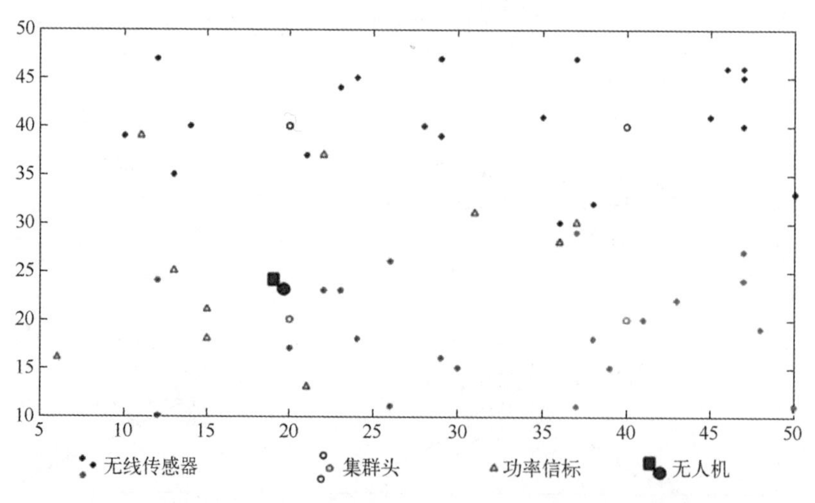

图 5-23　由无人机（保持在集群头 2 上方）从集群头 2 采集数据（见彩图）

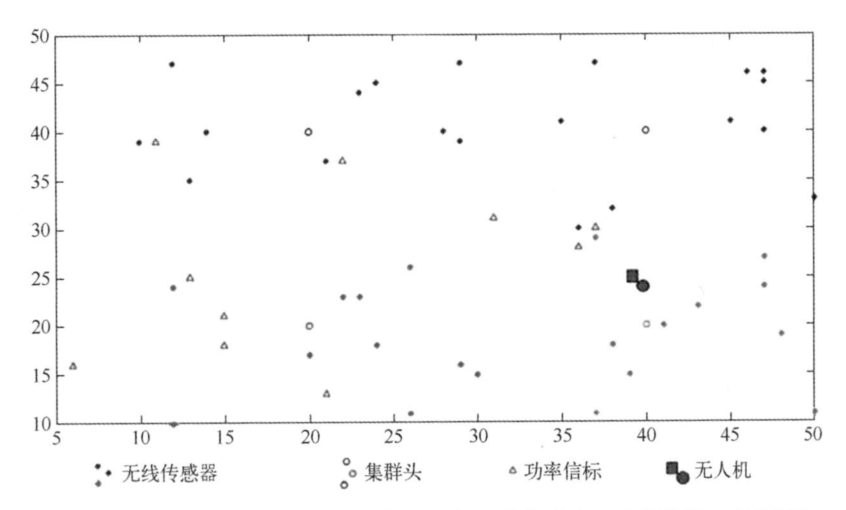

图 5-24　由无人机（保持在集群头 3 上方）从集群头 3 采集数据（见彩图）

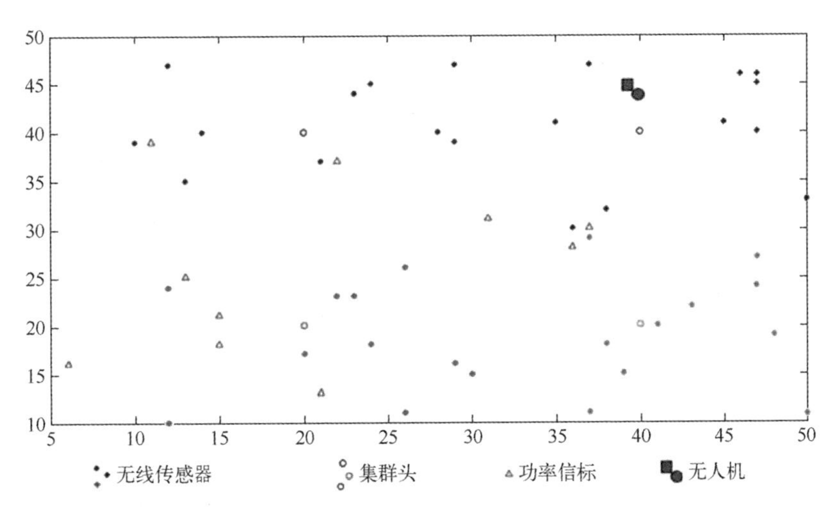

图 5-25　由无人机（保持在集群头 4 上方）从集群头 4 采集数据（见彩图）

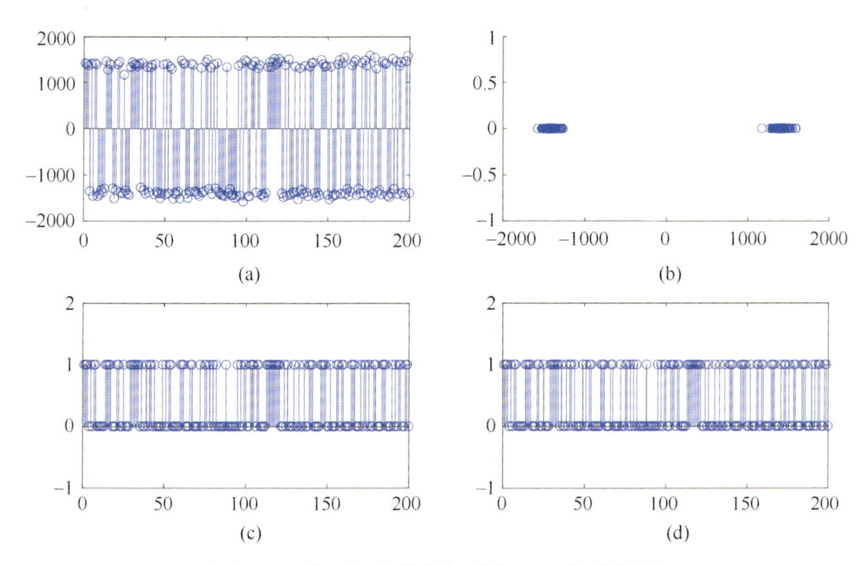

图 1-7　使用相关接收机进行 PSK 信号检测

(a) 相关接收机的输出；(b) 相关接收机的输出；(c) 发送二进制序列；(d) 接收二进制序列。

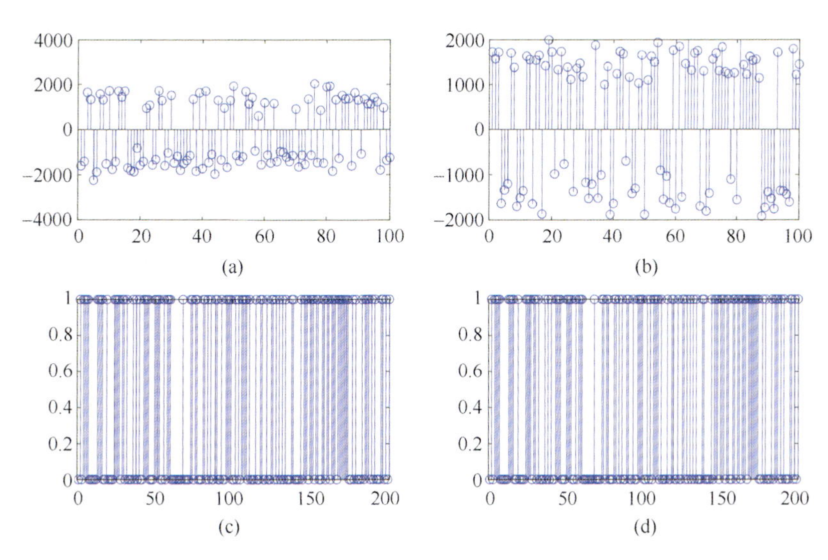

图 1-22　QPSK 信号的相关接收机

(a) 相关接收机 1 的输出；(b) 相关接收机 2 的输出；(c) 发送二进制序列；(d) 接收二进制序列。

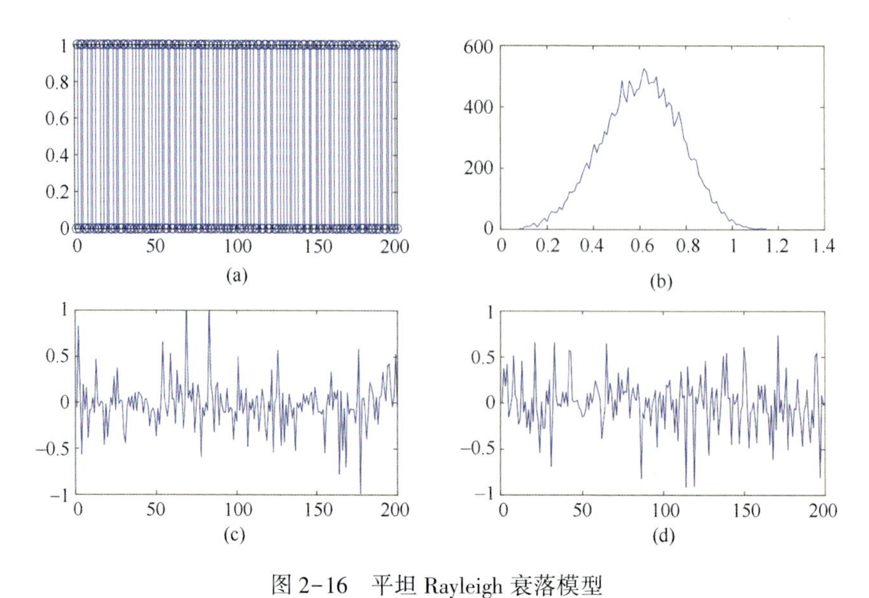

图 2-16　平坦 Rayleigh 衰落模型

（a）典型传播样本；（b）瑞利分布噪声直方图；（c）接收样本的实部；（d）接收样本的虚部。

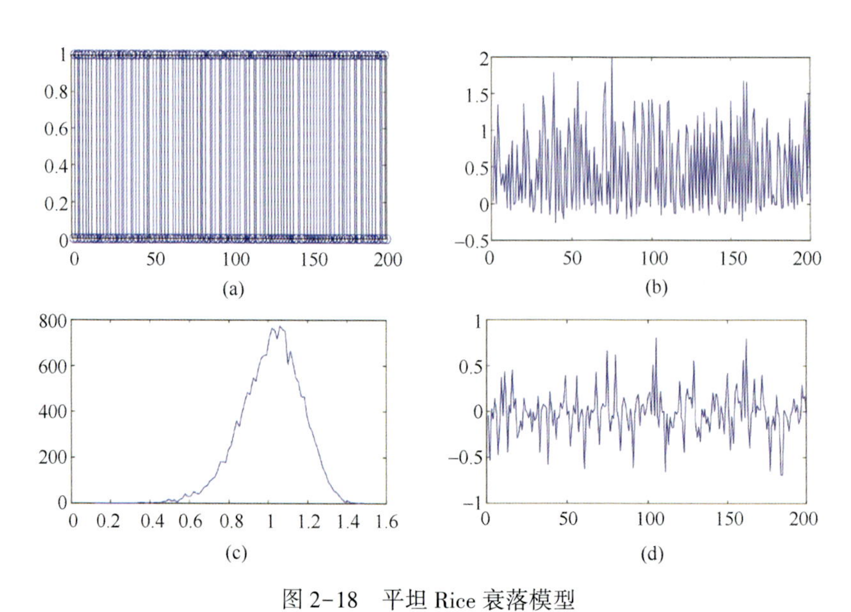

图 2-18　平坦 Rice 衰落模型

（a）典型传播样本；（b）接收样本的实部；（c）Rice 分布噪声直方图；（d）接收样本的虚部。

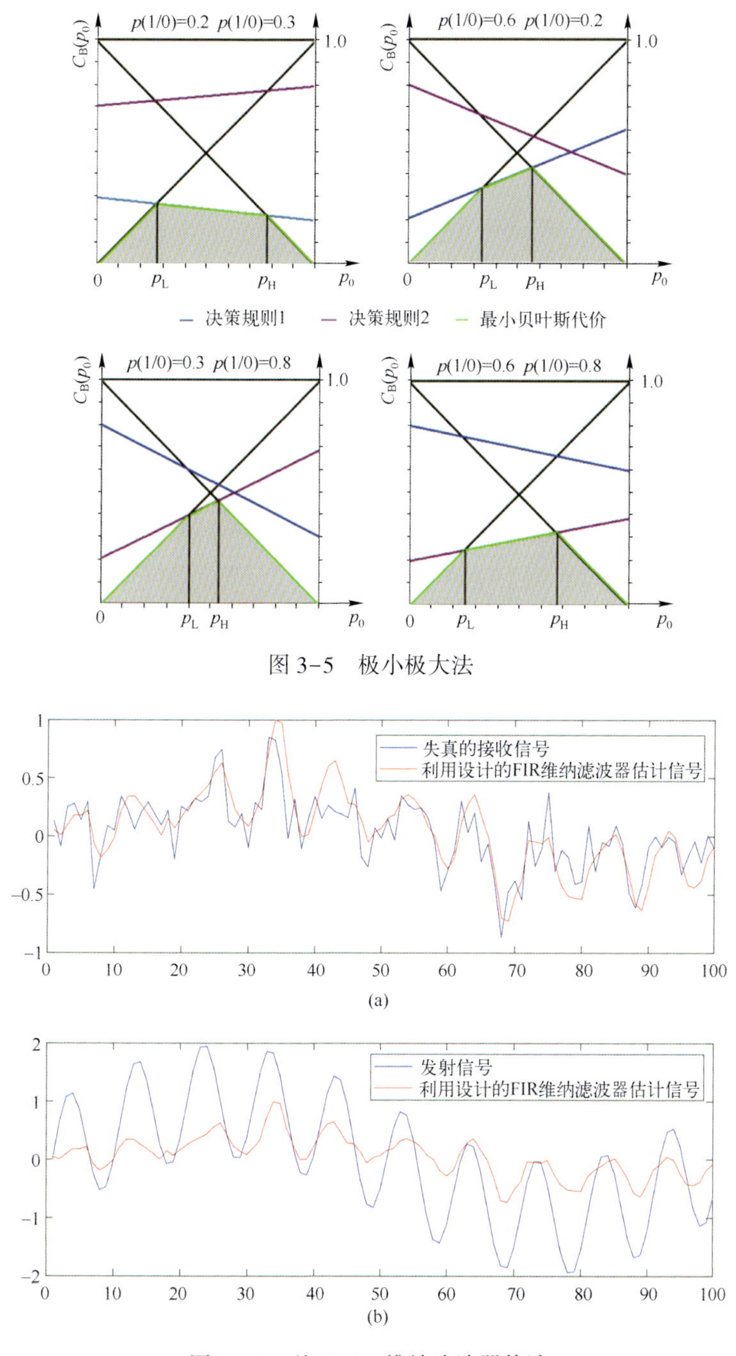

图 3-5 极小极大法

图 3-13 基于 FIR 维纳滤波器估计

(a) 利用设计的 FIR 维纳滤波器估计失真的接收信号；(b) 利用设计的 FIR 维纳滤波器估计发射信号。

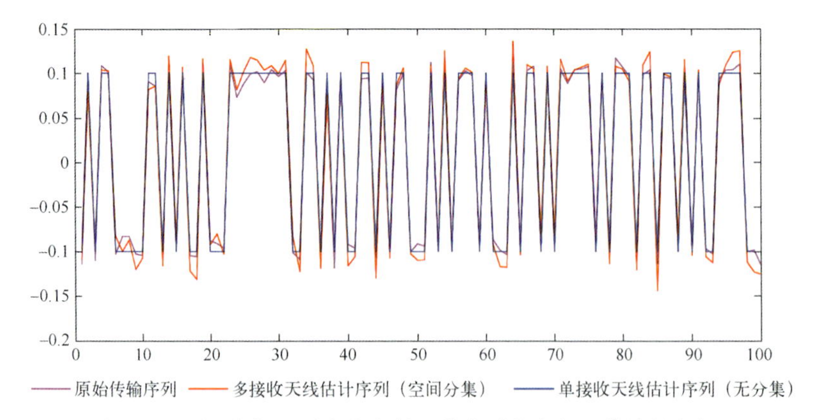

图 4-3　空间分集（图中为发射基带序列的实部和估计的实部）

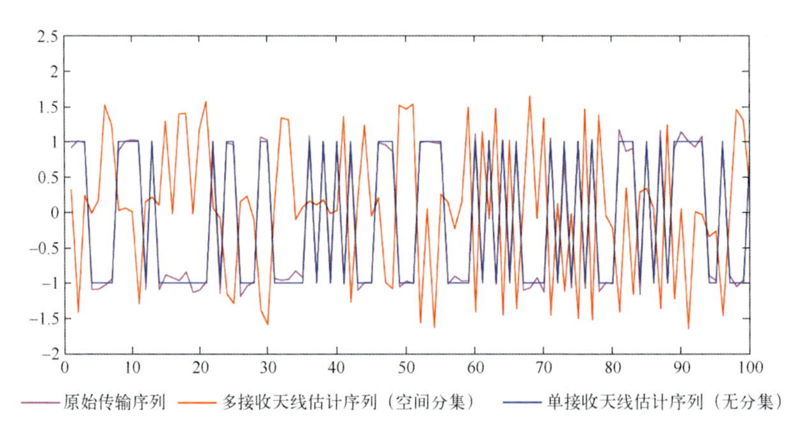

图 4-4　空间分集（图中为发射基带序列的实部和估计的虚部）

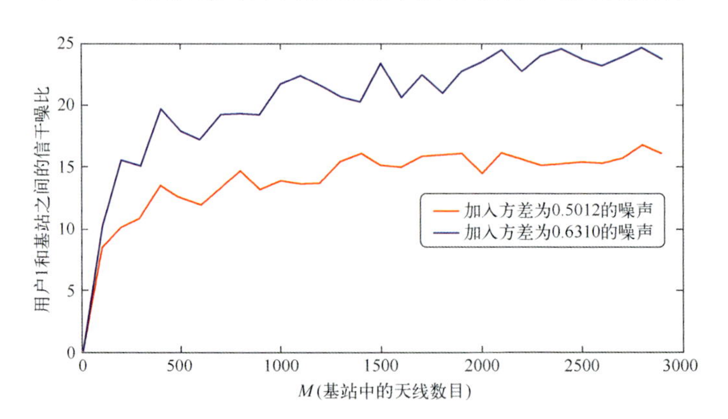

图 4-12　在非理想信道状态信息和上行链路大规模多用户（图中为 2 个用户）MIMO 的场景中，检测用户 1 的符号的信干噪比收敛

（注：配给单个用户的功率随着 M 的增加以 $1/\sqrt{M}$ 比例进行缩小）

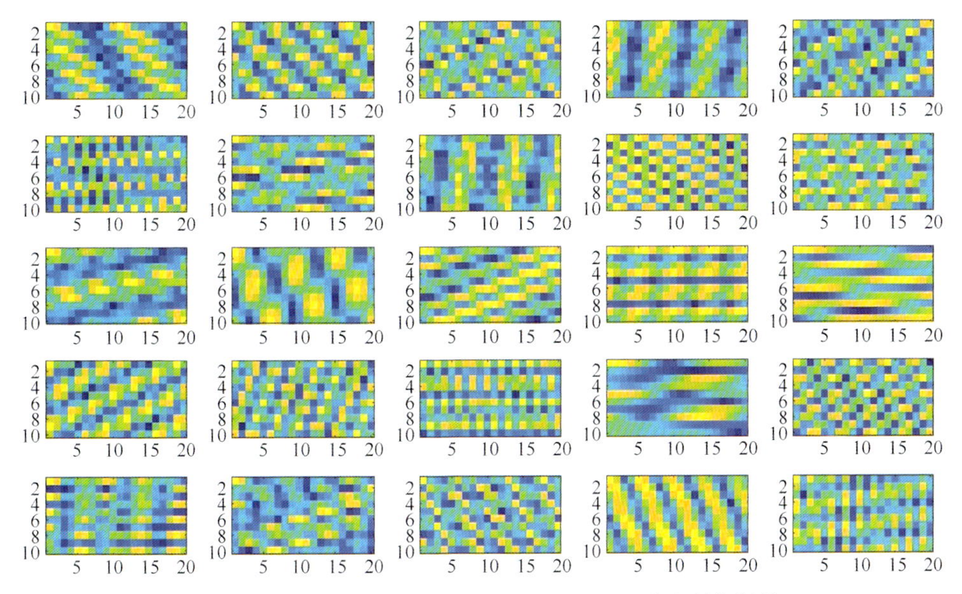

图 4-15　4 条路径下任意选择 AOA、AOD 和增益所获得的射线追踪信道矩阵（幅度响应）

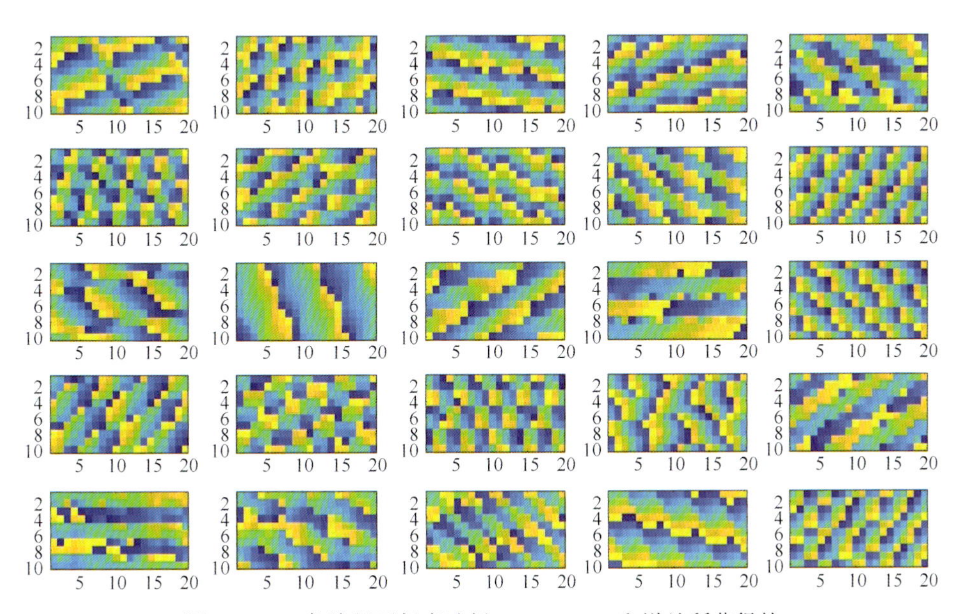

图 4-16　4 条路径下任意选择 AOA、AOD 和增益所获得的射线追踪信道矩阵（相位响应）

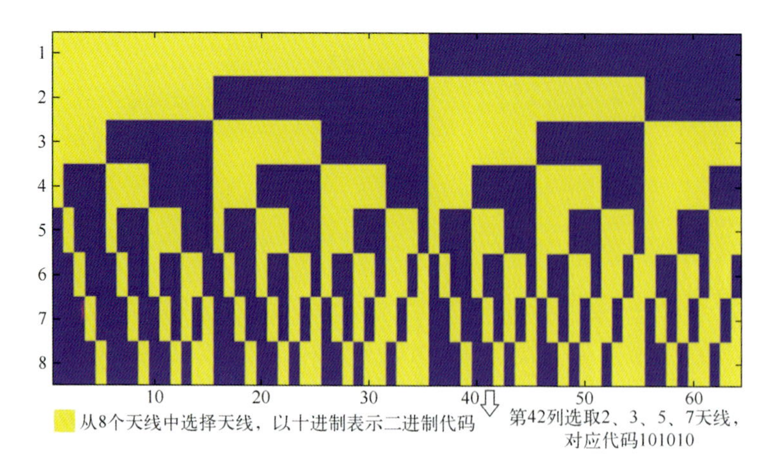

图 5-3　根据二进制码选择天线

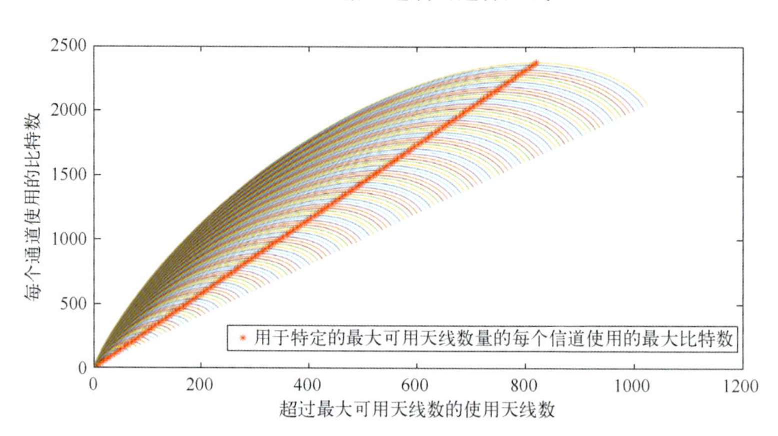

图 5-4　4 位空间调制时信道使用比特数随天线数的变化

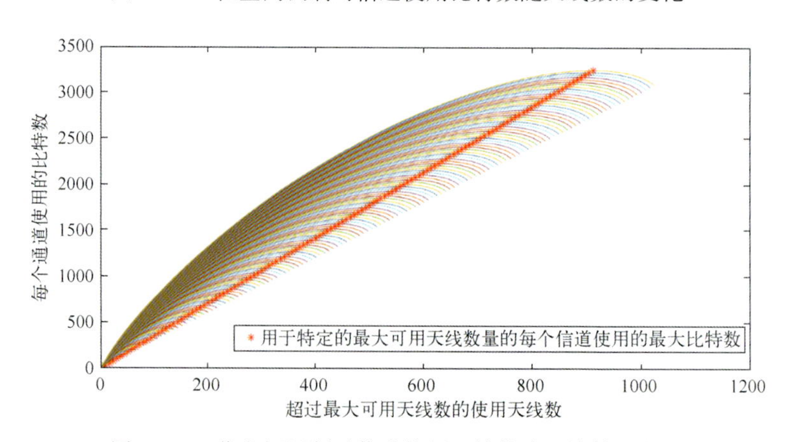

图 5-5　8 位空间调制时信道使用比特数随天线数的变化

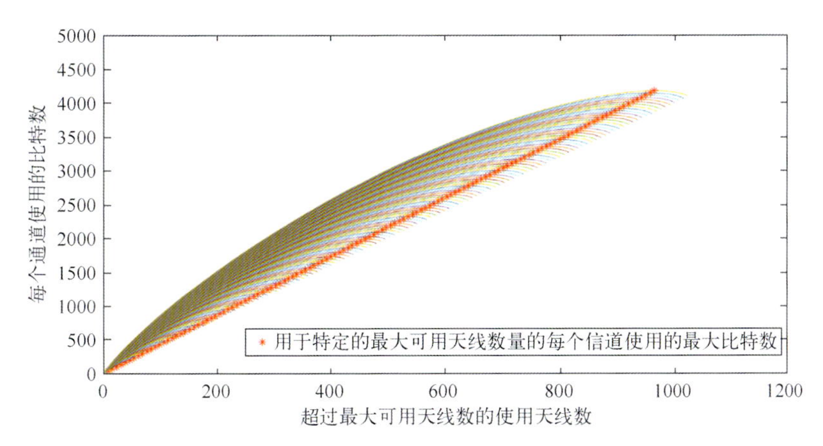

图 5-6　16 位空间调制时信道使用比特数随天线数的变化

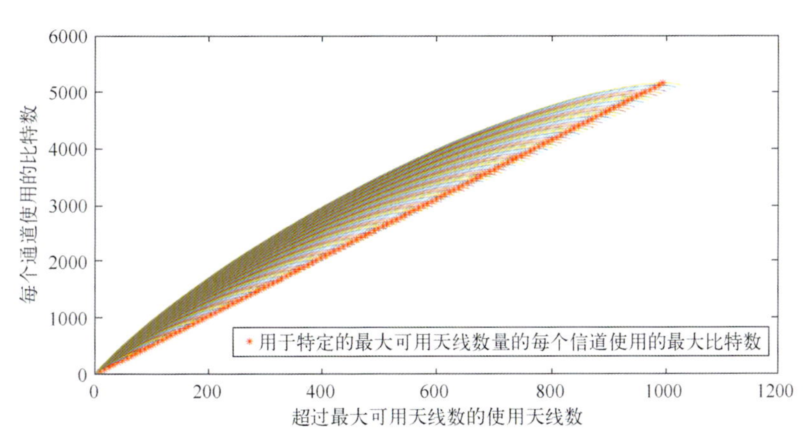

图 5-7　32 位空间调制时信道使用比特数随天线数的变化

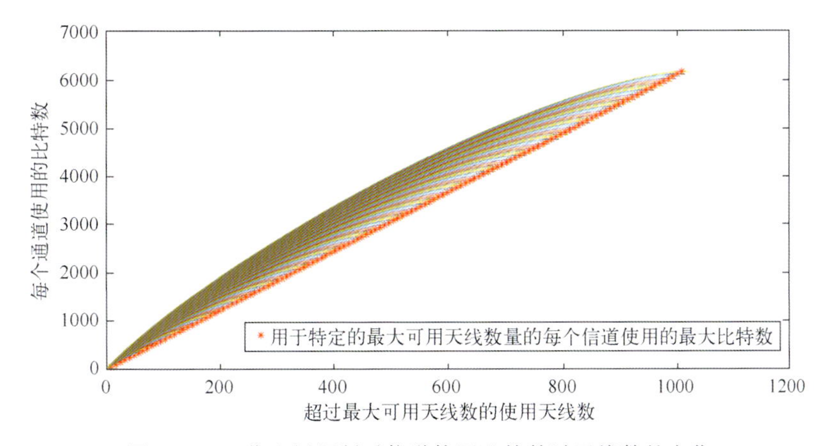

图 5-8　64 位空间调制时信道使用比特数随天线数的变化

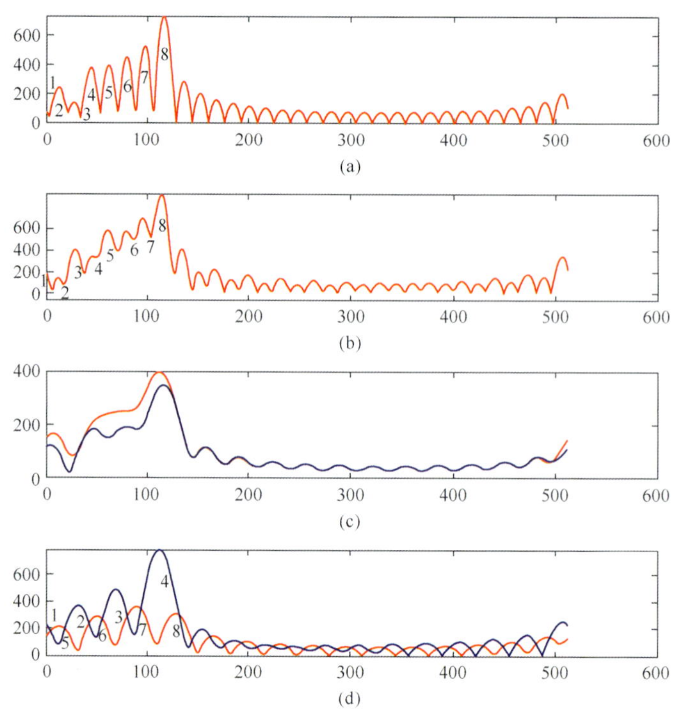

图 5-12 （a）OFDM 信号频谱（从 0 到 T）；（b）OQAM 信号频谱（从 0 到 T）；
（c）OFDM 信号频谱（红线为从 0 到 $T/2$，蓝线为从 $T/2$ 到 T）；
（d）OQAM 信号频谱交错（红线为从 0 到 $T/2$，蓝线为从 $T/2$ 到 T）。

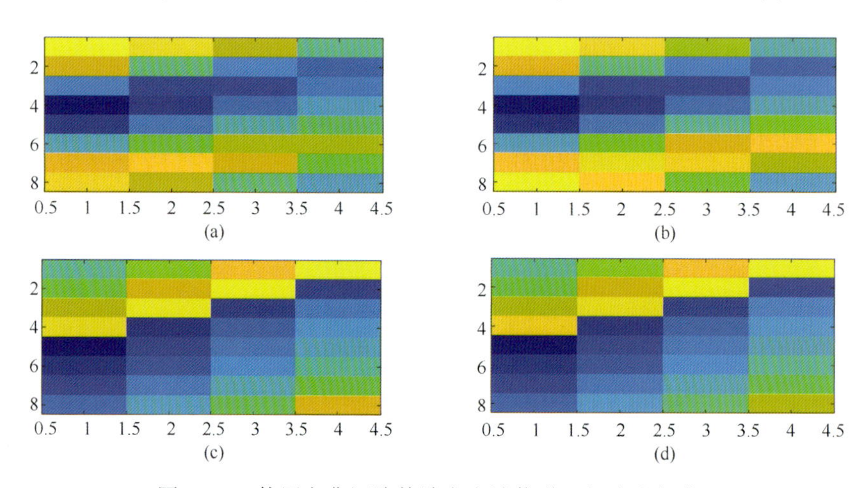

图 5-15 使用字典矩阵估计毫米波信道（幅度和相位）
（a）实际信道矩阵的绝对值；（b）估计信道矩阵的绝对值；
（c）实际信道矩阵的相位值；（d）估计信道矩阵的相位值。

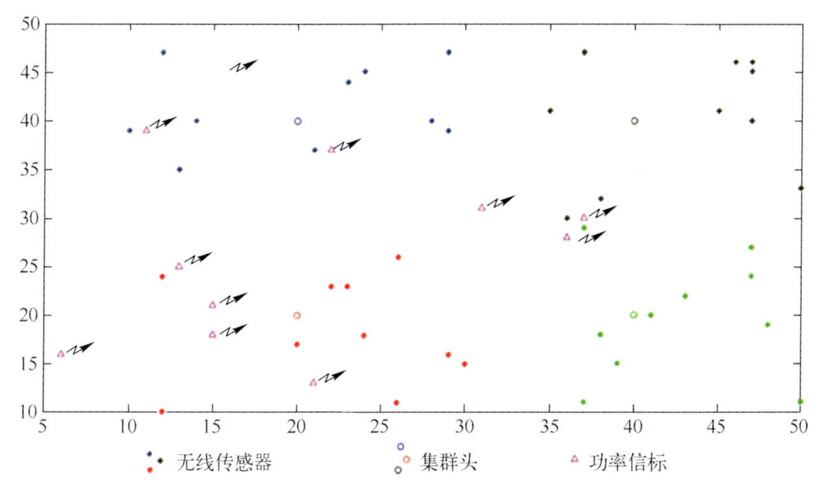

图 5-20　功率信标向所有传感器节点传输功率

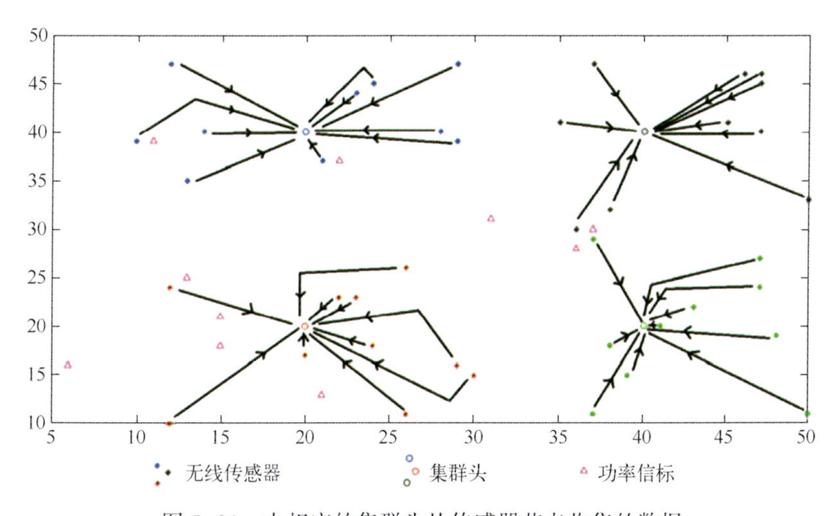

图 5-21　由相应的集群头从传感器节点收集的数据

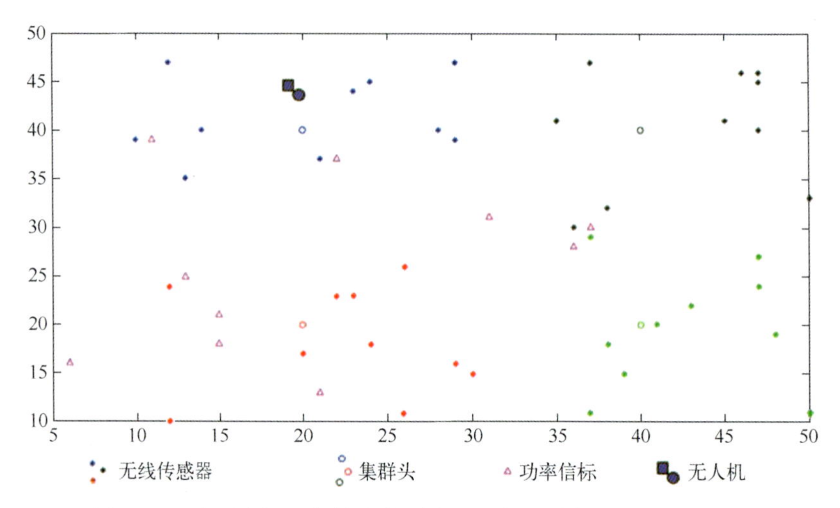

图 5-22　由无人机（保持在集群头 1 上方）从集群头 1 采集数据

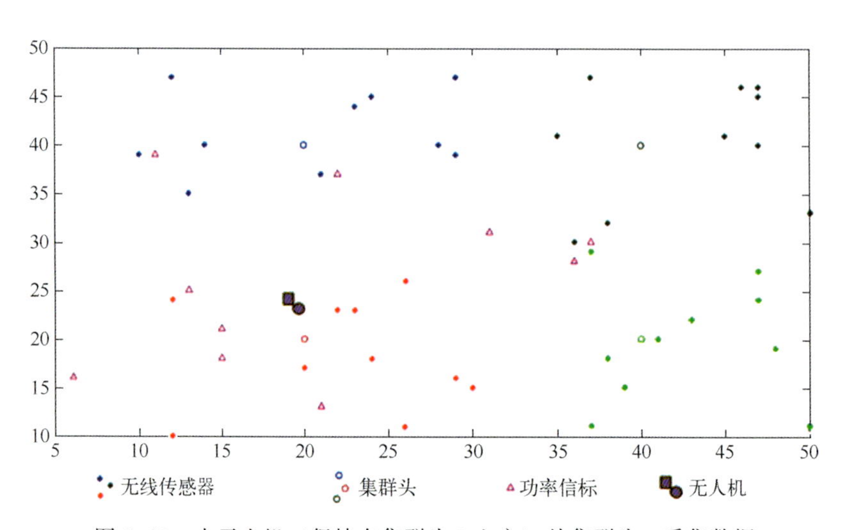

图 5-23　由无人机（保持在集群头 2 上方）从集群头 2 采集数据

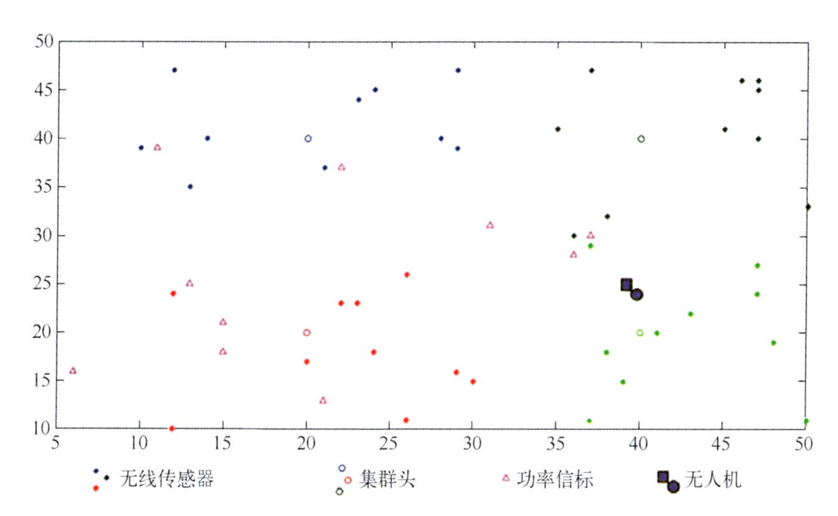

图 5-24　由无人机（保持在集群头 3 上方）从集群头 3 采集数据

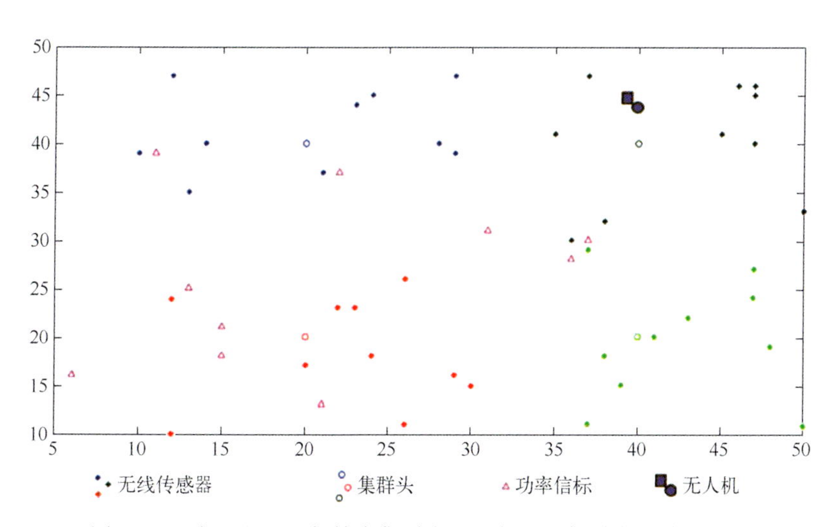

图 5-25　由无人机（保持在集群头 4 上方）从集群头 4 采集数据